新能源应用技术丛书

风电场工程

胡宏彬 任永峰 单广忠
刘海涛 贾铁军 薛 宇 编著

机械工业出版社

作者根据工作实践撰写了本书，从专业理论和工程应用双重角度出发，针对风电场工程中的关键技术问题，如风能资源评估方法、风电场微观选址技术、风电场不同类型机组并网运行与仿真、风电场低电压穿越技术及现场测试分析、双馈式风电场与直驱式风电场电能质量测试、双馈式与直驱式风电机组的运行与常见故障维护、风电场的运行与管理等问题进行了工程实例研究和文献资料汇总，较系统地阐述了风电系统工程产业链各环节实用技术，具有一定普遍性和代表性。

本书内容全面，通俗易懂，集专业理论性、系统完备性、工程实用性于一体，期望为我国风电场工程实践提供一定的理论基础和技术依据。

本书可作为高等院校风电专业的本科生教材，也可作为研究生和风电场工程技术人员的参考书。

图书在版编目(CIP)数据

风电场工程/胡宏彬等编著. —北京：机械工业出版社，2013.11
(新能源应用技术丛书)
ISBN 978-7-111-44609-5

Ⅰ.①风… Ⅱ.①胡… Ⅲ.①风力发电 Ⅳ.①TM614

中国版本图书馆 CIP 数据核字（2013）第 256463 号

机械工业出版社(北京市百万庄大街 22 号 邮政编码 100037)
策划编辑：付承桂 责任编辑：闾洪庆 版式设计：常天培
责任校对：卢惠英 封面设计：姚 毅 责任印制：杨 曦
北京圣夫亚美印刷有限公司印刷
2014 年 1 月第 1 版第 1 次印刷
169mm×239mm · 18 印张 · 348 千字
0001—3000 册
标准书号：ISBN 978-7-111-44609-5
定价：45.00 元

凡购本书，如有缺页、倒页、脱页，由本社发行部调换

电话服务	网络服务
社服务中心 ：(010)88361066	教 材 网：http://www.cmpedu.com
销 售 一 部 ：(010)68326294	机工官网：http://www.cmpbook.com
销 售 二 部 ：(010)88379649	机工官博：http://weibo.com/cmp1952
读者购书热线：(010)88379203	封面无防伪标均为盗版

前　言

地球化石能源终将消耗殆尽，发展低碳经济、开发和利用清洁可再生能源已成为人类可持续发展和能源战略的重点。风能是一种取之不尽、用之不竭、环境友好的清洁可替代能源，风电是目前技术最成熟、开发规模最大、商业化发展最好的新能源发电方式，风电已成为全球增长最快的绿色能源。

我国幅员辽阔，陆疆总长达 2 万多千米，山峦起伏，还有 18000 多千米的海岸线，海岛密布，风能资源非常富集。大型风电基本上以集中并网风电场为主，这些风电场大多分布在电网薄弱的边远地区，已成为制约风电大规模有序开发利用的一个瓶颈和挑战。变速恒频风电技术代表当今最先进的风电技术，应用也最广泛，其中以双馈式交流励磁风电机组和直驱式永磁同步风电机组最具代表性。

风电场建设首先要进行风资源评估和宏观选址，然后在机型比选、年上网电量计算、机组容量选择和排列布置方面做科学论证分析的基础上，得出最佳的风电场微观选址方案。已经建成的风电场，运行中会遇到各种各样的技术问题，比如各种类型的风电机组并网运行对电网的电压、无功、频率、稳定性影响，风电机组低电压穿越问题、风电场电能质量问题，以及风电场的运行管理和风电机组的常见故障维护等，这些技术问题都需要从专业理论和工程实践两方面不断深入研究。本书梳理了上述技术问题，力求内容系统、完整，从多角度进行工程实例研究和文献资料汇总，以拙见飨读者，期望达到抛砖引玉的效果。

本书选题来源于风电生产、运行、维护、测试的工程实践一线，内容注重理论联系实际，较系统地阐述了风电系统工程产业链各环节实用技术，具有一定普遍性和代表性。书中涉及的内容均进行了严格核对，算例都通过了仿真或工程测试验证，力争做到准确无误并方便读者查阅。

本书作者不仅理论基础扎实，而且大多来自风电生产、运行、开发领域的一线，将多年的科研积累和现场实践经验融入本书中。因此，本书不仅适于作为高等院校风电专业的本科生教材，也可供研究生作为参考，同时适合从事风电场工程领域的科研、设计、运行、维护等工程技术人员参考使用。

本书第 1 章、第 4 章和第 7 章的大部分内容由内蒙古工业大学电力学院任永峰教授编写，第 2 章、第 3 章、第 5 章由内蒙古电力科学研究院胡宏彬高工编写，第 6 章、第 7 章的一部分由内蒙古电力（集团）有限责任公司调度中心单广忠高工和内蒙古电力科学研究院刘海涛高工编写，第 8 章由北京天润新能投资有限公司华北分公司薛宇工程师编写，第 9 章由中广核风力发电有限公司华北区域运维中心贾轶军高工编写。在本书的编写过程中，内蒙古工业大学电力学院的多位研究生参与了前期文字、插图录入和后期的校对工作，分别是牛海伟、刘峰、徐少华、鞠天广、布赫、陈建、韩洲、陈明轩、孙伟、柳福、孟志宏，他们为本书的付梓出版奉献了辛勤的劳动和汗水，做出了重要贡献。

在本书撰写过程中，内蒙古电力科学研究院陶军高工，华能呼和浩特风力发电有限公司的王立武高工对本书的具体内容提出了很多建设性的指导意见，在此谨向他们致以诚挚的谢意。本书的完成也得益于前人所做的工作，在此对本书所参考的有关书籍、期刊、标准、技术文件等内容的原作者表示感谢。

本书的编写得到了国家自然科学基金（51367012）、教育部新世纪优秀人才支持计划（NCET-11-1018）、教育部科学技术研究重点项目（210037）、内蒙古自然科学博士基金项目（2011BS0903）、内蒙古自治区高等学校青年科技英才支持计划、风能太阳能利用技术省部共建教育部重点实验室和风力机流固耦合及控制创新团队的大力资助，作者在此深表谢意。

本书得到了机械工业出版社的大力支持，付承桂编辑为本书的成稿和顺利出版倾注了大量精力，特此致谢。

限于作者的业务水平和学识经验，书中疏漏、谬误与不当之处在所难免，殷切希望同行专家和广大读者不吝指正。

目　录

第1章 绪 论

1.1 国内外风电的研究现状及发展趋势

风能的动力应用已有数千年的悠久历史，但风电的研发始于19世纪末期，直至20世纪七八十年代并网风电场才进入现代电力系统。

1.1.1 国外风电概况

随着现代科学技术的飞速发展，特别是空气动力学、尖端航天材料和大功率电力电子技术应用于新型风电系统的开发研制，风电在近20年里有了飞速发展。欧美国家在风能的开发利用方面已取得了巨大成就，以丹麦、德国、西班牙、美国为主形成了一个规模巨大的产业链条——从风电机组的制造到机组的销售，从基础科学研究到工程实际应用，风电已成为当今电力系统最为活跃的研究领域之一。

风能在世界各国呈快速增长趋势，风电已经不再是补充能源，是最具有商业化发展前景的新兴能源。2013年4月，世界风能协会发布的《2012年世界风能报告》指出，2012年世界风电新增装机容量近45000MW，美国以13124MW位列第一，中国以12960MW位列第二，德国和印度则分别以2415MW和2336MW位列第三和第四。总投资额超过560亿欧元，其中美国投资近190亿欧元，欧洲投资约为128亿~172亿欧元，巴西投资约为26.3亿欧元。截至2012年底，世界风电总装机容量达282587MW，其中2012年累计增加19%，中国以75324MW的装机容量居世界之首，美国则位列第二，为60007MW。鉴于2012年的经济形势，这已是一个相当高的行业增长率了，尽管它低于过去十年平均每年22%的增长率。世界风能协会预计，2013~2017年的5年间世界风电新装机容量年均增长约为7%，到2017年末，全球风电累计总装机容量将达500000~536000MW，其中亚洲200000MW，欧洲170000MW，北美120000MW，拉美16500MW。此外，世界风电十强之外的国家风电装机容量也开始上升，这说明世界上许多国家已经认识到了风电的重要性，其中拉美地区显示出了令人鼓舞的增长，新增装机容量超过一倍，这主要归功于巴西和墨西哥风电的迅猛发展。

2012年世界风电总装机容量和新增装机容量前十位国家见表1-1。

表 1-1　2012 年世界风电总装机容量和新增装机容量

	总装机容量 /MW	百分比 (%)		新增装机容量 /MW	百分比 (%)
中国	75324	26.7	美国	13124	29.3
美国	60007	21.2	中国	12960	28.9
德国	31308	11.1	德国	2415	5.4
西班牙	22796	8.1	印度	2336	5.2
印度	18421	6.5	英国	1897	4.2
英国	8445	3.0	意大利	1273	2.8
意大利	8144	2.9	西班牙	1122	2.5
法国	7564	2.7	巴西	1077	2.4
加拿大	6200	2.2	加拿大	935	2.1
葡萄牙	4525	1.6	罗马尼亚	923	2.1
其他	39853	14	其他	6737	15.1
前十总计	242734	86	前十总计	38062	84.9
全球总计	282587	100	全球总计	44799	100

注：数据来源：中国风能协会。

欧洲各国是风电技术传统强国，其中利用风能最成功的国家是德国、西班牙和丹麦，欧洲新增的电力装机容量中大约有 1/2 将由风电提供，美国和加拿大是北美利用风能最好的国家。为促进风电的发展，世界各国政府特别是欧美国家出台了许多优惠政策，主要包括有：投资补贴、低利率贷款、规定新能源必须在电源中占有一定比例、从电费中征收附加基金用于发展风电、减排 CO_2 奖励等。欧洲的德国、丹麦、荷兰等采用政府财政扶持、直接补贴的措施发展本国的风电事业；美国通过金融支持，由联邦和州政府提供信贷资助来扶持风电事业；印度通过鼓励外来投资和加强对外合作交流发展风电；日本采取的措施则是优先采购风电。

随着风电并网功率和风电场在电力系统中穿透功率的快速增长，围绕并网的电压波动、闪变、谐波、稳定性等成为重要的研究课题。由于风具有天然的随机性，风电并网和其他常规发电并网有很大区别，大型风电并入电力系统运行对整个电力系统构成新的挑战，高风电穿透水平要求重新考虑电力系统运行方式。在恒速恒频风电占主导地位时，软并网技术是研究热点，软并网技术是指通过控制发电机与电力系统之间用做并网开关的双向晶闸管的触发延迟角来控制并网冲击电流，以达到平滑并网的目的，但该技术的适用条件受到发电方式的限制。近年来，全球风电技术经历了快速发展，在欧洲，双馈式发电机从 2002 年开始变成主导技术，市场占有率超过 50%，采用双馈式发电机和通过电力电子接口并网成为现代风电的主要趋势，大型风电场及其并网已经成为当代电力系统一个重要的研究领域。国外对双馈式发电机的数学建模、控制策略、并网引起的电能质量问题进行了深入研究并给出了各自的结论。随着风电机组单机容量和风电场规模的扩大，风电场对地区电网的稳定性造成的影响不可忽视，大型风电低电压穿越技术成为研究热点。

1.1.2 国内风电概况

在我国，目前大多数的发电厂是用传统能源进行发电，这不仅对环境造成了污染，随着化石燃料的枯竭也将引起我国的能源危机，使我国能源问题面临严峻的挑战。寻求新的可替代能源及开发新能源发电技术，成为我国21世纪重大的研究课题，关系到我国未来的科技与经济的发展，新能源是一个十分广阔的研究领域。

我国幅员辽阔，海岸线长，风能资源比较丰富。根据气象部门的资料，我国10m高度陆地风能理论储量为32.26亿kW，估计10%可供开发，再考虑到实际风能扫掠面积为圆形与正方形的差别系数为0.785，则陆地风能实际可开发量约为2.53亿kW，近海风能资源大约为7.5亿kW，仅次于美国和俄罗斯，居世界第三位。全国风能详查和评价结果显示，我国风能资源丰富，全国陆上50m高度层年平均风功率密度大于等于300W/m^2的风能资源理论储量约为73亿kW，陆上80m高度，风速达到6.5m/s的风能资源技术开发量为91亿kW。根据国际上对风能资源技术开发量的评价指标，在年平均风功率密度达到300W/m^2的风能资源覆盖区域内，考虑自然地理和国家基本政策对风电开发的制约因素，并剔除装机容量小于1.5MW/km^2的区域后，得出我国陆上50m、70m、100m高度层年平均风功率密度大于等于300W/m^2的风能资源技术开发量分别为20亿kW、26亿kW和34亿kW。

我国从20世纪70年代就将风能的开发利用列入“六五”国家科技攻关计划，但以离网型风电为主，主要解决常规电网覆盖不到的边远农牧民、岛屿居民的生产生活用电。在“七五”、“八五”和“九五”期间，原国家计委和原国家科委分别组织了综合性风能科技攻关，内容涉及风能资源、风电机组空气动力学、结构动力学、电机、控制和材料等。我国的大型风电从20世纪80年代中后期开始真正起步，先引进了定桨距恒速风电机组，90年代引进了变桨距恒速风电机组，近年来又引进和开发了变速恒频风电机组。

我国风电也呈现出良好的发展势头，表1-2列出了2005年以来风电总装机容量的增长情况，展望未来，我国2020年全国风电装机容量有望突破2亿kW，我国风电在大规模非水可再生能源发电中的先行地位已经明确。

表1-2 我国历年风电总装机容量 （单位：MW）

年份	2005	2006	2007	2008	2009	2010	2011	2012
新增装机容量	507	1288	3311	6154	13803	18928	17631	12960
累计装机容量	1250	2537	5848	12002	25805	44733	62364	75324

注：数据来源：中国风能协会。

内蒙古不仅风能资源和风电装机排名全国第一，而且风电接入电网比例等多项指标居国内领先水平。2012 年风电发电量 178 亿 kWh，同比增长 34.8%，2013 年一季度风力发电 45 亿 kWh，同比增长 56%。2012 年风电最大发电负荷 710 万 kW，日最大发电量 1.2 亿 kWh，最大当日供电量占比 33%，仍然保持国内领先水平，并得到了国家能源局的高度重视。风电极大期电网系统电压正常，未发生风电大面积脱网事故。但是，由于电网调峰能力不足，冬季弃风严重，严寒期弃风达 40% ~50%，3 月份弃风接近 30%。内蒙古电力“风火并举”战略为电力系统注入了“绿色能源”的新鲜血液，并随之产生风电汇集、短期功率预测、输送、电压稳定性、动态无功潮流、配套的输变电工程等许多新的研究课题。

此外，海上风电由于资源富集、风速稳定、不占用土地、不受地形地貌影响、单机容量大等优点成为当今风电发展的一个新趋势。目前，海上风电技术日趋成熟，并开始进入规模化开发阶段，丹麦、德国、西班牙、瑞典等国家均在建设大型海上风电场，还有许多国家也在制订近海风电发展计划。我国江苏响水 20 万 kW 风电场是国家第三批风电特许权项目，由三峡集团所属长江新能源公司负责开发，风电场首批 23 台 1.5MW 的风电机组于 2010 年 5 月 18 日并网运行，项目在 2011 年上半年实现全部 134 台风电机组并网发电；江苏盐城大丰风力发电有限公司规划了二期风电场工程，总容量 20 万 kW；浙江慈溪也在一、二期 10 万 kW 风电场的基础上，又规划近海风电场装机容量 10 万 kW；国家海上风电示范项目、上海市重大工程——东海大桥 10 万 kW 海上风电场 34 台 3MW 风电机组于 2010 年 7 月 6 日完成全部安装和调试，并投入并网运营。此外，2012 年以来，特大型风电机组应用于海上风电呈如火如荼之势。重庆海装的 5MW 双馈型机组在江苏如东吊装，湘电风能的 5MW 直驱型机组在福建吊装，联合动力的 6MW 双馈型机组在山东潍坊并网发电。2013 年，东汽、金风科技、明阳均有 5MW 以上海上风电机组下线。

由于风电的强随机性，风电穿透功率水平增大后，会对电能质量和电力系统的正常运行产生严重影响，国内对此进行了较深入的研究。有的文献对风力发电机组的无功功率极限及其控制和风电穿透功率极限进行了理论研究，并得出了我国电网目前可接受的风电穿透功率不能超过 12% 的理论结论，而丹麦并网运行风电穿透功率水平早已高于 20%，这就产生了一个问题：如何采用新技术进一步提高我国风电穿透功率水平。

并网运行的风电场由于可以得到大电网的补偿和支撑，成为国内风电的主流。同时，国内也在积极开展兆瓦级变速恒频风电机组的研发工作，兆瓦级变速恒频风电机组是国家“863”计划重大课题，1MW 变速恒频风电机组已于 2005 年 8 月并网运行。中国科学院电工研究所在承担国家“863”科技攻关计划的基础上开发研制了1.5MW双馈式变速恒频风电机组控制系统及励磁变流器。兰州电机厂与清华大学及沈阳工业大学合作，于2005年4月自主研发了国内首台1.5MW变速恒频双馈式异步发电机，并成功并网发电。现在国内兆瓦级风力发电机除了新疆金风科技股份有限公司（后简称“金风科技”）和哈尔滨大电机研究所研制的是永磁同步发电系统外，华锐风电科技（集团）股份有限公司（后简称“华锐”）、东方汽轮机有限公司（后简称“东汽”）等厂家生产的都是双馈式风电系统。2011年我国新安装的风电机组中，平均功率为1.545MW，与2010年相比继续保持增长，制造业面向海上风电积极研制多兆瓦级风电机组。据不完全统计，到2011年，我国大约有20家整机企业宣布了研制多兆瓦级大功率风电机组的计划，功率范围多集中在3~6MW。

此外，我国对开关磁阻发电机、爪极发电机应用于大型变速恒频风电也展开了探索性应用基础研究。我国近期风电发展的工作重点如下：

1）大力加强大容量风电机组的研制，加快风电设备制造国产化步伐。

2）解决好大规模风电进入电网的有关问题，使风电成为我国电力发展的重要组成部分。

3）大力组织全国风能资源详查，建立数据库，为风电发展提供坚实的科学基础。

4）开展海上风电场的科学、安全、合理开发的前期研究。

5）采取有力措施，积极贯彻实施可再生能源法，以形成良好的发展环境。

1.2 变速恒频风电技术

风电系统按照发电机运行方式可分为恒速恒频（Constant Speed Constant Frequency，CSCF）风电系统和变速恒频（Variable Speed Constant Frequency，VSCF）风电系统两大类。

恒速恒频方式保持发电机的转速不变，从而得到恒频的电能。恒速风电机组的一个显著缺点就是风速变化时，风能利用系数不可能一直保持在最佳值，不能最大限度地捕获风能，风能利用率不高。此外，对恒速风电机组来说，当风速跃升时，风能将通过风力机传递给主轴、齿轮箱和发电机等部件，在这些部件上产生很大的机械应力，如果上述过程频繁出现会引起这些部件的疲劳损坏，因此设计时不得不加大安全系数，从而导致机组重量加大、制造成本增加。

而当风电机组采取变速运行时，风速跃升所产生的风能，其中部分被加速旋转的风轮所吸收，并以动能的形式存储于高速运转的风轮中，通过对发电机的转速控制，使风电机组运行中保持最佳叶尖速比，实现最大风能追踪控制，减小柔性风能系统传动链上的疲劳负载，提高了传动链的柔性，从而避免了主轴以及传动机构承受过大扭矩和机械应力。当风速下降后，在相关电力电子装置调控下，将高速风轮所存储的动能释放出来并转变为电能送入电网，通过风轮的加速、减速对风能的阶跃性变化起到缓冲作用，使风力机组内部能量传输部件应力变化相对平稳，防止破坏性机械应力产生，从而使风电机组运行更加平稳和安全。

变速恒频风电是20世纪70年代中后期逐渐发展起来的一种新型风电技术，其主要优点在于发电机以变速运行。由于工业控制领域交流电动机的调速技术在很多设备中已经得到了成熟的应用，通过调节发电机转子电流的大小、频率和相位，从而实现转速的调节，可在很宽的风速范围内保持近乎恒定的最佳叶尖速比，进而实现追求风能最大转换效率；同时又可以采用一定的控制策略灵活调节系统的有功、无功功率，抑制谐波，减少损耗，提高系统效率。将调速系统和变桨距调节技术结合起来，就构成了变速恒频风电系统。尽管变速系统与恒速系统相比，风电转换装置中的电力电子部分比较复杂和昂贵，但其成本在大型风电机组中所占比例并不大，因而大力发展变速恒频技术将是今后风电的必然趋势。

变速恒频风电机组采用不同类型的发电机，并辅之相关的电力电子变流装置，配合发电机进行功率控制，就构成了形式多样的变速恒频风电系统。下面对其进行简要的介绍。

1.2.1 异步发电机变速恒频风电系统

在笼型异步发电机恒速恒频风电系统的基础上，在定子侧配备变流装置，即可构成笼型异步发电机变速恒频风电系统，其系统结构示意图如图1-1所示。由于风速的不断变化，风力机以及转子的转速也随之变化，所以发电机发出的电能的频率也是变化的。因此，在定子绕组与电网之间增加一个变流器环节，先整流再逆变就可以把频率变化的电能转换为与电网频率相同的恒频电能送入电网。这种方案实现了变速恒频，具有了变速运行范围宽的优点，适用于风速变化较大的环境，而且维护简便。但是由于变流器在发电机定子侧，变流器的容量必须与发电机的容量相等，属于全功率变换，导致变流器体积大、重量大，系统成本较高。

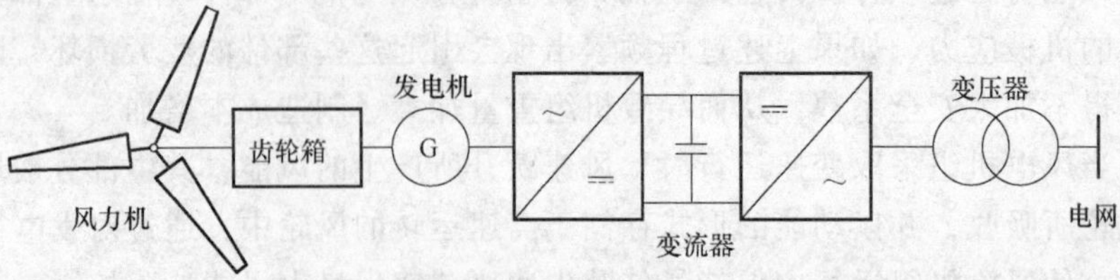

图1-1 异步发电机变速恒频风电系统

1.2.2 交流励磁双馈式发电机变速恒频风电系统

交流励磁双馈式发电机是在同步发电机和异步发电机的基础上发展起来的一种新型发电机，其结构类似绕线转子异步发电机，具有定、转子两套绕组，其转子一般由接到电网上的电力电子变流器进行交流励磁，由于发电机的定、转子均接交流电（双向馈电），“双馈式发电机”由此得名，其本质上是具有同步发电机特性的交流励磁异步发电机。双馈式发电机（Doubly Fed Induction Generator, DFIG）的变速恒频控制方案是在转子电路实现的，其系统结构示意图如图1-2所示。

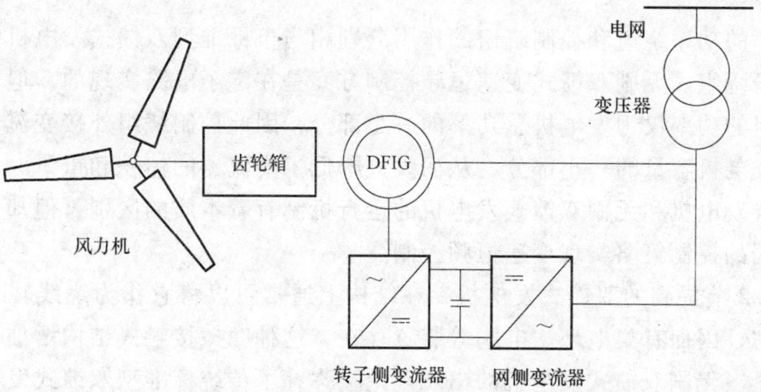

图1-2 交流励磁双馈式发电机变速恒频风电系统

类似于绕线转子异步电动机串级调速，流过转子回路的功率是双馈式发电机的转速运行范围所决定的转差功率，该转差功率仅为定子额定功率的一小部分，而且可以双向流动。因此，与转子绕组相连的励磁变流器的容量也仅为发电机容量的30%左右，属于转差功率变换，大大降低了变流器的体积、重量和成本。采用双馈发电方式，突破了机电系统必须严格同步运行的传统观念，使原动机转速不受发电机输出频率限制，而发电机输出电压和电流的频率、幅值和相位也不受转子速度和瞬时位置的影响，机电系统之间的刚性连接变为柔性连接。基于上述诸多优点，由双馈式发电机构成的并网型变速恒频风电系统已经成为目前风电方面的研究热点和发展趋势。

1.2.3 无刷双馈式发电机变速恒频风电系统

采用无刷双馈式发电机的风电系统示意图如图1-3所示，其定子有两套极数不同的绕组，一套称为功率绕组，直接与电网连接；另一套称为控制绕组，通过双向变流器接电网。无刷双馈式发电机转子为特殊设计的笼型或磁阻式结构，取消了电刷和集电环，转子的极对数应为定子两个绕组极对数之和。无刷双馈式发

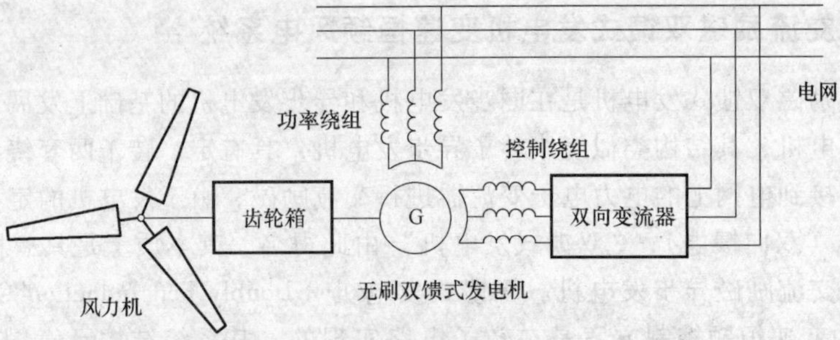

图 1-3　无刷双馈式发电机变速恒频风电系统

电机定子的功率绕组和控制绕组的作用分别相当于标准型双馈式发电机的定子绕组和转子绕组。无刷双馈式变速恒频控制方案是在定子电路实现的，但流过定子控制绕组的功率仅为发电机总功率的一小部分，因此控制绕组外接变流器的容量也仅为发电机容量的一小部分，从而大大降低了变流器的体积和重量。尽管标准型双馈式发电机和无刷双馈式发电机的运行机制有着本质的区别，但却可以通过完全相同的控制策略实现变速恒频控制。

1.2.2 节提到的双馈式发电机，在结构上通常可以将它作为绕线转子异步电动机考虑，因而有集电环、电刷等装置存在，这种摩擦接触式结构增加了运行维护工作量。无刷双馈式发电机的出现理论上弥补了传统标准型双馈式发电机的不足，但是兆瓦级无刷双馈式发电机由于定子设计、制造工艺的制约还没有实现产业化，所以影响了其在大型风电系统中的应用。

1.2.4　直驱式永磁同步发电机变速恒频风电系统

在常规火力发电系统中，同步发电机使用最为普遍。同步发电机在运行时既能输出有功功率，又能提供无功功率，且频率稳定，被电力系统广泛接受。在同步发电机中，发电机的极对数、转速及频率之间有着严格不变的固定关系，以便维持发电机的频率与电网的频率相同，否则发电机将与电网解列。其系统结构示意图如图 1-4 所示，该系统所采用的发电机为永磁同步发电机，转子为永磁式结构，无需外部提供励磁电源，提高了效率。其变速恒频控制也是在定子电路实现的，把永磁同步发电机发出的频率变化的交流电通过交直交并网变流器转变为与电网同频的交流电，因此变流器的容量与系统的额定容量相同。采用永磁同步发电机可做到风力机与发电机的直接耦合，省去齿轮箱，即为直接驱动式结构，这样可大大减小系统运行噪声，提高可靠性。由于直驱式永磁同步发电机的转速很低，致使发电机体积增大、成本增加，但由其构成的风电系统不使用价格昂贵的齿轮箱，系统的总成本有所降低。

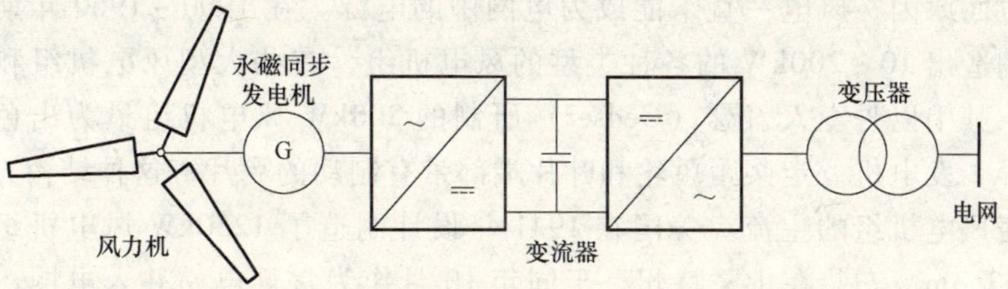

图 1-4　永磁同步发电机变速恒频风电系统

1.2.5　开关磁阻发电机变速恒频风电系统

开关磁阻式风电系统以开关磁阻发电机为机电能量转换核心，其系统结构示意图如图 1-5 所示。开关磁阻发电机为双凸极发电机，定子、转子均为凸极齿槽结构，定子上设有集中绕组，转子上既无绕组也无永磁体，故机械结构简单、坚固，可靠性高。此外，由于风电机组的功率特性有其自身的特点，为了使风能捕获的效果最佳，就必须使开关磁阻发电机与风电机组能够良好地配合，通过对发电系统的控制，使风电机组工作在最佳功率特性曲线上。

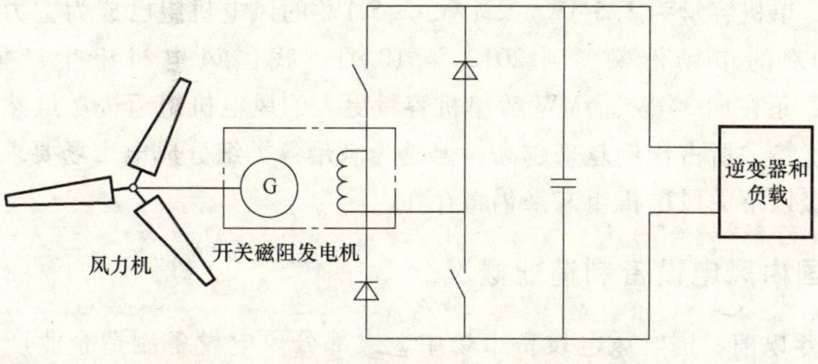

图 1-5　开关磁阻发电机变速恒频风电系统

开关磁阻发电机本身具有可控参数多、非线性、较难建立精确数学模型的特点，且没有独立的励磁绕组，而是与集中嵌放的定子电枢合二为一，并通过控制器分时控制实现励磁与发电，因而简化了控制系统结构，提高了可靠性。同时，因为发电机各相绕组间无电磁耦合，容错能力大为增强，组合起动与发电容易，适合高温、高速环境运行，具有大容量、高效率及高功率密度运行等优点。综上所述，开关磁阻发电机理论上是未来变速恒频风电系统优选发电机型之一。

1.3　风电设备制造业的发展状况

丹麦早在 1891 年就建成了世界上第一台用于发电的风力机，但由于技术和经济等方面原因，风电一直未能成为电网中的电源。在1900～1960年期间，丹麦研究制造出10～200kW的各种类型的风电机组，有些大型风电机组和电力系统并网，其中以丹麦人盖瑟（Gedser）研制的200kW风电机组最为出色，设计者采用异步发电机、定桨距风轮和叶片端部带有制动的翼片，这种结构方式后来成为丹麦风电机组的主流。美国在1941年设计制造了1250kW风电机组，风轮直径为53.3m，安装在佛蒙特州，于同年10月作为常规电站并入电网，后因一个叶片在1945年3月脱落而停止运行。另外，法国和苏联也研制过百千瓦级的机组。这期间，由于风电机组运行不够稳定，容易出现故障及事故，这一新生事物并未在全世界受到人们的关注。

目前，世界风电设备制造业主要集中在欧洲的丹麦、德国、西班牙，亚洲的印度，北美洲的美国。其中欧洲地区的风电设备制造业生产能力占世界的50%以上，是最重要的风电设备生产地，也是最大的风电设备出口地区。

美国和印度是后来居上的国家，其发展速度不容小视。其中到2012年1月底美国的GE WIND公司占世界风电设备市场的9.6%，排世界第三，美国成为世界上风电设备制造业发展最快的国家之一。

随着风电技术的发展，以及大单机容量机型的优势，在2011年底国内风电制造领域，单机容量为1.5MW、2MW、2.5MW的风电机组已成为主力机型，占据国内90%的市场份额。到2012年10月，我国风电机组生产能力已达11000MW，正在向3MW、6MW等单机容量更大的风电机组迈进。虽然大单机容量凭借其优势，所占比例越来越高，但是为满足各类细分风电市场要求，单机容量在兆瓦级以下的风电机组未来仍将存在。

1.3.1 国内风电设备制造业概况

2005年以前，国产风电设备市场中，大部分风电设备制造企业产品还处于发展初期。那时我国风电产业整体发展缓慢的主要原因除缺乏各种配套政策外，风电规模小、设备基本依赖进口、开发一次性投入较大、价格比煤电和水电要高、市场化运作存在较大难度，也是主要的原因。

当时，我国风电设备企业获得技术主要有三种渠道：合资、购买许可证和联合设计。国外风电设备企业很少愿意和中国企业合资，即使合资也无法获得核心技术。因此购买许可证是中国很多企业的做法。而实际上许可证仅是张总装图，零部件还是需要自己研发，国内企业的制造水平使得国产零部件跟欧洲零部件有很大差距，设备整体性能很受影响。为了弥补这一缺陷，只能重新设计总装图，这又需要一大笔钱。欧洲一些风电设备企业甚至将一张许可证卖给了很多家中国企业，中国企业走了很多弯路。

与欧洲的设计公司联合设计风电设备，是当时最经济也是最有效的方法，如果多家国内企业能联合起来参与设计和开发，就能有效降低风险。而且这个市场很大，企业间构不成竞争关系，但当时这种合作关系几乎还没有。中国大陆地区累计总装机市场份额中，大部分为丹麦、德国、西班牙等欧洲企业。理性地看，我国巨大的风电市场不应该让外国厂商独占，特别是风电设备制造业是个产业带动力极强的行业，核心部件有电机、齿轮箱、叶片、电控设备和偏航系统等，这些都是现代制造业的重要部件，风电设备制造业的发展可以带动国家的整体制造业上一个水平。

近两年，随着新兴风电市场的迅速发展，同时在国家政策支持和能源供应紧张的背景下，我国的风电特别是风电设备制造业迅速崛起，已经成为全球风电发展最为活跃的国家。

《中国风力发电机组产业全景调研与未来发展趋势报告（2012—2016）》称中国巨大的风电市场以及廉价的劳动力成本，吸引了大量国外风电巨头纷纷在中国设厂，或采取与国内企业合资的方式，生产的产品都被贴上了中国制造的标签。中国制造的风电设备产品占据越来越大的市场份额，风电机组产品正在经历一个由全球制造向中国制造的转变。得益于上述发展趋势，及我国风电设备制造业国产化战略的不断推进，国内大型风电机组制造技术已经趋向成熟，大批企业的产品开始投放市场，风电机组的价格已大幅下降。

2012 年，中国风电新增装机容量排名前 20 的企业几乎占据了国内 98% 的市场份额，其中金风科技新增风电装机容量最多，达到 2521.5MW，占据 19.5% 的市场份额。2012 年，我国风电新增装机容量排名前 3 的企业分别为金风科技、国电联合动力技术有限公司（后简称“联合动力”）和华锐。

但相对于国内风电设备制造企业的价格优势，还是外资产品的可靠性等优势更受市场信赖，这也是维斯塔斯（Vestas）和歌美飒（Gamesa）等跨国公司在全球各地都拥有较大市场的主要原因。

总体来说，我国风电设备制造业起步较晚，高新技术的研发能力仍然有待加强，而国产化急需的大量专业人才培养和产业升级工作也有待加强。但是，我国电器工业各种高低压电器、电机及重大装备制造业的良性健康发展，已经引起了国家的高度关注。可以相信的是，随着我国电力装备制造业的快速发展，国内风电设备制造企业将在中国风电市场占据越来越有利的地位。

1. 国产风电机组简介

风电机组按照主传动链结构形式，可以分为具有多级升速齿轮箱的双馈式风电机组、无升速齿轮箱的直驱式风电机组和具有一级升速齿轮箱的半直驱式风电机组；而按照风电机组转速调节方式，可以分为恒速恒频风电机组和变速恒频风电机组。变速恒频风电机组由于具有较高的风能利用效率，目前已成为风电中的主流机型。

2. FL1500 系列风电机组

华锐是中国第一家自主开发、设计、制造和销售适应全球不同风资源和环境条件的大型陆地、海上和潮间带风电机组的专业化高新技术企业。华锐风电实现了跨越式的发展，2011 年新增风电装机容量 3700MW，2012 年新增风电装机容量 1203MW。

FL1500 系列风电机组采用变桨距、变速恒频等技术，是当今世界风电最先进的技术代表，具有发电量大、发电品质高、结构紧凑等优点。

FL1500 系列风电机组具有三个风轮叶片，主动变桨，主动偏航系统，变速，额定电力输出 1520kW。风轮直径为 70m 或 77m，轮毂高度为 60 ~ 100m，用于在陆地固定位置将风能转变成电能，并按照供电公司的规范要求输入其电网。

FL1500 系列风电机组的开发结果可实现高效和长期的工作寿命，并且可以通过变速运行保证低载荷、优化效率、输出端无载荷高峰。

具体而言，风电机组的各个部件有：

1）风轮：三个风轮叶片、轮毂罩、轮毂和变桨系统。

2）机舱：机舱罩、齿轮箱、减噪装置、主机架、偏航系统、制动联接装置和冷却系统。

3）塔架：通行门、梯子及登梯保护装置和休息平台、在每个塔架段接头和上部法兰处的装配平台。

4）电气设备：双馈式异步发电机、变桨控制系统及偏航控制系统、串行接口、监控系统和安全链、动力电缆、变流器、远程监控接口和风向标。

3. FD70A、FD77A 型风电机组

东方汽轮机有限公司（简称“东汽”）隶属于中国东方电气集团公司。2004 年 11 月东汽与德国 Repower 公司（2007 年已并入印度 Suzlon 公司）在北京举行了 1.5MW 风电技术许可协议签字仪式，标志着东汽开始向风电这一清洁环保与可再生能源发电设备领域的开发迈出重要一步。继成功引进德国先进的 1.5MW 双馈式风电机组技术后，东汽根据中国地理环境的特殊性，研制出低温型风电机组。首批 49.5MW 产品于 2006 年在内蒙古呼伦贝尔成功并网发电。近年，又根据风区、海拔等多种环境因素，成功研制出弱风型、高原型、潮间带型、防盐雾型、抗台风型机组，并形成了以双馈及永磁两种结构形式为主的 1MW、1.5MW、2MW、2.5MW、3MW、5.5MW 的系列产品。截至 2012 年底，东汽累计装机台数达 4901 台，累积装机容量达到 7364.5MW。

FD70A、FD77A 型风电机组是由德国著名的风电机组专业设计公司为东汽设计的，是基于 600 ~ 750kW 风电机组的成功经验并按照兆瓦级要求设计的。在设计过程中强调了创新性，设计者把更多的精力放在优化设计结构、增加适用性方面。这些设计的灵感直接来源于制造经验及长期对不同型号风电机组的大量测试

数据的收集和分析。FD70A、FD77A型风电机组建立了第二代兆瓦级风电机组的新标准，从经济和可靠性方面，它都是兆瓦级风电机组的典范。FD70A、FD77A型风电机组基本参数见表1-3。

表1-3 FD70A、FD77A型风电机组基本参数

机组代号	FD70A	FD77A
机组型号	FD70—1500/13	FD77—1500/12.5
额定功率/kW	1500	1500
切入风速/(m/s)	3.5	3.0
额定风速/(m/s)	13.0	12.5
切出风速/(m/s)	25.0	20.0
复位风速/(m/s)	20.0	17.0
抗阵风能力/(m/s)	56.3	51.6

该产品采用模块结构设计，有利于产品系列继续改进。在现场不同的工作环境下，可以选择不同的风轮直径、轮毂高度、电气系统以及控制理念和操作方式来满足风电场的具体要求。

FD70A型风电机组的轮毂高度可选用65m、70m和85m，FD77A型风电机组的轮毂高度可选用61.5m、70m和85m。

4. GW1500系列直驱式风电机组

金风科技是中国行业历史最为悠久的风电设备研发及制造企业，拥有强大的研发创新能力。公司拥有自主知识产权的直驱永磁技术代表着全球风电领域先进技术水平，产品应用于国内电力公司和美国、欧洲等海外市场。

金风科技的主打产品GW1500系列机组采用水平轴、三叶片、上风向、变桨距调节、直接驱动、永磁同步发电机并网的总体设计方案，额定功率为1500kW。主要机型有GW70/1500、GW77/1500、GW82/1500，机组主要部件包括基础、塔架、机舱总成、发电机、风轮总成、测风系统和电控系统。GW1500系列机组的技术参数见表1-4。

表1-4 GW1500系列机组的技术参数

名 称	单位	参 数
型号		GW70/1500;GW77/1500;GW82/1500
额定功率	kW	1500
风轮直径	m	70;77;82
轮毂中心高	m	61.5、65、70、80、85、100(根据塔架高度)
切入风速	m/s	3
额定风速	m/s	11
切出风速(10min均值)	m/s	25
抗最大风速(3s均值)	m/s	59.5
运行温度范围	℃	-30~+40
设计使用寿命	年	≥20

机组的具体部件组成如下：

1）塔架：底座、塔筒、入口梯子总成、焊接附件和可拆卸附件。

2）机舱总成：机舱罩、底座及附件、偏航系统、液压系统、润滑系统、提升机和其他附件。

3）发电机：定子、转子、定轴、动轴、轴承和其他附件。

4）风轮总成：轮毂、变桨系统和叶片。

5）测风系统：支架、风速仪和风向标。

6）电控系统：主控系统、变桨系统和变流系统。

对比其他机组，GW1500 系列机组具有以下优点：

1）由于机械传动系统部件的减少，提高了风电机组的可靠性和可利用率，降低了风电机组的噪声。

2）永磁发电技术及变速恒频技术的采用，提高了风电机组的效率。

3）由于无齿轮箱，无需更换润滑油，大大降低了风电机组的运行维护成本。

4）机械传动部件的减少，降低了机械损失，提高了整机效率，风电机组设计结构简单；变流设备、电控设备等易损件都在塔架底部，维修非常方便。

5）发电机在低转速下运行，损坏概率大大减小。

6）利用变速恒频技术，可以进行无功补偿。

7）由于减少了部件数量，使整机的生产周期大大缩短。

8）采用了全变流技术，提高了电能品质。

9）可以从内部进入轮毂维护变桨系统，提高了人员的安全性。

1.3.2 国外风电设备制造业概况

目前，世界风电机组制造厂家主要集中在丹麦、德国、西班牙、美国、印度等国家。提及风电机组制造，必然要提到丹麦的维斯塔斯公司。来自丹麦的风电设备巨头维斯塔斯公司以大约 20% 的市场份额牢牢占据了全球第一大风电机组制造商的位置。维斯塔斯公司拥有世界领先的风电机组制造业以及遍布全球的经销商，风电机组制造业已成为其支柱产业。以维斯塔斯公司为代表的许多国外风电企业多为成套设计技术企业，主要负责总装和调试服务，部件生产多为协作采购。

当前，全球已有 70 多个国家和地区都在大力发展风电，并制定了一系列鼓励政策来促进风电产业的发展。世界各国正在实施的主要风能激励政策，既有包括财政补贴、研发资助、认证制度、强制购买、规模限定、国产化生产要求等直接鼓励风电设备制造业发展的政策，又有包括固定电价、强制市场份额、资源特许权、税收激励、贷款和赠款等保证风电市场稳定发展的政策。

但进入21世纪以来，国际上风电设备制造企业之间频频发生并购重组事件，巨型企业加入风电设备制造业，行业集中度不断上升，中小企业生存和发展空间变得狭小艰难。美国通用电气（GE）公司在2002年通过并购安然风力公司进入风能市场；德国西门子公司于2004年兼并了丹麦Bonus公司，成为风电设备制造业第五大公司；2007年6月，苏司兰（Suzlon）公司收购了Repower公司，在市场中的份额又有了进一步的提高。

目前，经过近些年的兼并重组，行业集中度的不断上升，世界风电设备行业的竞争格局也较为稳定，形成了少数大企业控制了较大部分风电设备市场的局面。2012年全球前十家风机制造商（据当年新增风电装机容量排名）及所占当年市场份额分别是：通用电气（美国）—11.8%；维斯塔斯（丹麦）—11.8%；西门子（德国）—11.0%；Enercon（德国）—7.2%；苏司兰（印度）—6.6%；歌美飒（西班牙）—6.4%；金风科技（中国）—6.0%；联合动力（中国）—3.5%；华锐（中国）—2.7%；上海电气风电设备（中国）—2.3%。由此可见，前七大风电设备生产企业牢牢占据全球60%以上的市场份额。

1. 国外风电机组简介

在风电装机容量快速增长的同时，风电技术也取得了长足进步，特别是风电机组本身，由20世纪90年代的定桨距、恒速恒频技术，发展到今天被广泛应用的变桨距、变速恒频技术，而且单机容量不断刷新纪录。在发达国家，采用兆瓦级风电设备已成为主流趋势，今后的几年内将会出现10MW级的风电设备，风轮直径将会达到120m以上。海上风电技术逐渐成熟，全球海上风电装机容量已经超过5000MW，有力地促进了特大型风电机组（单机容量大于或等于3MW）的研发。

2. Vestas V80风电机组

1979年，维斯塔斯公司出售并安装了第一台风电机组。这台机器的风轮长10m，发电能力为30kW。由此，维斯塔斯公司正式踏上了风电机组制造之路。1985年，维斯塔斯公司成功研发出世界上第一台变桨距风电机组，使得风电机组叶片可以根据风况时刻微调叶片的角度，从而大大提升风电机组的发电量。这一特性很快成为维斯塔斯产品的卖点。2004年末，维斯塔斯公司和另一家风电系统制造商尼格麦康（NEG Micon）合并，新企业仍冠以“维斯塔斯”的名字，并以高达34%的全球市场份额成为当时全球风电行业的领航者。

根据维斯塔斯公司网站提供的数据，如今的维斯塔斯公司已在全球五大洲的65个国家和地区安装了4万多台风电机组，平均每3h就安装1台新的风电机组。截至目前，维斯塔斯公司在全球的总装机容量超过5000万kW。

Vestas V80是变桨距风电机组，因而运行和停机时，叶片总能保持最佳角度。发电机是带绕组转子、集电环和Vestas变频系统（VCS）的特殊异步发电机，可使风电机组以不同的速度进行运转。

变速、变桨风电机组的优点包括以下几点：

1）在各种风况下优化出力，永磁发电技术及变速恒频技术的采用，提高了风电机组的效率。

2）出力限定为2.0MW。

3）平稳且高质量的功率输出及低闪络率。

4）无需电动机协助起动。

5）无需使用机械刹车来停机。

6）机械传动系统中，载荷波动最小。

7）可提供不同等级的噪声排放水平。

就发电机的额定参数，对比 Vestas V66-1.75MW、V90-1.8MW 和 V80-2MW，见表1-5。

表1-5　Vestas V66、V90和V80的参数对比

机组型号	V80	V90	V66
额定功率/kW	2000	1800	1750
总容量/kVA	2083（$\cos\varphi=0.96$）	1895（$\cos\varphi=0.95$）	1842（$\cos\varphi=0.95$）
发电机电压/V	690	690	690
频率/Hz	50	50	50
极对数	4	4	4
$\cos\varphi$的调节范围：容性/感性	0.98/0.96	0.98/0.95	0.98/0.95

3. GE风电机组

美国电力行业巨头通用电气旗下的通用能源公司（GE能源公司）也是世界主要的风电机组供应商之一。GE能源公司于2002年开始进入风电业务领域，与许多同类企业一样，该公司不仅提供质量较高的风电机组叶片，而且能够提供先进的机组制造、维护方案等服务。目前，GE能源公司的风电机组产品装机容量在1.5~3.6MW之间，都具有变速变桨距运行的特征，而且配置了独特的电子控制装置，不仅能够用于陆上风电场，同时还可用于海上风电场。根据全球风能理事会统计，截至2011年底，GE能源公司装机总量排名全球第三，超过3000万kW。目前，该公司共有6个风电机组制造与组装工厂，分布在德国、西班牙、中国和美国。

作为全球领先的能源设备生产和服务商，GE能源公司围绕改进效率、可靠性和选址灵活性为核心，继续大力投资研发1.5MW风电机组。同时，GE能源公司的1.5MW风电机组在相对应的风电机组领域也是使用最广泛的。GE能源公司的两种1.5MW风电机组的基本技术参数，见表1-6。

表 1-6 GE 能源公司 1.5sle 和 1.5xle 风电机组基本技术参数

机组型号	1.5sle	1.5xle
运行温度范围	-30 ~ +40℃	-30 ~ +40℃
极限温度范围	-40 ~ +50℃	-40 ~ +50℃
切入风速	3.5m/s	3.5m/s
切出风速	25m/s	20m/s
额定风速	14m/s	11.5m/s
频率	50/60Hz	50/60Hz
输出电压	690V	690V
风轮直径	77m	82.5m
扫掠面积	$4657m^2$	$5346m^2$
轮毂高度	65m/80m	80m

4. Suzlon 风电机组

印度人图尔西·坦提在印度创立了跨国绿色能源企业 Suzlon（苏司兰），短短十几年时间，苏司兰公司已成为全球名列前茅的风电机组制造企业。苏司兰公司是一家主要从事风能技术设计开发，风电设备生产，风电场设计、建造及技术咨询服务的综合性跨国公司。该公司重点开发的是兆瓦级风电机组，已经连续 7 年位列印度最大风电机组制造商，占目前印度市场份额的 1/3，曾开发总装机容量为 200MW 的亚洲最大的风电场。2007 年，苏司兰公司营业额增长了 29%，达 18 亿美元，公司订单中 90% 来自印度以外的市场，比如美国、南美洲地区和中国等。

Suzlon 公司的 S64 和 S66 机组基本参数见表 1-7。

表 1-7 S64 和 S66 机组的基本参数

型号	风轮直径	轮毂高度	切入风速	额定风速	切出风速	输出功率
S64	64m	74.5m	3.0m/s	13.0m/s	25.0m/s	1250kW
S66	66m	74.5m	3.0m/s	13.0m/s	25.0m/s	1250kW

1.4 海上风电场简介

海上风电场，就是通常所说的近海风电场（Offshore Wind Farm），而海边滩涂不属于海上风电场。海上风电场具有高风速、低风切变、低湍流、高产出等显著优点，加之对环境的负面影响较少，对人的视觉干扰很小，又可充分借鉴陆上的风电技术经验，其发展在风电产业中占有的地位越来越重要。

海上风资源的丰富程度直接决定了各国海上风电的发展态势，资源丰富的地区和国家如欧洲和中国高度重视海上风电的发展，不仅在政策上积极扶持，而且开辟海上风电试验场，为海上风电产业的发展提供技术支持和项目经验。目前，建设海上风电场是国际新能源发展的重要方向。预测到 2020 年，仅欧洲海上风电的总装机容量就可达到7000万kW。海上风能是陆上风能的3倍，具有广阔的开发应用前景。

世界上最早的海上风电场是于1991年在丹麦的Vindeby建成并投入使用的，该风电场由11个功率为450kW的风电机组组成。经过20多年的时间，世界海上风电有了巨大的发展。截至2012年，世界海上风电场的总装机容量达到了5415MW，约占世界风电总装机容量的2%。其中2012年海上风电新增装机容量1296MW，比2011年增加了33%，在累计装机容量和新增装机容量上，欧洲都占到了90%。

在风电的迅猛发展中，海上风电场比陆上风电场更具有发展的潜力和优势，这些优势带来的成本下降和单机输出功率的增长使得海上风电已成为未来风能利用的必然趋势。

1.4.1 海上风能的优点

海上年平均风速明显大于陆地，研究表明，由于海面的粗糙度较陆地小，离岸10km的海上风速比岸上高25%以上。具体而言，海上风电场具有以下明显的优势：

1）海上风速较陆地大且日变化小，适合采用单机容量较大的风电机组，同时海上风能资源有效利用小时数高，可充分利用风电机组的发电容量。

2）海水表面粗糙度低，风速随高度变化快，可以降低塔架高度。

3）海上风的湍流强度低，可减少风电机组的疲劳载荷，延长使用寿命。

4）距离沿海城市近，而城市正是电力负荷中心。

但是，海上风电场也还存在很多负面影响和挑战，例如，海上风电场的基础设施建设费用高；并网费用更高；海上环境气候恶劣会导致建设、运行、维护更加困难。

1.4.2 国内海上风电发展概况

我国的海上风电刚刚起步，但拥有丰富的海上风能资源。对我国近海风能资源的初步数值模拟结果表明，我国近海水深5~25m区域、50m高度层达到3级以上风能资源的潜在开发量约为2亿kW，4级以上的潜在开发量约为0.9亿kW。在地域分布方面，我国台湾海峡风能资源最丰富，其次是广东东部、浙江近海和渤海湾中北部；相对来说，近海风能资源较少的区域分布在北部湾、海南岛西北、南部和东南的近海海域。因此，随着海上风电技术的发展成熟和经济上的可行性，海上风电必能成为重要的可持续能源。

在“十一五”时期，我国颁布实施了《可再生能源法》，制定了鼓励风电发展的分区域电价、费用分摊、优先并网等政策措施，建立了促进风电发展的政策体系，并组织了风能资源评价、风电特许权招标、海上风电示范项目建设，积极促进风电产业发展，推动风电技术快速进步，我国风电产业实力明显提升，市场规模不断扩大。在国际金融危机引发全球经济衰退和增长乏力的背景下，我国风电产业仍然保持了持续快速发展，标志着我国风电产业开始步入全面、快速、规模化发展的新阶段。

2007 年 11 月 8 日，我国第一个海上风电站在渤海油田顺利竣工，并入油田电网，对油田实施供电。该项目由中国海洋石油总公司建设，是我国首个自行设计、制造和海上运输安装的海上风电机组。该项目是我国海上风电开发的初步实践，为今后海上风能开发积累了经验，为海上风电设计、设备制造和安装建立规范和标准奠定了重要基础。

在总结“十一五”的发展经验基础上，我国制定出了“十二五”时期风电发展的具体指标如下：

1）到 2015 年，投入运行的风电装机容量达到 1 亿 kW，年发电量达到 1900 亿 kWh，风电发电量在全部发电量中的比重超过 3%。其中，河北、内蒙古东部、内蒙古西部、吉林、甘肃酒泉、新疆哈密、江苏沿海和山东沿海、黑龙江等大型风电基地所在省（区）风电装机容量总计达到 7900 万 kW，海上风电装机容量达到 500 万 kW。

2）“十二五”时期，风电机组整机设计和核心部件制造技术取得突破，海上风电设备制造能力明显增强，基本形成完整的具有国际竞争力的风电设备制造产业体系。到 2015 年，形成 3～5 家具有国际竞争力的整机制造企业和 10～15 家优质零部件供应企业。

在“十二五”时期提升风电产业能力和完善风电发展市场环境的基础上，2015 年后继续推动风电以较大规模持续发展。到 2020 年，风电总装机容量超过 2 亿 kW，其中海上风电装机容量达到 3000 万 kW，风电年发电量达到 3900 亿 kWh，力争风电发电量在全国发电量中的比重超过 5%。

截至 2012 年底，我国已建成的海上风电项目共计 389.6MW，是除英国、丹麦以外海上风电装机容量最多的国家，国内海上风电的市场规模前景十分广阔。据 Pike Research（派克研究所）预计，到 2017 年我国海上风电发电能力将达到 11700MW，届时将成为世界第二大海上风电市场。目前，国内的海上风电技术和产业发展已经具备了一定的基础。在技术研发方面，国内已经掌握了兆瓦级海上风电机组的核心技术，风电机组技术实力增强。湘电集团有限公司 5MW 永磁直驱式海上风电机组成功下线，攻克了海上风电机组整机集成、专有单主轴承同步永磁发电机设计等多项技术难关；华锐自主研发的 6MW 风电机组于 2011 年 6 月下线，该机组采用永磁直驱技术，成为国内最大风电机组。此外，在风电并网技术方面，也取得了一系列进展。

作为我国海上风电发展的一个重要组成部分，潮间带风电的开发进程较快。截至2012年底，我国潮间带风电总装机容量达到261.5MW，近海风电总装机容量为128.1MW，其中规模最大的近海风电项目为东海大桥海上项目（102MW），其余主要为各风电机组制造商安装的样机。2012年，我国海上风电新增装机46台，容量达到127MW，其中潮间带装机容量为113MW，占海上风电新增总装机容量的89%，2012年我国海上风电机组安装情况见表1-8。

表1-8 2012年我国海上风电机组安装情况

省份	项目名称	开发商	制造商	装机数量/台	装机容量/MW
山东	滨海海上风电项目一期	国电	联合动力	1	3
	潍坊实验风电场			1	6
福建	福清海上风电项目样机	福建投资	湘电风能	1	5
江苏	龙源如东潮间带项目	龙源	重庆海装	2	10
	龙源如东15万kW海上(潮间带)示范风电场	龙源	金风科技	20	50
	龙源如东15万kW海上(潮间带)示范风电场增容			20	50
	江苏响水潮间带2×30MW实验风电机组项目	长江新能源	金风科技	1	3
总计				46	127

注：数据来源：中国风能协会。

在我国海上风电开发提供风电机组的制造商中，华锐、金风科技、西门子所占份额较大，机型主要以2MW以上的风电机组为主。其中华锐和西门子的风电机组主要安装在近海风电项目，金风科技的风电机组主要安装在潮间带风电项目。截至2012年底，我国风电机组制造商的海上风电装机情况见表1-9。

表1-9 截至2012年底，我国风电机组制造商的海上风电装机情况

序号	制造商	装机数量/台	装机容量/MW	装机容量占比(%)
1	华锐	56	170.0	43.6
2	金风科技	44	109.5	28.1
3	西门子	21	50.0	12.8
4	重庆海装	4	14.0	3.6
5	上海电气	6	13.6	3.5
6	联合动力	4	12.0	3.1
7	湘电风能	2	7.5	1.9
8	明阳	3	6.0	1.6
9	三一电气	2	4.0	1.0
10	远景能源	2	3.0	0.8
总计		144	389.6	100

注：数据来源：中国风能协会。

在国家海上风电政策的影响下，国内各大风电公司在沿海建立大型海上风电场，许多研究机构和设备生产公司开始对海上风电技术进行研究。尽管国内海上风电发展缓慢，但我国已制定了雄心勃勃的计划，即到2015年海上风电装机容量达5000MW，到2020年达30000MW。

1.4.3 国外海上风电发展概况

国外海上风电开发主要集中在欧美，欧洲大陆海岸线长37900万km，是世界上海岸线最曲折的一个洲。截至2012年，全球海上风电总装机容量达到5415MW，新增1296MW，其中欧洲海上风电累计装机容量为4995MW，新增1166MW，在全球总装机容量和新增容量上都占到了90%。在欧洲海上新增装机容量的份额中，英国以73%排名第一，比利时和德国分别以16%和7%位列第二和第三。根据欧洲在建的14个海上风电项目，世界风能协会乐观估计2012～2013年度，欧洲海上风电新增装机容量将达3300MW，累计装机容量将达8300MW。

美国曾经是风电领域的领头羊，早在20世纪80年代，美国在开发现代风电技术方面就具备了相当的水平。然而，20世纪末，由于政府相关政策缺乏连贯性，外加资金、技术等客观原因，昔日蓬勃发展的风电急剧降温。近年来国际油价节节攀升，为了减少对能源进口的过分依赖，风电重新受到美国政府的青睐。

美国的海上风力资源丰富，北美五大湖、墨西哥湾以及靠近太平洋的美国西海岸地区都是风能盛产区。2004年美国能源部推出了风能计划，着力引导科研向海上风电开发等新型应用领域发展，确保风电产业的持续增长。在该风电计划中，美国海上风电的发展首先锁定在浅滩，然后发展至深水，主要采用单机容量为5MW或更大的风电机组。

此外，日本和加拿大等国家也都在积极为海上风电的开发积累经验。随着海上风电技术的进一步发展、经验的不断积累、发电成本的不断降低，以及国家政策的支持，世界海上风电将进入规模化发展时期。

国外海上风电经过近20年的发展，呈现出以下3个重要特征：

1）丹麦、德国是海上风电发展倡导者。尽管截至2012年底世界海上风电装机容量已经达到了5415MW，但是大约54%在英国，其余分布在丹麦、比利时、德国、荷兰和瑞典等。丹麦是海上风电先导者，也是海上风电的倡导者，但是近两年英国海上风电迅猛发展，已经超越丹麦成为全球新的领导者。

2）海上风电开发技术上可行，装备不是其制约因素。虽然海上开发有许多特殊制约条件，如盐雾问题导致的防腐问题，地质条件复杂导致的施工困难，但是经过对现有海上风电场与风电设备的考察发现，海上风电设备的故障率远低于陆上。

3）投资大和成本高将是制约海上风电开发的主要因素，发电成本是海上风电发展的瓶颈。

1.4.4 海上风电设备制造业概况

风电机组大型化一直是技术的发展趋势。特别是在海上风电领域，大型化机型更加适应海上风电发展的各种需要。2011 年成为世界风电装备制造公司集中发布大型风电机组的一年，特别是大型海上风电机组。这些风电机组还需要 1 ~ 2 年的示范应用之后才会批量生产，预计将在 2015 年左右正式生产，因此被称为下一代风电机组。目前，海上风电设备的主要生产厂商是德国的西门子、Multibrid、Nordex、Enercon 等公司，丹麦的维斯塔斯公司，芬兰的 WinWinD 公司和美国的 GE Wind 公司。其中德国西门子公司和丹麦维斯塔斯公司是风电机组的两大巨头，GE 公司则几乎垄断了美国市场。而国内的风电设备制造商如华锐、联合动力等也在积极研制大型海上风电设备，且取得了不俗的成绩。

以下是 2011 年世界各大风电设备企业在大型风电机组项目上的一些标志性事件。

2011 年 3 月，维斯塔斯公司发布了 7MW 海上风电机组 V164，该机型的风轮直径达 164m，扫掠面积达到 $21000m^2$，叶尖高度 187m，适用于水深不超过 45m 的海域。这一机型的第一批样机将在 2012 年末或 2013 年生产，从 2015 年开始批量生产。维斯塔斯公司与 Dong 能源开发公司也已经签署合作协议，将于 2013 年在丹麦海域开始安装示范项目。

2011 年 11 月，三菱电力系统欧洲（MPSE）公司也发布了三菱 7MW 海上风电机组，该机型风轮直径超过 165m，专门为高风速环境设计。该机型将在 2012 年生产样机，并将于 2013 年在英国开始示范安装。三菱 7MW 风电机组最大的特点是不使用变流器，这一技术使用的是阿尔特弥斯公司（Artemis Intelligent Power，AIP）提供的持续性传输系统。

2011 年 11 月，西门子公司也发布了 6MW 永磁直驱海上风电机组，风轮直径为 154m。此前半年，西门子公司发布了风轮直径为 120m 的 6MW 海上风电机组。西门子公司与美国风电开发商 Deepwater 公司签订 30MW 协议，该样机将于 2013 ~ 2014 年安装。

2011 年，阿尔斯通已经与比利时海上风电开发商 Belwind 公司达成协议，将在 2012 ~ 2015 年为布莱银行海上风电项目提供 6MW 风电机组，作为该机型的示范项目。阿尔斯通 6MW 直驱海上风电机组，风轮直径为 150m，在最大程度上减少了叶片的负荷，增强了设备可靠性。

2011 年 4 月，德国 Nordex 公司也推出了 N150 6MW 风电机组。N150 是用直驱技术，并将在 2014 ~ 2015 年开始在波罗的海海域 Arcadis Ost 二期项目安装 70

台风电机组。该风电机组风轮直径为150m，扫掠面积为17671m^2。

2011年5月，华锐SL6000 6MW风电机组样机在江苏盐城的生产基地下线，风轮直径为126m，该机型可以用于陆上、海上和潮间带。风电机组采用平行轴齿轮传动和笼型同步发电机技术，同时也具有低电压穿越功能。继华锐之后，2011年12月，联合动力的6MW风电机组下线，成为第二家生产6MW风电机组的中国企业。中国明阳风电集团也正在检测其6MW风电机组，该风电机组使用两个风轮，大大降低了机头重量，风轮直径达到140m。湘电的5MW永磁直驱海上风电机组也在2011年生产出样机，并在荷兰安装。湘电集团有限公司还与德国开发商Windkraft公司签订了10台5MW风电机组的合同。这都标志着中国风电机组大型化研制已经迈上一个新的台阶。

截至2012年，全球单机装机容量最大的风电机组为7.5MW，位于德国。由于海上风电吊装环境复杂，作业难度大，海上风电机组的安装成本远远高于陆上风电。因此提升单机容量有助于降低每兆瓦的最终成本，从而使风电运行更为经济。目前，华锐3MW机组已经实现量产，5MW机组已经成功并网运行，6MW机组也已经成功吊装，这都为10MW风电机组的研发积累了非常宝贵的研发及实际运营经验。

2012年，国家能源局印发的《国家能源科技“十二五”规划》与科学技术部印发的《风力发电科技发展“十二五”专项规划》（简称“专项规划”）都明确提出了大型化的发展方向。科学技术部的《专项规划》明确指出，要突破10MW级海上风电机组整机和零部件设计关键技术，以期在“十二五”末实现海上超大型风电机组的样机运行。参与该科研项目的企业是华锐、金风科技与联合动力。

第2章 风能资源评估

我国风电开发已有了一个较好的发展环境，国家的政策支持、税收优惠对于风电的发展起到了很好的促进作用。然而，为了保障风电的健康发展，合理有效地利用风能资源，我国还急需完善风电的技术服务支持体系，包括风能资源评估、风电人才培养、风电联网服务、风电设备研发和产品认证等。其中，风能资源评估显得尤为重要。其原因主要有两点：第一，风能资源评估对于我国制定科学的风电开发目标和规划至关重要。尽管我国已经有了一个风电发展的远景目标，但是这一目标该如何落实等问题仍需要进一步的研究，需要风能资源评估的技术支持。第二，风能资源的评估对于风电场建设的成败至关重要。风能资源的优劣直接影响风力发电量，从而影响风电场的经济效益。

风能资源评估是整个风电场建设、运行的重要环节，是风电项目的基石，对拟建风电场进行风能资源评估，评价的目的是为进一步机组选型和微观布局提供依据，这是风电场建设取得良好经济效益的重要一步。有的风电场建设因风能资源评估失误和不足，建成的风电场达不到预期的发电量，造成很大的经济损失。

风电场场址初步确定后，应当立塔测风，取得完整、可靠的风电场现场实测数据资料，然后进行数据验证、修正和处理，对风能资源做出合理的评估。

2.1 风的测量

风电场测风是风能开发中的一个重要环节，也是风能开发的前提和基础，它对风电场的设计、建设具有重大影响，做好风电场的测风对风能开发具有重要意义。为此，在总结风电场测风和风电场工程规划设计的工作经验的基础上，对风电场测风进行分析探讨，并就测风系统的组成、测风设备、测风需要注意的问题提出认识和建议。

风的测量包括风向测量和风速测量。风向测量是测量风的来向，风速测量是测量单位时间内空气在水平方向上所移动的距离。

2.1.1 测风系统的组成

自动测风系统主要有传感器、主机、数据存储装置、电源、安全与保护装置6部分组成。

传感器又分风速传感器、风向传感器、气压传感器、温度传感器（即温度计）。输出信号为频率（数字）或模拟信号。

主机由数据记录装置、数据读取装置、微处理器、就地显示装置组成。利用微处理器对传感器发出的信号进行采集、计算和存储。

测风系统一般工作在野外，因此数据存储装置应有足够的存储容量，而且为了野外操作方便，采用可插接形式。进行风能资源数据分析处理时，将已存有数据的存储盒从主机上替换下来获取数据。按数据存储卡容量，一般 30 ~ 45 天提取一次，为保险起见，最好一个月提取一次。数据存储卡替换下来后，应及时提取并存储其内数据以免造成数据意外丢失。提取数据应备份保存，除正在分析使用的以外，至少备份 2 份保存归档，分别存放在安全的地方，避开可能数据丢失的地方，如静电、强磁场和高温。

测风系统的电源常采用电池供电。对有固定电源的地方，可把其作为主电源，但也配备一套备用电源，主电源和备用电源互为备用，这样可提高系统的可靠性。

因此，测风系统设备应有较高的性能和精度，系统具有防止自然灾害和人为破坏、保护数据安全准确的功能。

2.1.2　测风设备

传统测风仪主要是机械式的。机械式测风传感器具有抗强风能力强，风速与风杯转速为线性关系，测量准确度较高等优点。但是机械式测风传感器的机械转动部分会引起惯性迟滞效应，响应速度较慢，无法测量低于启动风速的微风。此外，其机械活动部件在长期暴露于风沙的工作环境下，容易磨损，寿命有限，维护成本较高。

新型测风仪有超声波测风仪、多普勒测风雷达测风仪、风廓线仪等，如非接触式的超声波和激光风速计。超声波风速计通过检测声波的相位变化来记录风速；激光风速计可以检测空气分子反射的相干光波。这些非机械式风速仪的优点在于受气候（如结冰天气）的影响较小，如图 2-1 所示。

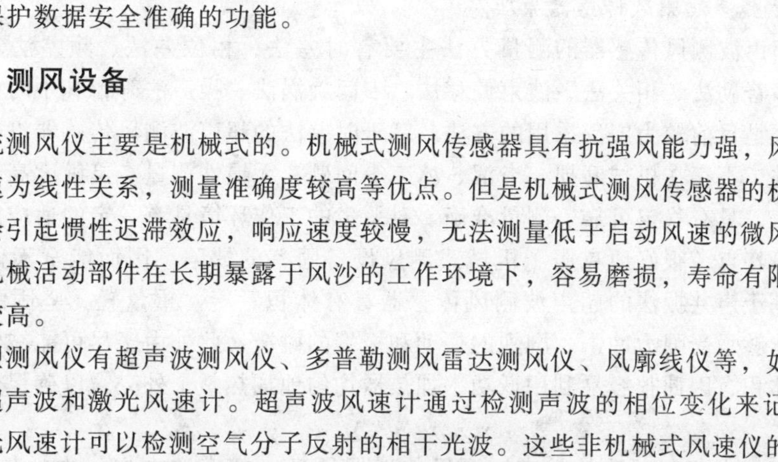

图 2-1　风杯式和激光风速计

1. 机械式测风传感器原理

目前，国内服役的风电机组大多都采用机械式测风设备，由风向标、风速仪及其加热设备构成。

风向传感器的变流器是由提供24V电源的光耦合器构成。风向标的固定部分有底座及其控制电路，不固定部分包括风向标指针和位于基座内部的金属半环。当金属半环通过光耦合器时信号为低电平，而出现相反的情况时信号为高电平。当风向标随风向变化而转动时，通过轴带动金属半环转动产生的光电信号对应当时风向的格雷码信号输出。

风速传感器的固定部分由提供24V电源的光耦合器及其控制电路构成；不固定部分由3个互成120°固定在支架上的抛物锥或半圆空杯感应部件构成，空杯的凹面都顺向一个方向并随着风的作用而转动。在顶部的内部基座中有一带齿的金属环，环齿每次经过光耦合器，将会给出一个24V的脉冲信号，每转总会给出6个脉冲。由脉冲与脉冲之间的时间间隔得出频率。风电机组控制系统将频率转化为风速。

2. 超声波测风传感器原理

超声波测风传感器的测量方法主要有时差法、相位差法、频差法、声共振法、多普勒法、相关法、波束偏移法、卡门旋涡法、噪声法等，其中时差法和声共振法是目前较为广泛采用的方法。基于时差法的超声波测风传感器没有机械旋转部件，不存在机械磨损、卡涩、冰冻等问题；无惯性测量，灵敏度高，没有起动风速，具有稳定可靠、测量准确、对恶劣的工作环境具有一定的适应能力、免维护等特点，很好地克服了机械式测风设备固有的缺陷，因而能全天候正常工作。基于声共振法的超声波测风传感器具有体积紧凑、重量轻、坚固耐用等优点，能够承受强力冲击、剧烈的振动和极端的碰撞，此外由于尽可能减小了传感器的体积，因此很容易利用低功率加热器均匀地加热整个外壳，以确保传感器不结冰。

（1）基于时差法的超声波测风传感器原理　超声波在空气中的传播速度，会和风向上的气流速度叠加。若超声波的传播方向与风向相同，它的速度会加快；反之它速度会变慢。因此，在固定的检测条件下，超声波在空气中传播的速度可以和风速函数相对应。基于时差法的超声波测风传感器具有4个超声波探头，形成2个互相垂直的测量路径，每个探头都具有超声波发送器和接收器，分别检测气流速度的垂直与水平分量，进行矢量叠加后即可得到实际的风速和风向。其原理如图2-2所示。

（2）基于声共振法的超声波测风传感器原理　基于声共振法的超声波测风传感器是利用超声波在小型腔室内的共振来测量风速和风向的。图2-3显示了基于声共振法的超声波测风传感器基本结构。

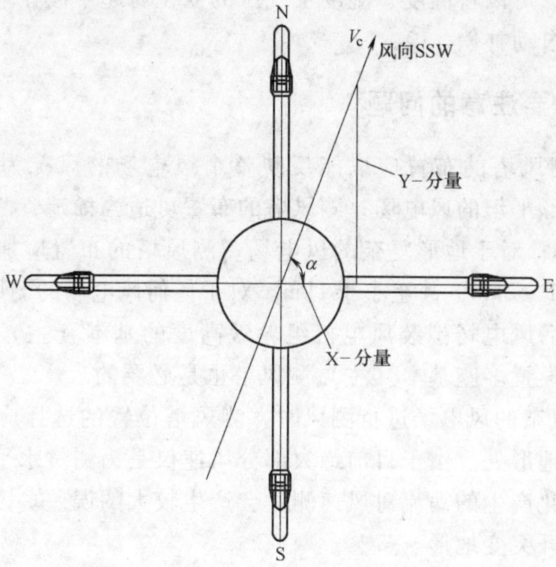

图 2-2 基于时差法的超声波测风传感器测风原理

基于声共振法的超声波测风传感器是由上下反射器构成 1 对小平行板组成。在水平方向上，气流可以在反射板之间不受限制地流动。在垂直方向上气流受到反射板的限制，因而在垂直方向的平均速度可以忽略不计。超声波由 3 个分别与压电元件耦合且呈三角形的振动膜片产生和接收，在任意时刻，均有 1 个膜片处于电激励状态。膜片下表面产生超声波并向外传播，直至到达上反射器进行近似全反射，由此产生的声波向下传播，到达下反射器并再次反射。超声波在反射器之间连续反弹，直到在气流中能量损失殆尽并充分衰减变为不完全反射。该过程约含有 200 次反射，每次反射将在 1 个窄频带中合并，导致信号强度急剧增强。该净波分布比较复杂，但可以被看作是 1 个垂直的半驻波和 1 个在同一水平面上二维径向波的合成。

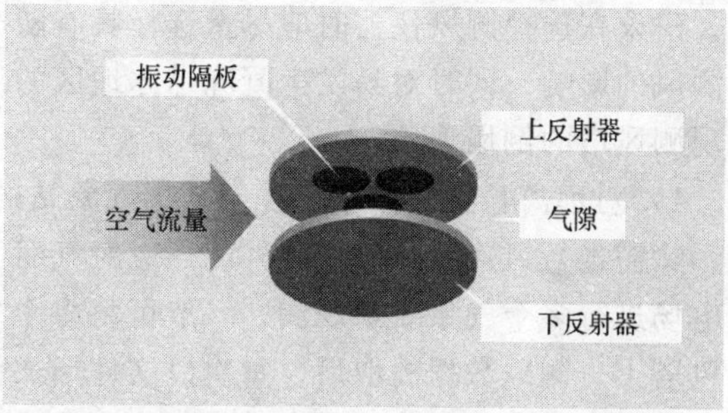

图 2-3 基于声共振法的超声波测风传感器基本结构

利用声场的这种双重特征就可以准确地计算出风速和风向：利用行波特性，通过 3 个膜片可以测量沿三角形各边方向的气流分量，叠加这些分量即可得出气流的整体速度和方向；利用驻波特性，通过控制电路调整频率可以使声场响应最大化并保持共振，可以将温度、湿度及气压的变化对超声波在空气中的传播速度产生的影响进行自动补偿。

2.1.3 测风需要注意的问题

1）风电场测风塔的布置应以能反映整个风电场的风况为原则，布置应均匀。因此对于地形平坦的风电场，测风塔的布置可适当稀疏，两测风塔间的间距可考虑在3~5km；对于地形复杂的风电场，测风塔的布置应加密，两测风塔间的间距可考虑在1~2km，甚至小于1km。对于任何风电场的测风，应至少布置1座高度不低于今后风电场拟装风电机组轮毂高度的基本（主）测风塔；对范围较大的风电场，设置多座基本（主）测风塔也是必要的。

2）对地形复杂的风电场进行测风时，测风塔位置的选择应尽量避开会产生大量涡流的突变地形处。由于目前绝大部分风速仪是为测量水平方向的风速而设计的，因地形变化产生的涡流对风速测量会产生较大的误差。因此，测风塔位置的选择应尽量避开突变地形。

3）易凝冻结冰地区的风电场进行测风时，测风仪器在凝冻发生时常常会被结冰冻住，造成大量测风数据缺失，同时凝冻结冰会造成测风塔载荷增加。因此，建议在选择测风仪器时应尽量选择具有防冻功能的测风仪，以减小凝冻结冰对测风的影响，同时对易发生凝冻结冰地区的测风塔的结构强度应加强，以避免出现测风塔的倒塌现象。

4）对远离长期气象站，并与长期气象站的高程相差较大的风电场进行测风时，除需进行风速、风向观测外，还应对气温、气压等气象要素进行观测。若在风电场进行多个气象要素观测，一般可将多个气象要素的观测布置在基本（主）测风塔上。测风数据提取后，每次以文件形式保存并对其进行编号。记录编号内容：数据文件名称、数据采集开始及结束时间、风电场所在地名称、风电场名称、测风塔编号、测风塔经纬度及海拔等。

5）风电场测风不足1年就开展设计甚至建设是不合适的，也是不科学的。风电场的开发建设应遵循科学，设计工作应在风电场测风至少满1年后开展，同时测风资料应满足有关规程规范要求。对于远离长期气象站，且与长期气象站的风速相关差、地形又比较复杂的风电场，若条件许可，应进行3年以上的测风后，再开展设计、建设工作较为合适。风电场的前期测风时间一般较短，大约1年，在测风过程中存在一定的不确定性，而高质量的测风资料可以在很大程度上提高风电场风能资源评估的准确性和可靠性。因此，在风电场前期测风阶段应严格遵守有关规程，确保测风资料的准确性和完整性。

6）测风仪器设备对测风数据的好坏有直接影响，所使用的测风仪器设备在现场安装前必须经法定计量部门检验合格方能使用，对一般的测风仪器设备的技术要求见表2-1。

表2-1 测风仪器设备基本参数要求

设备	采样间隔	记录内容	测量范围	精度
风速仪	<3s	每10min的平均值和标准偏差、每10s内最大风速及其对应的时间和方向	0~60m/s	-0.5~0.5m/s
风向仪	<3s	每10min的风向值(°)	0~360°	±2.5°
温度计	10min	每10min温度值(℃)	-40~+50℃	±1℃
气压计	10min	每10min气压值(kPa或hPa)	60~108kPa	±3%
湿度计	10min	每10min相对湿度值(%)	0~100%	±1%

2.2 风电场所在地风能资源评估

风能资源评估有时又称风能潜力评估，是指估计分布于某个区域内大量风电机组的潜在能量输出。通过评估，可以得到详尽的、高分辨率和精确的风能资源地图，其中包含年或季风能资源状况、风能资源的不确定性以及湍流加强的区域等信息。在风电场的设计和建设中，风能资源评估是一项至关重要的工作。风能资源评估将会直接影响到风电场的建设成本，以及未来的运营成本等。对风能资源的正确评估是风电场建设取得良好经济效益的关键。如果在选址设计风电场时没有做好风能资源评估，很可能在风电场建成投产以后达不到预期的发电量。

2.2.1 风能资源评估的目的和技术标准

1. 风能资源评估的目的

1）分析现场测风数据的风能资源状况。

2）分析现场测风数据在时间上和空间上的代表性，涉及对测风资料进行三性分析，包括代表性、一致性、完整性；测风时间应保证至少一周年，测风资料有效数据完整率应满足大于90%，资料缺失的时段应尽量小（小于一周）。

2. 风能资源评估的主要技术标准

1）《风电场工程可行性研究报告编制办法》（发改委能源［2005］899号）。

2）《风电场风能资源测量方法》（GB/T 18709—2002）。

3）《风电场风能资源评估方法》（GB/T 18710—2002）。

4）《风电场风能资源测量和评估技术规定》（发改委能源［2003］1403号）。

5）《全国风能资源评价技术规定》（国家发展和改革委员会、中国气象局联合下发）。

2.2.2 风能资源评估的步骤

对某一拟建风电场进行风能资源评估，为风电场建设项目前期所必须进行的重要工作。风能资源评估分如下几个阶段：

1. 数据收集、整理分析

从地方各级气象台、气象站及有关部门收集有关气象、地理及地质数据资料，对其进行分类和归类，从中筛选出具有代表性的完整资料。能反映某地风的多年（10 年以上，最好 30 年以上）平均值和极值，如平均风速和极端风速，平均和极端（最低和最高）气温，平均气压，雷暴日数以及地形地貌等。

2. 风能资源普查分区

对收集到的资料进行进一步分析，按标准划分风能区域及风功率密度等级，初步确定风能可利用区。

3. 风电场宏观选址

风电场宏观选址遵循的原则一般是，应根据风能资源调查与分区的结果，选择最有利的场址，以求增加风电机组的出力，提高供电的经济性、稳定性和可靠性；最大限度地减少各种因素对风能利用、风电机组使用寿命和安全的影响；全方位考虑场址所在地对电力的需求及交通、电网、土地使用、环境等因素。

4. 确定风电场场址

根据风能普查结果，初步确定几个风能可利用区，分别对其风能资源进一步分析，对地形地貌、地质、交通、电网及其他外部条件进行评价，并对风能可利用区进行相关比较，从而选出并确定最适合的风电场址。这一般通过利用收集到的该区气象台、气象站的测风数据和地理地质资料并对其进行分析、到现场询问当地居民、考察地形地貌特征，如长期受风吹而变形的植物、风蚀地貌等手段来进行定性，从而确定风电场场址。

5. 风电场风况观测

气象台、气象站提供的数据只是反映较大区域内的风气候，而且，数据由于仪器本身精度等问题，不能完全满足风电场精确选址及风电机组微观选址的要求。因此，为正确评价已确定风电场的风能资源情况，取得具有代表性的风速风向资料，了解不同高度处风速风向变化特点，以及地形地貌对风的影响，有必要对现场进行实地测风，为风电场的选址及风电机组微观选址提供最准确有效的数据。

现场测风应连续进行，时间至少 1 年以上，有效数据不得少于 90%。内容包括风速、风向的统计值和温度、气压。这通过在场区设立单个或多个测风塔进行。塔的数量依地形和项目的规模而定。

6. 测风塔安装

为进行精确的风电机组微观选址，现场所安装测风塔的数量一般不能少于2座。若条件许可，对于地形相对复杂的地区应增至4～8座。测风塔应尽量设立在能代表并反映风电场风能资源的位置。测风应在空旷地进行，尽量远离高大树木和建筑物。在选择位置时应充分考虑地形和障碍物影响。如果测风塔必须位于障碍物附近，则在盛行风向的下风向与障碍物的水平距离不应少于该障碍物高度的10倍处安置，如果测风塔必须设立在树木密集的地方，则至少应高出树木顶端10m。

为确定风速随高度的变化（风剪切效应），得到不同高度风速可靠的风速值，一座测风塔上应安装多层测风仪。一般测风塔上测风仪数量可根据上述目的及地形确定。每个风电场场址只需安装一套气压传感器和温度传感器，来测量气温和气压。测风设备的安装和管理应严格按气象站测量标准进行。对地形比较平坦的大型风电场，一般在场址中央选择有代表性的点安装1个70m高测风塔。在测风塔70m和40m高度分别安装风向标测量风向，在10m、25m、40m、50m、60m和70m分别安装风速仪测量风速，在3m高度附近安装气压计和温度计测量气压和气温。另外，在70m塔周围应再安装3～4个40m高测风塔，在40m测风塔的40m和25m高度分别安装风向标测量风向，在10m、25m和40m高度分别安装风速仪测量风速。

一般来说，测风方案依选址的目的而不同，若是要求在选定区域内确定风电场场址，则可以采用临时方案，装一个或几个单层安装测风仪的临时塔。该塔可以是固定的，也可以是移动的；若测风的目的是要对风电场进行长期风况测量及对风电场风电机组进行产量预算，则应采用设立多层测风塔测量有关数据。

7. 风电场风电机组微观选址

场址确定后，根据地形地质情况、外部因素和现场实测风能资源分析结果，在场区内对风电机组进行定位排布。

2.3　数据验证、处理和报告

当收集到现场测风数据并传到用户计算机中之后，下一步的工作就是验证、处理数据以及编制报告。图2-4说明处理数据的流程和各步骤的作用。

2.3.1　数据验证

数据验证的定义是检查所有收集到的数据是否完整、合理以及消除错误数值。这一步原始数据转换为验证过的数据，然后再处理成满足用户各种分析用的总结报告，这一步对于维持测风计划期间数据的高度完整性也是关键的。因此，数据传输之后，必须尽可能在一两天内进行验证。对潜在的测量问题通知现场操作员越早，数据丢失的风险也越小。

数据验证的目的是检查测风获得的原始数据，对其完整性和合理性进行数据检验，检验出缺测和不合理的数据，编写数据检验报告，计算测风数据的完整率，然后剔掉无效数据，替换上有效数据，经过整理得出一套至少连续一年的完整的10min间隔的风电场测风数据。

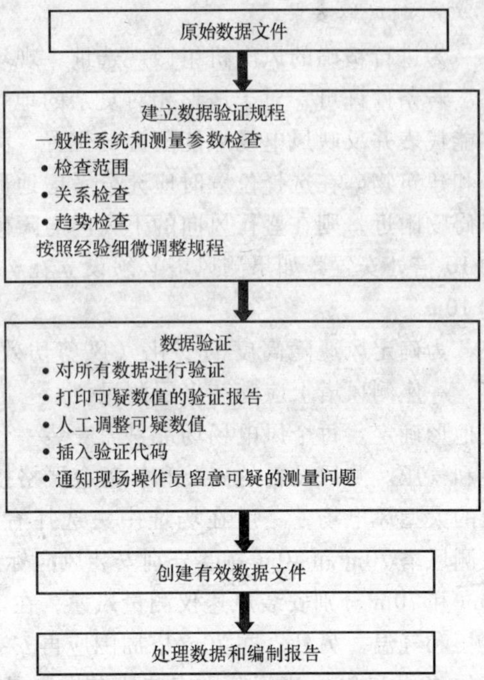

图 2-4　数据验证流程图

2.3.1.1　数据验证的方法

数据可以通过手工或自动检测（基于计算机）。虽然总离不开一些手工复审，但计算机由于速度和能力的优势仍是首选。检测软件可以从数据采集器销售商处购买，建立通用的电子制表软件程序（例如，Microsoft Excel，Quattro Pro，Lotus 123），或通过其他用于公用环境项目的程序。使用电子制表软件的优点是还能够用于处理数据及编制报告。这些程序要求输入的数据为ASCII码文件，如果采用二进制数据传输，数据采集器的数据管理软件可以进行此项转换。

数据验证主要包含数据浏览与数据核实两个部分。

1）数据浏览：第一步是使用常规的程序或算法浏览所有数据找出可疑数值（有疑问的和错误的）。可疑数据应当复核，但不一定是错误的。例如，在平常有风的一天，由于当地严重的雷暴天气，可能引起异常高的风速。数据浏览这个部分结果是一份打印出的数据验证报告，其中列出了可疑的数值和各个可疑数值不符合哪条验证规程。

2）数据核实：第二步要求一项一项决定如何处置可疑数值，作为有效值保留，作为无效值丢弃，或是用其他能够得到的备用有效值代替。这部分工作应当由有资格的熟悉测量设备和当地气象条件的人来判断。

在进行下一步处理之前，应当知道数据验证的有限性。有许多可能引起数据错误的原因：如传感器故障或损坏，电缆断开，电缆损坏，装配零件损坏，数据采集器故障，静电感应，传感器校准漂移以及冰冻等。数据验证的目的是尽可能从许多出现错误的原因中发现许多重要错误，抓住所有细微的错误是不可能的。例如，电缆断开可以通过一个长系列的零值（或随意的值）很容易地发现，但松脱的电缆形成不连续的连接可能只是部分减少了记录的数值并仍在一个合理的范围内。因此，细小的数据偏差能够躲避检测（虽然使用备用传感器能够减少这种可能性）。适当实施测风计划的其他质量保证部分可以减少数据问题发生的机会。

以下两个部分描述了两类验证规程，对每个测量参数推荐具体的检验指标，并讨论对怀疑和丢失数据的处理。

1. 检验规程

检验规程的制定是为了在收入归档的数据库和用来进行场址分析之前，浏览每个测量参数查出可疑数值。可分为两个主要类型：一般系统检查和测量参数检查。

(1) 一般系统检查　对收集到的数据进行两种简单测试以评估数据的完整性：

1）数据记录：每一个记录的数据组数目必须等于预期的测量参数的数目。

2）时间顺序：检验是否有连续的数据丢失，这种检验主要集中在每个数据记录的时间和日期标记上。

(2) 测量参数的检查　这些检验是数据验证处理的核心，通常包括范围检验、相关性检验和趋势检验。

1）范围检验：这种检验在数据检验中最为简单和常见。将测量到的数据与允许值的上限和下限进行比较。表2-2列出范围检验指标的示例。对于大部分预期的平均风速的一个合理范围是0～40m/s。然后，许多校准过的风速计提供了校准偏移量避免零值的出现。负值显然表示出了问题，风速大于40m/s是可能的，但需要通过其他信息核实。范围检验的上下限必须确定，它应当包括几乎（但不是绝对的）所有预期在现场出现的值。技术人员根据他们的经验可以对这些上下限的值进行微调。另外，还可以适当地按季节调整。例如，冬天的气温和阳光照射比夏天低。

表2-2　范围检验指标示例

参数示例①	检验指标
风速：水平方向	
平均值	偏移量＜平均值＜40m/s
标准偏差	0＜标准偏差＜3m/s
风向	0°＜平均值≤360°
标准偏差	3°＜标准偏差＜75°
最大瞬时值	0°＜平均值≤360°
风速：垂直方向	（可选）
平均值(F/C)②	偏移量＜平均值＜±(2/4)m/s
标准偏差	偏移量＜标准偏差＜±(1/2)m/s
最大瞬时值	偏移量＜最大值＜±(3/6)m/s
大气压	（可选：海平面）
平均值	94kPa＜平均值＜106kPa

① 除另有说明，指所有监测高度。
② F/C：平地/复杂地形。

如果一个值满足指标，那么就认定为有效值。然而，许多参数需要一系列的指标来检测，因为一个单一的指标不太可能检查出全部问题。例如，一个被冻住的风向标连续6个10min间隔的平均风向恰好是180°，这个值满足0°~360°的范围测试，但这个固定的风向标的标准偏差为零而被怀疑。

2）相关性检验：这种比较是基于各种参数之间预期的物理关系。表2-3给出了相关性检验的示例。相关性检验能确保实际上不太可能的情况在未经查证之前不被记录在数据中。例如，在30m高度的风速比50m高度风速大很多。

3）趋势检验：这种检验是基于数值在整个时间过程的变化率。表2-4列出了趋势检验指标示例。例如，在1h内气温变化大于5℃是很少出现的，并表明可能有问题。

表2-3 相关性检验指标示例

参数示例	检验指标	参数示例	检验指标
风速：水平		50m/10m每日风速最大△	≤7.5m/s
50m/30m平均风速差△	≤2.0m/s	风向	
50m/30m每日风速最大△	≤5.0m/s	50m/30m平均风向差△	≤22.5°
50m/10m平均风速差△	≤4.0m/s		

注：△—偏差。本例中，风速计高度为50m、30m、10m。

表2-4 趋势检验指标示例

参数示例	检验指标	参数示例	检验指标
1h平均风速变化	<6.0m/s	3h平均大气压变化	≤1kPa
1h变平均温度变化	≤5℃	3h温度差变化（可选）	正负变化两次

注：本例中，风速计高度为50m、30m、10m。

表2-3、表2-4的检验指标示例没有全部列出，也没有必要应用到所有场址。当使用时，技术人员将学习在什么条件下哪些指标最经常遇到。例如，某些指标总是在小风的情况下经常遇到，然而数据仍是有效的。发生这种情况可以采用一套指标用于小风（低于4m/s），另外一套指标用于强风。因此，当需要的时候技术人员应修改指标或制定新的指标。

数据验证处理还有个好处是参与检验处理过程的技术人员将会非常熟悉当地的风气候学。风的表征在各种天气情况下的变化是明显的，各种参数之间的相关性也如此。这种经验非常宝贵，仅仅通过阅读每月的汇总表是不能领会到的，并且对于评估当地气象条件对风电机组运行和维护的影响是非常重要的。

2. 可疑和丢失数据的处理

当原始数据经过各种验证检查之后，如何处理可疑数据呢？某些可疑数据可能是正确的，因情况特殊而产生，而其他的则可能是真的不正确。以下是一些处理可疑数据的指导原则：

1）编制一份数据验证报告（打印或计算机屏幕显示），列出所有可疑数据。

对于每一个值，报告将提供记录到的数值、发生时间以及认为这个数值不合理的检验指标。

2）应该由专家核查可疑数据以决定是否能够接受。赋予无效数据一个检验代码将其替代。表2-5给出了一些示例。通常指定－900系列检验代码赋予废弃数据。用数字表示不同的剔除说明。应检查运行和维护记录本或现场温度数据来确定这些代码。

表2-5　验证代码示例

代码	数据剔除条件	代码	数据剔除条件
-990	未知情况	-996	操作错误
-991	冰冻或潮湿的雪	-997	设备故障
-992	静电释放	-998	设备维修
-993	塔架遮挡	-999	数据丢失(可能没有数值)
-995	风向标处于死区		

3）如果使用了备用的传感器，只要备用传感器的数据通过了所有的检验指标就可以代替主传感器中剔除的数值。

4）在每个测站数据验证记录本中保存完整的现场所有数据检验工作的记录。对于剔除的和替换的数据，测站数据验证记录本中包括以下信息：文件名，参数类型和监测高度，数据的日期和时间标记，赋予每一个剔除数据的代码和注解，替代值的来源。

3. 数据完整率

数据完整率定义为有效的数据记录与报告期间内所有数据记录之比，并取决于每个测风传感器（每个测站的所有监测高度）。计算方法如下：

$$\text{有效数据完整率}=\frac{\text{应测数目}-\text{缺测数目}-\text{无效数据数目}}{\text{应测数目}}\times 100\%$$

式中，应测数目为测量期间小时数；缺测数目为没有记录到的小时平均值数目；无效数据数目为确认为不合理的小时平均值数目。

2.3.1.2　修补缺测数据

以某个拟建风电场的2座70m测风塔（#1、#2）测风数据为例，见表2-6。阐述使用相关性修补缺测数据的过程：#1、#2测风塔皆为70m桁架式。风速传感器分别安装在70m、50m、30m及10m。此两座测风塔皆安装于2006年1月。

表2-6　#1、#2测风塔测风情况表

测风塔编号	实测时间	实测时间数据完整率	距离	地形地貌情况
#1	2006年1月～2007年1月	89.10%（主要为70m层，缺测39天）	8.2km	沿海，距离300m的东面有5m高的树林，海岸线南北走向
#2	2006年1月～2007年1月	99.80%	8.2km	沿海，距离300m的东面有5m高的树林，海岸线南北走向

根据《风电场风能资源评估方法》，“现场测量收集数据应至少连续进行一年，并保证采集的有效数据完整率达到90%以上”。因此，#1塔70m测风数据必须修补，使完整率达到90%以上才能满足资源分析的要求。

修补方法：通过相关性分析，以相关方程进行检验修补。选取#1、#2塔70m高度、#1塔50m高度的2006年8月1日~2006年9月30日的同期测风数据，分别进行相关性分析（见图2-5、图2-6），得到相关方程如下：

方案1：#1塔与#2塔70m高度周期测风数据相关方程 $Y=0.9391X+0.7762$，相关系数 $R=0.9$；方案2：#1塔70m高度与50m高度同期测风数据相关方程 $Y=0.9839X-0.6372$，相关系数 $R=0.974$。

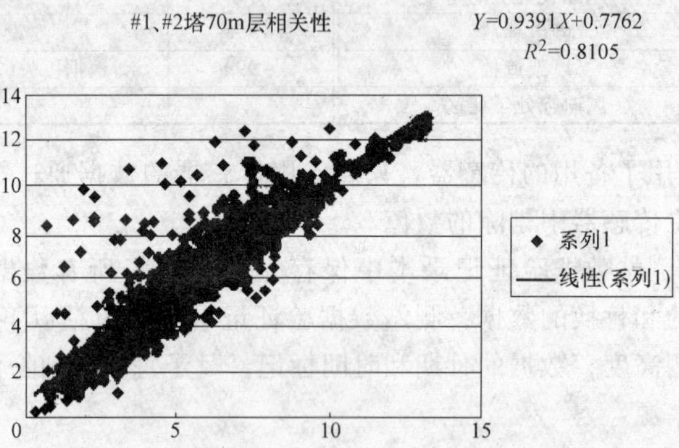

图2-5 #1、#2测风塔70m高度数据的相关性分析

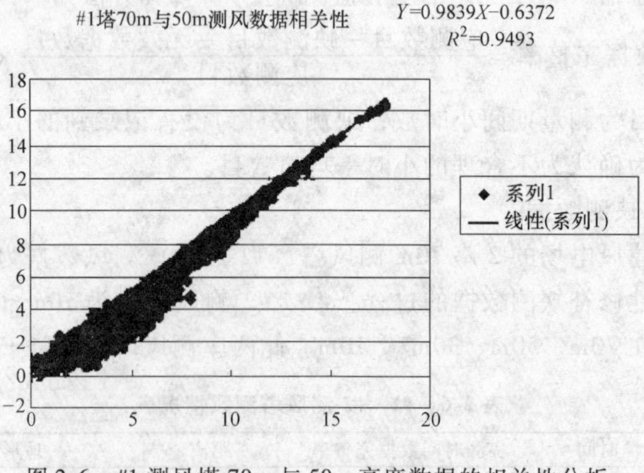

图2-6 #1测风塔70m与50m高度数据的相关性分析

上述两个相关方程的相关系数都大于80%，都可以作为缺测数据修补的依据。分别用以上两个相关方程对#1塔70m高度2006年10月5日~11月13日的

缺测数据修补，得出2组不同的#1塔70m高度完整年的测风数据组。作为拟建风电场的风能资源判断，我们该使用哪个数据组更可靠？从相关系数的值分析，方案2的值更接近于1，理论上应更为可靠，偏差会更小。

2.3.1.3 验证结果

经过各种检验，剔除掉无效数据，替换上有效数据，对缺测、不合理测风数据的相关性修补，整理出至少连续一年的风电场实测逐小时风速风向数据，并注明这套数据的有效数据完整率。编写数据验证报告，对确认为无效的数据应注明原因，替换的数值应注明来源。此外，宜包括实测的逐小时平均气温（可选）和逐小时平均气压（可选）。

2.3.2 数据处理和报告

风能资源评估是指对验证完成的数据经过各种数据处理程序的处理来评估风能资源的活动。对数据集进行典型操作时将数据的数值按照所选择的平均时间间隔分类形成有用的数据集，从而生成所需信息的报告，如汇总表和风况参数图等。数据处理和汇总软件可以从多种来源获得，包括数据采集器的制造商以及电子表格、数据库和统计软件的销售商等。

每小时的平均值一般用于编制报告。利用数据处理和报告编制软件可以将10min平均数据子集转换为每小时平均的数据库，无论使用何种方法计算每小时平均值时，都必须剔除无效数据值或－900系列代码。

基本参数组可以作为确定和描述各种有用的风特性的工具。表2-7列出推荐的每月数据汇总报告。

表2-7 月度数据报告

报告内容	表述方式	高度
日每小时平均风速	图/表	全部
风速和风向频率分布(16方位)	表	全部
风速频率分布	图/表	全部
日每小时平均温度	图/表	3m
日每小时平均风切变系数	图/表	在所有高度之间
平均湍流强度	图/表	全部
风向玫瑰	图	全部
日每小时平均风功率密度	图/表	全部

将订正后的数据处理成评估风电场风能资源所需的各种参数并绘制成图形，包括不同时段的平均风速和风功率密度、风速和风能的频率分布、风速和风能密度的方向分布等，除了完全可编程数据采集器，其他大部分数据采集器没有对风切变指数、湍流强度及风功率密度的内部处理功能。通过应用电子表格软件，可以很容易获得这些参数每小时和每月的平均值。以下将介绍各主要参数及其计算

方法。

1. 垂直风切变指数

风切变是指水平风速随高度的变化。通常用于描述风速线形状的幂定律指数为风切变指数，是用来衡量风速随高度变化的一个指标。风切变指数 α 只能由各个现场确定，因为它的大小受场址特定的条件影响，1/7 幂律（用于最初的场址筛选，α 取 0.143 作为近似值）不再适用，实际的切变值发生很大的变化。下面给出计算 α 的公式：

$$\alpha = \frac{\lg(v_2/v_1)}{\lg(z_2/z_1)} \tag{2-1}$$

式中，v_2 为高度 z_2 的风速（m/s）；v_1 为高度 z_1 的风速（m/s）。

估算风电机组的发电量时，需要推算出机组轮毂高度处的风速，根据风切变指数和仪表安装高度实测风速值可以推算出近地层任意高度的风速。

例如，某风电场切变结果见表 2-8。经曲线拟合得出，风电场切变指数为 0.137。塔高 70m 处的年平均风速是塔高 10m 处的 1.25 倍。

表 2-8　测风塔切变值统计表

项　目	数　值				
测风高度/m	70	60	50	25	10
年平均风速/(m/s)	7.86	7.29	7.46	6.56	6.29
10m 与各高度切变	0.14	0.12	0.15	0.13	—
25m 与各高度切变	0.15	0.12	0.19	—	—
50m 与各高度切变	0.06	−0.13	—	—	—
60m 与各高度切变	0.29	—	—	—	

2. 湍流与湍流强度

当风吹过极其粗糙的地面或绕过建筑物时，风速的大小和方向都会发生较大的变化，这种变化叫湍流。风的湍流是风速、风向和垂直分量的快速扰动和不规则变化。这是非常重要的现场特征，因为高的湍流将引起风电机组输出功率下降以及部件严重超载，使整个风电机组发生机械振动。当湍流严重时，机械振动能破坏风电机组。对于选址来说，最普通的湍流指标是风速的标准偏差（σ）。将这个值用平均风速来标准化后给出湍流强度（TI），这个值用来整体评估风电场的湍流。TI 定义为 10min 内标准风速偏差与平均风速的比值，即

$$\mathrm{TI} = \frac{\sigma}{v} \tag{2-2}$$

式中，σ 为风速的标准偏差；v 为平均风速。湍流强度是风电场的重要指标，它的计算、分析是风电场风能资源评估的重要内容，其结果直接影响风电机组的选型。TI 是一个湍流的相对指标，小于等于 0.10 时较低，0.10 ~ 0.25 之间中等，大于 0.25 时较高。对风电场而言，其值不可超过 0.25。

3. 风功率密度

风功率密度（WPD）是比风速更真实地反映风电场潜在风能资源的综合指标。风功率密度综合了风电场风速频率分布、空气密度和风速的影响。WPD（W/m^2）定义为每单位风轮叶片扫掠面积可获得的风功率，公式如下：

$$\mathrm{WPD} = \frac{1}{2n}\sum_{i=1}^{n}\rho v_i^3 \tag{2-3}$$

式中，n 为平均时段内的记录数目；ρ 为空气密度（kg/m^3）；v_i^3 为第 i 个风速（m/s）值的三次方。

WPD 公式中的空气密度必须计算。空气密度取决于温度和大气压（海拔），并随季节在 10% ~15% 间变化。如果知道现场大气压（例如作为可选择参数测量），则相应温度下的每小时空气密度值 ρ（kg/m^2）可以通过以下公式来计算：

$$\rho = \frac{p}{RT} \tag{2-4}$$

式中，p 为大气压（Pa 或 N/m^2）；R 为特定的空气常数［287J/(kg · K)］；T 为开氏温度（℃ +273）。

如果不知道现场大气压，空气密度可以利用海拔（z）和温度（T）的函数关系估算：

$$\rho = \left(\frac{p_0}{RT}\right)\mathrm{e}^{-\frac{gz}{RT}} \tag{2-5}$$

式中，p_0 为标准海平面大气压（101325Pa）或当地风电场调整到实际海平面的压力读数；g 为重力加速度常数（$9.8m/s^2$）；z 为现场海拔（m）。

代入 p_0、R 和 g 值，得

$$\rho = \left(\frac{353.05}{T}\right)\mathrm{e}^{-\frac{0.034z}{T}} \tag{2-6}$$

这个空气密度公式可以代入 WPD 公式而得出每小时平均值。

通过上面对风功率密度的推导，我们能更好地理解风功率密度等级，见表 2-9。风功率密度越高，则该地区风能资源越好，风能利用率也越高。因此，风功率密度表可作为风能资源评估的判据。应注意表 2-9 中风速参考值依据的标准条件（见表 2-9 的注释）与风电场实际条件的差别。

表 2-9　风功率密度等级表

风功率密度等级	10m 高度		30m 高度		50m 高度		应用于并网风电
	风功率密度/(W/m^2)	年平均风速参考值/(m/s)	风功率密度/(W/m^2)	年平均风速参考值/(m/s)	风功率密度/(W/m^2)	年平均风速参考值/(m/s)	
1	<100	4.4	<160	5.1	<200	5.6	一般
2	100 ~150	5.1	160 ~240	5.9	200 ~300	6.4	一般

（续）

风功率密度等级	10m 高度		30m 高度		50m 高度		应用于并网风电
	风功率密度/(W/m^2)	年平均风速参考值/(m/s)	风功率密度/(W/m^2)	年平均风速参考值/(m/s)	风功率密度/(W/m^2)	年平均风速参考值/(m/s)	
3	150～200	5.6	240～320	6.5	300～400	7.0	较好
4	200～250	6.0	320～400	7.0	400～500	7.5	好
5	250～300	6.4	400～480	7.4	500～600	8.0	很好
6	300～400	7.0	480～640	8.2	600～800	8.8	很好
7	400～1000	9.4	640～1600	11.0	800～2000	11.9	很好

注：1. 不同高度的年平均风速参考值是按风切变指数为 1/7 推算的。
2. 与风功率密度上限值对应的年平均风速参考值，按海平面标准大气压及风速频率符合瑞利分布的情况推算。

4. 最大风速和极大风速

最大风速是指 10min 平均风速的最大值。我国福建沿海的最大风速可达 20m/s 以上。

极大风速是指每 3s 采样一次的风速的最大值。据气象资料记载，我国福州、厦门曾出现 40.7m/s 和 60.0m/s 的风速。

2.3.3 风能资源评价

通过对风电场测风数据的分析处理，采用实测风资源数据推算代表年各风能要素。风电场风能资源初步可做出评价结论：

1）根据风电场实测气象资料，计算出拟选风电场内空气密度值。

2）确定风电场装机高度、50 年一遇最大风速、50 年一遇的极大风速。

3）拟选风电场场址地区装机高度及以下不同高度代表年全年平均风速和年平均风功率密度按 GB/T 18710—2002 风功率密度确定等级，属于风能资源几类区。

4）风电场测风塔所代表区域代表年风向和风能密度主导方向。风电场拟选场址装机高度处代表全年主导风向，发生频率，风能密度分布最大方向，所占比例为多少。

5）风电场测风塔所代表区域代表年装机高度有效风速小时数占全年小时数的百分比。

6）场址风资源评价，有无破坏性风速，主风向频率发生的概率。

7）按 IEC 61400-1 标准评价风电场场址内资源等级。

2.4 风能资源评估软件工具介绍

风电场设计优化和风能资源评估软件是风电场设计中相当重要的工具，从20世纪80年代开始，丹麦通过开发相应的计算机软件对风电场进行设计，目前国际上陆续开发了WAsP、WindFarmer、WindPRO、WindSIM等多种风电实用软件。下面分别予以简单介绍。

2.4.1 WAsP软件

WAsP是丹麦Risϕ国家实验室开发的一个完整的风能资源评估和风电场设计的软件，主要包括WAsP软件和WAsP Engineering软件，是行业标准的风能评估软件，是世界上应用最广泛的风能资源分析软件。由原始测风数据分析、风图谱生成、风况估算和理论发电量估算4个计算模块组成。目前最新版本为WAsP 10.0。该软件风电机组布置界面如图2-7所示。

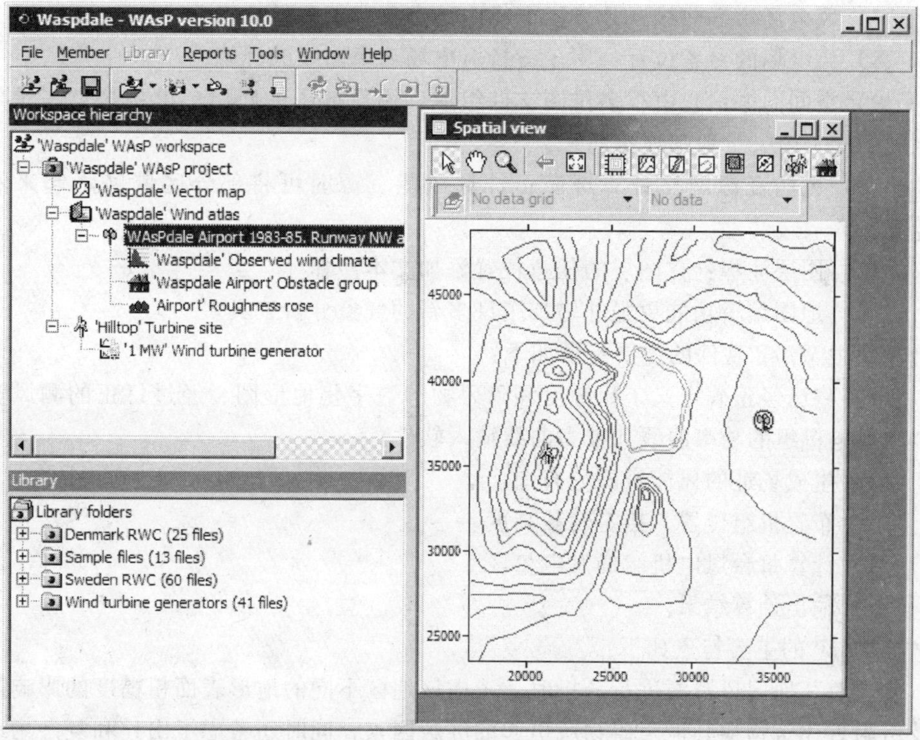

图2-7 WAsP软件风电机组布置界面图

1）原始测风数据分析模块通过对实测的时间序列的风速和风向数据统计分析，得出风能数据统计表。

2）风图谱生成模块以风能数据统计表为基础，剔除障碍物、地表粗糙度以及地形对风的影响，得出风图谱。

3）风况估算模块以风图谱为基础，考虑某一点周围障碍物、地表粗糙度以及地形对风的影响，估算出该点的平均风速和平均风功率密度。

4）理论发电量估算模块根据风电机组功率曲线、结合风况估算模块得出平均风功率密度，并计算出风电机组在该点的年理论发电量。

WAsP 软件的主要功能如下：

1）原始测风数据的统计分析。

2）生成风能资源分布图。

3）风气候评估。

4）单台风电机组的年发电量计算。

5）多台风电机组的尾流损失和总电量计算。

6）嵌套风电场：将风电场分为若干个子群，可对风电场的风电机组进行分组处理。

7）风电场功率曲线：计算风电场内给定参考位置的功率曲线。

8）风电场的参考位置：用于支持风电场功率曲线的计算。

9）空间图像：它由很多位图文件组成，用作地图的底层；可将多个图像与相同的同一个矢量地图连接起来。

10）风能资源网格计算屏蔽：计算风能资源时可将部分区域屏蔽起来不计算。

11）图层注释：在图层的任意位置添加文本注释。

12）地图编辑功能更强并增加了许多新的气象分析工具。

使用 WAsP 软件的主要步骤如下：

1）将已经正确定义了粗糙度和障碍物的数字化地形图、经过订正的测风资料、风电机组的功率曲线和推力曲线输入软件。

2）生成场址的风能资源分布图。

3）布置机组位置，给定轮毂高度。

4）计算每台风电机组的发电量。

5）输出计算结果。

WAsP 的主要特点如下：

当对某地区风资源进行分析时，考虑该地区不同的地形表面粗糙度的影响以及由附近建筑物或其他障碍物所引起的屏蔽因素，同时还考虑了山丘和复杂场地所引起的风的变化情况，通过修正受各因素影响的风数据来反映某一地区的真实风资源情况（风速风向频率、主风向来源、平均风速、有效风能密度、潜在风能量等），从而达到科学正确地选择风电场场址、风电机组选型的目的。另外它还可以根据某一地区风资源情况推算出另一点的风资源，这对那些地处偏远又无气象资料记录的地区是非常有用的。

2.4.2　WindFarmer 软件

WindFarmer 是英国 Garrad Hassan 公司和其合作者于 1998 年推出的用于风电场设计和分析的软件，主要用于分析、设计、优化风电场（多应用于微观选址），可同时考虑地形和尾流效应来计算风电场发电量现在越来越被大家认可。该软件使用了 WAsP 软件的部分结果，又进一步开发了许多风电场设计所需的功能，目前的最新版本是 5.1。

WindFarmer 的典型界面如图 2-8 所示。该软件主要由以下 7 个模块组成。

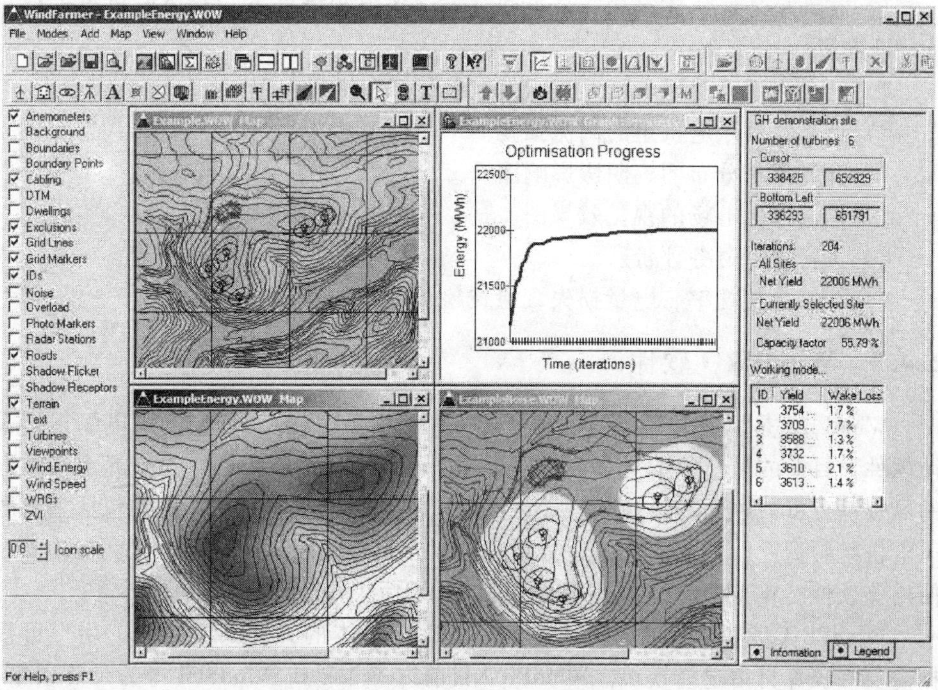

图 2-8　WindFarmer 软件界面图

1）基础模块：主要包括地图处理、风电场边界界定、风电机组工作室、风电场尾流损失模型、电量计算选项、自动设计优化、噪声影响模型、电量、风速、噪声和地面倾斜地图、多个风电场独立和累积分析与 WAsP 和其他软件的连接界面。

2）可视化模块：用于模拟和演示风电场的视觉效果，包括视觉影响区域分析、虚拟现实、虚拟漫游、集锦照片。

3）MCP⁺模块：提供所有测风数据的评估工具，测量数据的时间序列可以输出成图形和文件与长期风能资源数据形成关联。

4）湍流强度模块：对风力流动、风电机组性能和风电机组载荷模型进行分析。

5）金融模块：对风电场项目设计规划阶段进行金融评估。

6）电力模块：设计风电场的电力规划，包括对变压器、电缆的超载检查和计算电力损耗。

7）阴影闪烁模块：计算所给定的风电机组布局和风电场地形图中所产生的阴影闪烁，确定风电机组产生的阴影闪烁机理和时间间隔。

WindFarmer 的主要功能如下：

1）在满足环保、建筑物、最小间距等诸多限制条件下，对风电机组进行自动优化布置。

2）结合附近已建风电场，进行发电量计算和机组布置。

3）计算每台风电机组的湍流强度。

4）计算噪声分布图、阴影影响图。

5）能制造风电场的视觉效果图。

6）进行项目财务评价。

7）计算无功功率、电量损失，检查超载。

2.4.3 WindPRO 软件

WindPRO 是世界著名风能咨询公司——丹麦 EMD 公司开发的风电场规划设计软件，目前的最新版本是 2.7。WindPRO 已成为使用最广泛、用户界面最友好的风资源分析与风电场设计软件之一。全世界有 900 多家公司、机构包括主要的风电机组制造商、开发商、工程公司、电网公司、政府规划部门和研究机构都在使用该软件。WindPRO 的典型界面如图 2-9 所示。

WindPRO 是基于对象的模块化软件，除了基本的 BASIS 模块外，用户可根据需要和预算自由选择模块。WindPRO 目前以 WAsP 和 WindSIM 等为计算引擎，相对于单独使用 WAsP、WindSIM 等软件，WindPRO 具有以下优点：

1）方便灵活的测风数据分析手段，用户可以方便地剔除无效测风数据，并对不同高度的测风数据进行分析比较，寻求相关性，评价测风结果。

2）考虑风电机组尾流影响的风电场发电量计算，并提供了多种尾流模型。

3）风电机组实际位置的空气密度计算，修正标准条件下的风电机组功率曲线。

4）风电场规划区域的极大风速计算。

5）几乎涵盖了市场上所有风电机组，并不断更新的风电机组数据库，包括

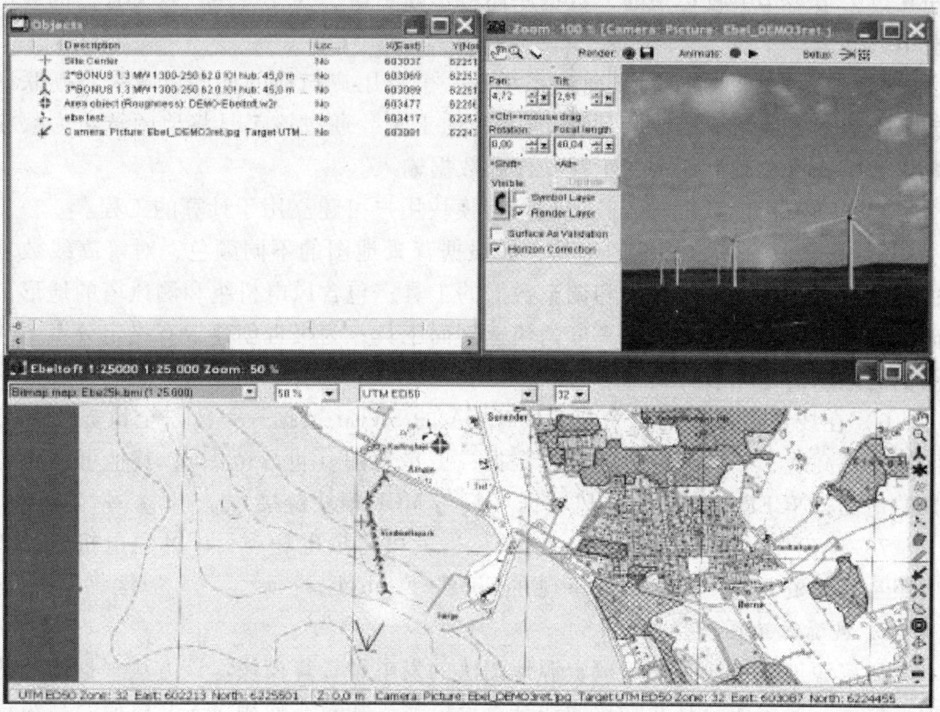

图 2-9　WindPRO 软件界面图

功率曲线、噪声排放及可视化信息。

6）区域化表示的粗糙度描述方法，避免了粗糙度线相交导致的错误。

7）短期测风数据的长期相关性分析。

8）兼容多种数字化资源文件，如卫星照片、SRTM（Shuttle Radar Topological Mission，航天飞机雷达地形测绘使命）等高线数据等，为描述规划风电场外围 10km 的粗糙度与等高线提供了便利。

9）直接下载指定区域的全球可用长期参考风数据——NCEP/NCAR 数据。

10）输出可用于复杂地形风资源分析软件（CFD）的粗糙度、等高线等文件。

WindPRO 软件包由针对不同目标的模块组成，用户可根据需求和预算自由组合模块。

1. 基础模块 BASIS

WindPRO 的基础模块是其他计算模块的基础，包含以下要素：

1）工程管理：有效的工程管理工具。

2）风电机组目录：该目录是世界上最综合、信息量最全的风电机组目录。风电机组目录中包含了 700 多种不同类型风电机组的数据。这些数据是 EMD 公司在过去很多年中收集来的。数据库还将不断更新，并支持用户定义自己的风电机组数据。

3）地图管理系统：地图管理系统是一个将用户扫描的地图以及来自互联网或其他数字资源的地图输入到 WindPRO 的工具。通过该工具将地图转化为数字背景地图，可在其上面进行工程操作和数据输入。

4）工程设计/数据输入：通过基础模块用户可建立用于计算的工程。

5）各种具有特殊用途的工具，如根据背景地图的不同颜色，对等高线数据进行高级数字化；用于修正和调整数据的工具；包含风电机组和测风塔的地形剖面描述；用于检查场址海拔高度的快速剖面工具；为报告创建带有指定分辨率和图例的地图的地图设计器等。

6）在线数据服务的免费接口：NASA 的 SRTM 数据——覆盖全世界大部分区域的等高线；不同来源的粗糙度数据；卫星地图（世界范围）；其他可用作背景的地图；NCEP/NCAR 全球风数据（只与 MCP 模块链接）。

7）输出工具：只需要点击一次鼠标，就可将风电场项目中的风电机组、合成照片或风资源地图等真实地呈现在 Google Earth 上。

2. 风资源地图模块 ATALS

风资源地图模块是基于风资源地图法的发电量计算模块。该方法根据给定的地形描述、风资源统计与功率曲线计算发电量。相对于使用 WAsP 模型的高级计算，该方法采用比较简单的模型计算山丘与障碍物影响。因此，建议该方法用于地形比较简单的情况。除此之外，ATALS 模型与欧洲风资源地图（European Wind Atlas）描述的 WAsP 模型相似。

3. 气象模块 METEO

气象模块具有两项功能：导入、分析和显示测风数据（风数据筛选）；根据现场测风数据计算单台风电机组的发电量（未使用流体模型，如 WAsP）。

气象模块的数据处理功能得到了广泛认可。它几乎可以读取所有类型的风资源数据，将它们整理成时间序列、频率表格，进而得到威布尔参数。通过该模块，用户可以检查时间序列，绘制散点图、风向分布图、日平均图等。可以在一个图中对不同高度的时间序列进行比较，并通过选择过滤器或直接观察，将选定数据设为无效，从而很容易识别和剔除错误数据。来自所有主要记录仪制造商的数据都可以方便地导入气象模块。经过筛选的风数据可通过 WAsP 接口模块以及 WAsP 软件计算风统计（清除了当地地形影响的风数据）。

气象模块包含特殊的风廓线分析功能，用户可以指定昼/夜和季节变化，并直接进行测量数据和 WAsP 计算结果的比较。使用综合的风剪切分析工具，可以很方便地进行剪切并将其粘贴至 Microsoft Excel 或其他的电子表格程序中。

气象模块还包括气象分析器工具，该工具可以对不同测风塔的数据、不同测量高度和不同测风塔的替代数据进行图形比较，对不同测风塔的测风数据和基于不同测风塔和/或不同高度的交叉预测风数据进行图形比较。

4. WAsP 接口模块

WAsP 接口模块用于连接 WindPRO 与 Risφ 的 WAsP 程序。相对适用于简单地形的风资源地图模块，WAsP 接口模块允许加入等高线和自由定义的障碍物。所有数据都在 WindPRO 中输入，而接口模块将 WAsP 程序作为“计算引擎”，根据风统计和地形描述计算风速分布。要运行这一模块，需要在计算机硬盘中安装 WAsP 程序。

5. MCP 模块

MCP（测量-相关-预测）模块根据现场实测数据与长期参考数据的相关性对实测数据进行长期修正。该模块包含四种最常用的 MCP 方法：线性回归、矩阵、威布尔尺度与风指数法。在该模块中，用户可以下载 NCEP/NCAR 风资源数据。NCEP/NCAR 风资源数据库中包含从 1948 年至今的分辨率为 2.5°（经/纬度）的风资源数据。如果用户需要更好的参考数据，可将 NCEP/NCAR 风资源数据直接导入气象对象，作为长期参考数据。MCP 分析的“最终结果”是根据地形描述与长期修正后的现场数据，应用 WAsP 计算得到的风统计。该风统计可直接用于风电场计算或风资源地图计算。对于非 WAsP 用途或进行进一步的分析，也可将长期修正后的现场数据按照时间数列导出。MCP 模块的一个非常强大的功能是对现场数据与同时期预测数据的图形比较。该预测数据根据长期参考数据与四种方法中任意一种方法计算得到的传递函数求得。

6. CFD 接口模块

目前，CFD 接口模块用于连接 WindPRO 与挪威 CFD（计算流体力学）WindSIM 模型。WindSIM 模型适用于山区与非常复杂地形的发电量计算。所有数据的输入都在 WindPRO 中完成。输入数据通过接口导出到 WindSIM。WindSIM 处理完数据后，流体模拟结果再导入 WindPRO 中，由 WindPRO 利用 WindPRO 的风电场模型以及基于 WindSIM 流体模拟的风电机组数据完成风电场的发电量计算。将来还将添加其他 CFD 模型的接口。

7. 风电场模块 PARK

风电场模块是一个非常灵活的工具，可以计算单个或多个风电场的发电量。该模块对计算用数据的输入方式基本没有限制。风电机组可以输入为已有风电机组和新建风电机组，并可包含在同一计算中，而打印输出时又可分别输出。如果需要，还可以自动计算已有风电机组对新建风电机组发电量的影响。同一计算中对风电机组类型或轮毂高度没有任何限制。利用 WindPRO 的图层结构，可以方便快速地比较不同风电机组排布。风电场模块包含许多不同的尾流损耗模型和工具，用于高级的湍流和 RIX 计算。最后，PARK 模型还可以计算风电场的功率曲线。

8. 资源模块 RESOURSE

资源模块用于计算选定区域、设定分辨率的风资源地图。该计算需要 WAsP 程序并将计算结果写入一个 RSF 文件中，RSF 文件包含每个风向和高度的威布尔分布的 A 参数和 K 参数。计算带有大量粗糙度和等高线文件的大型区域时，WindPRO 可自动输入粗糙度与等高线文件，这样就可避免直接使用 WAsP 时过多的手动操作。计算结果可按照指定的风电机组容量表示为 m/s、W/m^2 或 MWh/年。

9. 优化模块 OPTIMIZE

优化模块包括两种不同的方法，两种方法可以独立或组合使用。

1）风电场设计方法。该方法适用于对风电机组的几何排布（例如，各行互相平行且各行中风电机组间距相等，如海上风电场，也可处理弧形排列）有严格要求的情况。程序根据大量不同参数（如角度、距离、列偏置等）自动生成阵列。场址边缘可数字化，将风电机组排布限制在固定区域内。最佳排布一旦建立，发电量计算、噪声影响、视觉影响等计算将快速、高效执行。每个计算结果都可导出到数据表，经过处理后找出最经济的排布方案。

2）根据指定风电场区域总发电量自动优化风电机组排布。优化过程会根据周围对象的距离要求，自动调整风电机组排布。

10. 噪声模块 DECIBLE

噪声模块使噪声计算工作大大简化。计算可以同时包含已有和新建风电机组，也可以定义噪声敏感位置以及用多边形表示的噪声敏感区域。如果已知，模块中还可以输入无风电机组时的初始背景噪声水平，然后计算由风电机组产生的噪声。可以执行不同国家的计算模型。

11. 阴影模块 SHANDOW

阴影模块计算指定受体或给定区域单台或多台风电机组产生的阴影闪变影响的年小时数。作为计算的一部分，该模块首先执行视觉影响区域计算，检查受体与风电机组之间有无视觉冲突。该模块可以计算基于最大可能影响的最坏情况以及实际情况（根据天气统计）。计算输出中可包括针对每个受体的阴影闪变日历，也可计算针对每台风电机组的阴影闪变日历，计算结果可直接导出并应用于风电机组的控制系统中。

12. 视觉影响区域模块 ZVI

通过 ZVI 模块，用户可以分析风电机组的远距离视觉影响，评估多少组风电机组会对某地区造成视觉影响。ZVI 计算中可以包括森林、村庄以及其他元素。该模块还可以计算指定区域内多个风电场的累积影响以及随距离增加影响减少的情况。

13. 环境影响模块 IMPACT

环境影响模块整合了噪声、阴影、ZVI以及照片合成模块的计算，对每一个独立邻居提供一份计算结果。该模块可以告诉规划风电场周围的邻居工程可能给他们带来的环境影响。该模块生成的精确信息往往可以避免附近居民对新工程的不必要的反对和抗议。

14. 照片合成模块 PHOTOMONTAGE

照片合成模块用于创建尚未建成的风电机组工程（或其他工程）的可视化。该模块可用于评估不同的工程方案，与规划专家、附近居民等进行讨论，对工程进行调整使之尽量满足景观要求。

15. 动画模拟模块 ANOMINATION

照片合成创建以后，工程的动画模拟只需在该模块中点击三次鼠标就可完成。完成动画模拟后，风电机组叶片可以在计算机屏幕上按照适当的速度旋转。为了在互联网上发布，文件可以导出为GIF或者其他格式。利用动画模拟模块，可以得到风电场中风电机组动态效果的真实表现。

16. 三维动画模拟模块 3D ANOMINATOR

三维动画模拟用于对一些给定的风电机组或三维对象（如测风桅杆、房屋、森林）进行虚拟现实（VR）模拟，人造景观可根据等高线进行渲染，表面由纹理覆盖（如地图、航拍照片或其他纹理），以上操作可以给出景观的真实描述。渲染完成后，可以在虚拟的三维环境中自由移动。移动操作可以通过键盘、鼠标或操作杆控制。虚拟现实模拟与外部播放器可以作为电子邮件或刻录在光盘上散发，这样任何人都可以到风电场进行虚拟旅游。

17. eGRID 模块

eGRID模块用于风电机组接入电网的设计和计算。该模块可计算以下内容：①基于当地风况的电缆和变压器年损耗；②电缆与变压器的设计检验（负荷为容量的百分数）；③根据两个自由定义或自动定义的负荷情况得到的稳态电压变化；④短路容量与短路电流；⑤电压波动（长期闪变）；⑥开关效应引起的电压变化；⑦根据电力公司的要求，对计算结果的核查；⑧用于成本计算的电缆与元件列表，包括电缆长度与开挖长度，并考虑地形和坡度影响。

18. 规划模块 WindPLAN

规划模块用于整个地区风电机组的空间规划。规划模块是对规划者和开发商都适用的综合工具，用来在一个区域内确定风电场场址。规划是一个复杂的过程，规划模块提供了多个工具引导用户完成这个过程，从基于距离要求的冲突检验计算到风资源按景观敏感度的高级加权。规划阶段的可视化计算是只有规划模块才具备的全新的强大特性。

19. 经济性模块 WINDBANK

经济性模块简化了财务计算或风电机组/风电场投资经济可行性计算。该模块的灵活特性使用户可以根据不同国家的具体条件对计算加以组合。该模块的强大之处在于数据处理与关键图形均按照风电工程的要求进行了特殊设计。

2.4.4 WindSIM 软件

WindSIM 软件是挪威一家公司设计的，采用计算流体力学方法来模拟风电场场址内流场情形，适用于相对复杂地形条件下的风电场选址及风能资源评估，目前的最新版本是 5.1。WindSIM 的典型界面如图 2-10 所示。

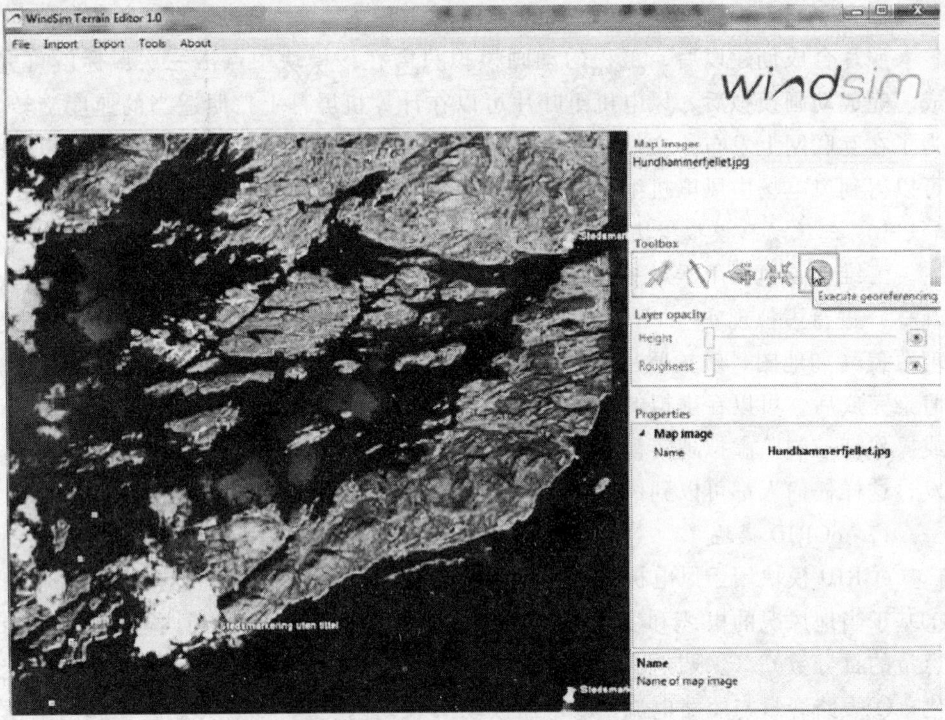

图 2-10 WindSIM 软件界面图

WindSIM 软件包含模块有：基础核心模块（即主软件）、多核应用模块、风电场优化模块、激光遥感数据修正模块。其中基础核心模块主要功能有地图编辑、风电场计算、风电机组和测风塔位置设定、测风塔位置优化、风电机组排布、计算风资源图、计算年发电量、3D 可视化；多核应用模块分为双核/四核/无限制核三选一，主要功能是显著减少仿真计算的时间，利用多核并行同时计算同一个扇区，或者同时计算不同的扇区，从而加快计算进程，更快地获得计算结果；风电场优化模块是在考虑 IEC 风电机组规范的前提下，自动获得当前风电场的最佳布局，同时可以考虑费用和收入，根据场址的大小确定最优的风电机组数目和每台风电机组的位置，使风电场的收益最大化；基于 SODAR 和 LIDAR 的遥感测量技术在风电领域受欢迎，而它在测量风速时做出的一些假设在山地条件下可能是错误的，利用 WindSIM 软件的遥感数据修正模块可以改善这个不足，并修正测量数据。

WindSIM 软件具有如下 5 个优势：

1）WindSIM 软件采用的双方程湍流模型精度更高，对复杂地形的模拟更精确。

2）WindSIM 软件拥有独特的驱动盘（actuator disc）模型技术，首次将风电机组直接加入风电场模拟，尾流效应计算更精确，对于海上（offshore）风电的模拟的精确性处于绝对领先。

3）WindSIM 软件提供孤立求解器、耦合求解器和并行求解器，在功能上完全涵盖了其他 CFD 软件，在求解速度、收敛性上更有保证。

4）WindSIM 软件新开发了 Park Optimizer 模块，使用户能够在考虑 IEC 风电机组规范的前提下自动获得最优的风电机组布局设计。

5）WindSIM 软件还提供了噪声计算、AEP 密度修正等功能，用以分析和演示模拟计算区域的噪声分布图，允许用户对风电机组局部的空气密度进行修正，以获取更准确的 AEP 值。

第 3 章　风电场选址技术及实例分析

风电场选址技术是一项复杂的工作，涉及工业技术、经济指标、自然地理、环境保护等诸多方面。风电场场址选择是否合理将影响场内风电机组的发电量，进而对整个风电场的经济效益产生重要影响。在选址时应通过对若干方案的技术、经济指标进行比较，确定风电场风电机组的最优布置方案，通过选址可以做到风电场捕获风能的最大化。本章在阐述风能资源评估、风电场宏观选址、微观选址和风电场容量和机组排列布置的基础上，结合某风电场的选址实例，介绍该风电场的风能资源评估、风电机组比选及微观选址过程。

3.1　风电场选址技术概述

风电场选址工作包括宏观选址和微观选址，是风电场建设的首要问题，需综合考虑风能资源、经济效益、电网结构、交通运输、地形地貌等诸多方面的因素，也是风电场建设中关键的第一步，直接关系到风电场未来经济效益的好坏。

宏观选址工作在前期规划阶段进行，需结合当地气象资料和测风数据进行风能资源评估，同时考虑电网、交通、地质等条件；微观选址工作主要在设计阶段进行，根据风电场风资源分布图，同时结合各项限制条件确认风电机组的优化布置机位。

国内外的经验教训表明，由于风电场选址的失误造成发电量损失和增加维修费用将远远大于对场址进行详细调查的费用。因此，风电场选址对于风电场的建设是至关重要的。

3.1.1　风电场选址需考虑的基本要素

一个好的风电场首先应该满足业主和相关部门的各项要求，同时还要符合环境要求，使整个风电场具有较好的经济效益。风能资源和其他相关气候条件、地形和交通运输、工程地质、接入系统、风电机组和该场址风况匹配情况、风电机组对接入电网的动态影响以及其他社会政治和经济条件也是要考虑的因素。

1. 经济效益

风电项目售电和发电成本的差价就是利润。风电场的度电（kWh）成本是评价其经济性的主要指标。度电成本可表示为

$$C=\frac{A+M}{E_{\mathrm{C}}} \tag{3-1}$$

式中，E_C为年发电量；M 为年运行维护费用；A 为项目投资每年等额折旧，可由下式计算：

$$A = P\frac{i(1+i)^n}{(1+i)^n - 1} \tag{3-2}$$

式中，P 为总投资；i 为贷款利率；n 为折旧年限。

风资源是风电场选址时要考虑的主要因素。选择一个风能资源丰富的场址，安装与该场址风能特性相匹配的风电机组，可以提高机组的年发电量，从而减少度电成本。这也是要把具有最丰富的风资源的地方作为候选风电场的主要原因。

风电场投资也是影响风电场的经济性主要因素，包括风电场选址评估费、设备造价、设备运输和施工费，以及征地费、土建工程费、道路的修建费、风电场升压变电所接入电力系统的方式等。

2. 环境的影响

与其他发电类型（如火电、核电）比较，风电对环境的影响很小，但在某些特殊的地方，对环境的影响也是风电场选址必须考虑的因素。从目前来看，风电场对环境的影响主要表现在 3 个方面：噪声、电磁干扰及对当地气候和生态系统的影响。

（1）噪声　风电机组在运行时产生噪声，主要来自于机舱内部产生的机械噪声，以及叶片和空气之间作用产生的空气动力噪声。机械噪声主要是在风轮旋转产生的动力传给发电机时通过齿轮啮合产生的，空气动力噪声是伴随着风轮旋转而发生，其强度依赖于叶尖的线速度和叶片间所通过的气流性质（风速和湍流强度等）。另外有一附带的脉冲噪声源的低频噪声，它与风电机组机型及塔架设计有关。因此，在设计风电机组时，要考虑噪声对周围环境的影响。

（2）电磁干扰　电磁波干扰是风电机组可能产生的一个潜在环境问题，旋转的风电机组叶片可能反射电磁波，主要对电视信号、无线电导航系统、微波传输等产生影响，风电机组的塔架还能产生屏蔽干扰，但目前国内外对这方面的研究很少。

（3）对微气候和生态系统的影响　生态系统影响是指对该区域生长的植物、植物中的小动物，以及捕食这些小动物的猛禽等生长环境的改变。风电场可能对当地的微气候和生态造成一定程度的影响，主要表现在以下两个方面：风电机组会对当地的风能特性产生影响；风电机组在安装时对土地和植物造成暂时破坏。

一般来说，风电场对微气候的影响很小，与正常的大气变化相比，可以忽略不计。但是据内蒙古辉腾锡勒地区风电场附近的农牧民反映，风电场对高山草甸草原植物种群有一定影响，有些植物近年来濒临灭绝，还有一些鸟类与旋转的叶片撞击致死，但是这一说法缺少详细的现场调查和理论研究。

3. 景观影响

随着风电装机容量的扩大，在特定区域（如山脊、海岸线）大规模地安装风电机组，会对地区景观产生消极影响，此时风电应该优先考虑与当地景观规划建设协调发展，错开包括重要风景在内的视野，远离重要眺望景点。

4. 对接入电网的动态影响

风电机组输出功率波动大，波动时间从数秒钟级到数分钟级的波动应特别注意，因为这种波动可能在短时间内影响常规发电设备的暂态稳定、系统频率和负荷潮流。

3.1.2 风电场选址步骤

风电场场址的选择是一项复杂的工作，涉及工业技术、经济指标、自然地理、环境保护等诸多方面。综合考虑风能资源和非气象因素（如接入系统的条件、交通条件等），需要对潜在候选场址进行初步的技术经济比较，从而选出少量的备选场址，然后安装测风系统，现场实测风能资源，取得该场址内的风能资源数据。应用 WAsP 软件对测风数据和气象数据进行风能资源评价和年理论发电量计算，在此基础上进行机型比选和相应的计算，采用 WindFarmer 软件进行机位布置，通过对若干方案的技术、经济指标比较论证后，确定风电场选定的风电机组型式、单机容量、台数和优化布置方案，并估算风电场年上网电量，通过科学选址可以做到风电场最大化的捕获风能，使风电场获得最大化的发电量，也就是整个项目的经济性最好。

风电场选址的一般流程如图 3-1 所示。

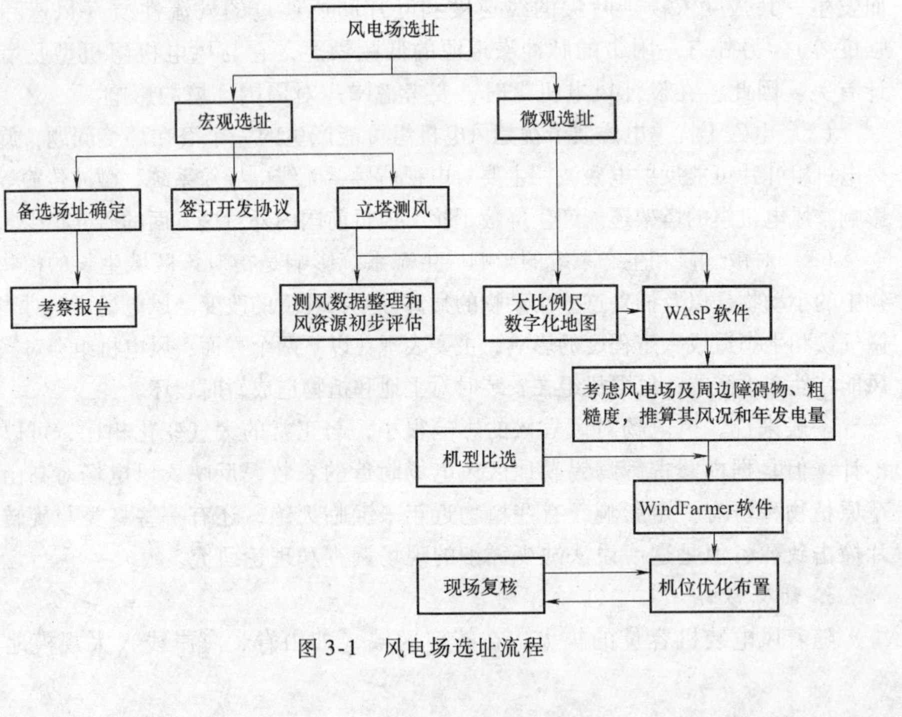

图 3-1 风电场选址流程

3.2 风电场宏观选址

风电场宏观选址即风电场场址选择，是在一个较大的地区内，对气象条件等多方面因素进行综合考察后，通过对若干场址的风能资源和其他建设条件的分析和比较，确定风电场的建设地点、开发价值、开发策略和开发步骤的过程，是企业能否通过开发风电场获取经济利益的关键。场址选择的好坏，对能否达到风能应用所要达到的预期目的，起着至关重要的作用。当然，还应考虑经济、技术、环境、地质、交通、生活、电网、用户等诸多方面的问题。但即使在同一地区，由于局部条件的不同，也会有着不同的气候效应。因此如何选择有利的气象条件，力求最大限度发挥风电机组效益，有着重要的经济价值。

3.2.1 风电场宏观选址的基本原则

1）风能资源丰富，风能质量好。

2）符合国家产业政策和地区发展规划。

3）满足联网要求。

4）具备交通运输和施工安装条件。

5）保证工程安全。

6）满足环境保护的要求。

7）满足投资回报要求。

3.2.2 风电场宏观选址的方法步骤

1. 备选场址的确定

在一个较大范围内，如全国或一个省或一个县或一个电网辖区内，确定几个可能建设风电场的区域。有些风电场附近还有未开发的区域，根据已建风电场的发电情况，判断新风电场的开发前景。这是寻找备选场址的一个捷径。

2. 风能资源测量

风能资源测量是一项很重要的工作，主要指导文件为 GB/T 18709—2002《风电场风能资源测量方法》。此外，必须注意以下 3 个方面：

1）必须在测风阶段给予足够的投入。立足够数量的测风塔，安装足够数量的传感器，测量足够长的时间。

2）测风塔的位置和数量一定要在地形图上先确定，再到现场调整并最终确定，否则容易造成测风塔之间的位置疏密不一。

3）提高测量数据的完整性和可靠性。要经常检查数据，经常到现场检查仪器，及时发现问题。

经过至少 1 年的现场测风，有效数据完整率达到 90% 以上，即可进入下一步：场址比选。

3.2.3 场址比选

根据 DL/T 5067—1996《风力发电场项目可行性研究报告编制规程》，应比较以下内容：风能资源和相关气象条件、地形和交通条件、工程地质条件、接入系统条件，还应初步选择一种机型，比较各场址的年发电量，比较各场址的地形和交通条件，比较各场址的工程地质条件，比较各场址的接入系统条件。

除上述因素外，还应考虑当地政府和居民对在该地区建风电场的态度、土地征用方面、环保方面、总装机容量、投资、电价等因素。

对于以上因素，要定量分析和定性分析相结合，以定量分析为主。对各场址进行综合技术经济比较，可以综合评分，并作出初步的财务评价，然后对各场址进行综合排序，确定开发策略和开发步骤。

风电场场址的选择是一项复杂的工作，涉及经济技术、自然地理、社会政治、环境保护等诸多方面。本节只是择其要点作了简单介绍，在具体选址时应进行深入细致的调查研究，编写风电场选址专题报告。

3.3 风电场微观选址

风电场微观选址即风电机组位置的选择。通过对若干方案的技术经济比较，确定风电场风电机组的布置方案，使风电场获得较好的发电量。国内外的经验教训表明，由于风电场选址的失误造成发电量损失和增加维修费用将远远大于对场址进行详细调查的费用。因此，风电场微观选址对于风电场的建设至关重要。

3.3.1 风电场微观选址的基本原则

1）尽量集中布置。

2）尽量减小风电机组之间尾流影响。

3）避开障碍物的尾流影响区。

4）满足风电机组的运输条件和安装条件。

5）视觉上要尽量美观。

3.3.2 风电场微观选址的方法步骤

风电机组的布置和发电量的计算，一般都借助于 WAsP 和 WindFarmer 两个软件。具体步骤如下。

1）确认风电场可用土地的界限。

2）结合地形、地表粗糙度和障碍物等，利用风电场测站所测的并经过订正的测风资料，在风电场范围内绘制出一定轮毂高度的风能资源分布图。

3）根据微观选址的基本原则和风电场的风能资源分布图，拟定若干布置方案，并用软件对各方案进行优化。

4）对各方案的发电量、尾流影响、投资差异及其他相关因素进行经济技术综合比较，确定最终的布置方案，绘制风电机组布置图。

3.3.3　机型比选

机型比选的主要因素如下：

1）满足场址的气候条件。

2）注意场址的交通运输条件的制约。

3）顺应风电机组发展趋势。

4）价格。

5）售后服务。

机型比选的方法步骤如下：

1）根据交通运输条件和安装条件，确定单机容量的范围。

2）根据气候条件，确定几种备选的机型。

3）用 WAsP 软件将几种备选机型作初步布置，计算出其理论发电量。

4）对各备选机型及其配套费用作投资估算。其中风电机组的价格用最新的招标价格计算。

5）计算各备选机型的度电成本、千瓦投资等指标。

6）结合各备选机型的特征参数、结构特点、控制方式、成熟性、先进性、售后服务等进行综合的技术经济比较，确定机型。

3.4　风电场年上网电量及容量选择和排列布置

风电机组的容量选择和排列布置是相互影响的，风电机组特性影响尾流效应，尾流效应影响风电场的发电量。因此，风电场选址规划时应同时考虑风电机组的容量选择和排列布置问题。

3.4.1　风电场年上网电量的计算

在确定了风电场拟安装的机型、轮毂高度、风电机组的位置后，即可计算风电场的年上网电量。计算的方法步骤如下：

1）计算各风电机组标准状态下的理论发电量。需要准备的资料有：

① 数字化地形图。比例为1:5万或1:2.5万。范围：距离任一机位5km。若有大

的水面，则距离任一机位至少10km。范围太小，影响计算精度。等高距小于20m。

② 经过订正的场址测站的风速风向数据和测站的位置、风速计高度。这些数据在风能资源评估时已经做出来了。

③ 选定机型的功率曲线、推力曲线。从风电机组制造厂家可以得到这些曲线。

④ 场址内障碍物的大小、位置和孔积率。

2）尾流影响修正。WAsP 软件的 8.0 以上版本可以自动计算出风电机组之间尾流影响系数并进行电量的折减，因此尾流修正直接用软件计算的结果。

3）空气密度修正。由于场址的空气密度一般不等于标准空气密度 1.225kg/m^3，所以要作空气密度修正。

4）可利用率折减。一般根据厂家的保证取95%，即减去5%。

5）功率曲线折减。一般根据厂家的保证取95%，即减去5%。

6）叶片污染折减。根据场址的空气状况取98%~99%，即减去1%~2%。

7）湍流强度折减。根据湍流强度的大小取92%~98%，即减去2%~8%。

8）气候影响折减。根据场址内由于气温、积冰等天气的影响而不能发电造成的电量损失比例折减。

9）损耗和场用电折减。参照类似已建工程估算折减系数。

10）根据场址的具体情况，作其他折减。

经过修正和折减以后，得到各风电机组年上网电量。汇总各风电机组年上网电量，可得到风电场的年上网电量。

3.4.2 风电机组的容量选择

选择风电机组容量的原则是，在已知风资源数据和风电机组技术资料条件下，选择使风电场的单位电能发电成本最小的风电机组。风电机组选择中的主要问题是，风电机组的技术指标要适合当地风资源的特点。

在考虑风电场的空气密度与标准空气密度的差别时，通常采用的方法是直接把计算的年发电量乘以风电场实际空气密度和标准空气密度之比，这种方法与实际情况相差较大。目前在风电项目可行性研究报告中，通常假设尾流效应造成的能量损失是1%~3%，或者仅考虑均匀风速场情况。

国内外风电场工程的经验表明，在风电场地形平坦、交通便利，风动机组技术可行、价格合理的条件下，在相同的装机容量条件下，单机容量越大，机组安装的轮毂高度越高，发电量越大，分项投资和总投资均降低，效益越好，越有利于充分利用风电场土地，越能充分利用风电场的风力资源，整个项目的经济性就越高。但是，对于地形条件复杂，交通条件不太便利的风电场，选择的单机容量不能太大，否则，增加容量所获得的发电量将无法担负交通运输、施工安装费用和运行期间检修成本的大幅度增加，从而，降低了风电场的经济性。因此，对于一个已知的风电场，在现有的经济技术条件下，单机容量在某个确定的范围内，项目才具有较高的经济性。同时，我国为了支持风电机组国产化，规定在大型风力发电场建设中国产化的风电机组要占一定的比例，所以在选择风电机组中还要考虑国家的政策。

3.4.3 风电机组的排列布置

由于风电机组把风能转化成电能，风通过风轮后速度下降而产生湍流，要经过一定的距离后才能恢复。理想情况下，在主风向上尽量使风电机组布置得远些，减少风电机组相互之间的影响。但是，缩短机组之间的距离可以减少电缆长度，从而降低联网费用。另外，充分利用土地等因素要求把风电机组布置得尽量近些。风电机组布置时应考虑这些因素，根据实际地形情况，因地制宜优化布置。

风电机组排列布置的原则是，机组布置要综合考虑地形、地质、运输、安装和联网等条件，充分利用风能资源，最大限度地利用风能。

1）应根据风电场风向玫瑰图和风能密度玫瑰图显示的盛行风向、年平均风速等条件，确定主导风向，机组排列应与主导风向垂直。对平坦、开阔的地址，可以单排或多排布置风电机组；在多排布置时应尽量考虑呈“梅花形”排列，以减少风电机组之间尾流的影响。

2）风能经风电机组风轮后，部分动能转化为机械能，尾流区风速减小约1/3，尾流流态也受扰动，尤以叶尖部位扰动最大，故前、后排风电机组之间应有$5D$（D为风轮直径）以上的间隔，由周围自由空气来补充被前排风电机组所吸收的动能并恢复均匀的流场。前排风电机组是后排障碍物的复杂地形条件下的风电场场址，可利用仿真分析软件（WAsP软件）结合机组排列布置原则优化机组布置方案。

3）盛行风向基本不变的风电场，一般而言，机组布置的行距（垂直于盛行风向）为$(3\sim5)D$，列距（在盛行风向上）为$(5\sim9)D$。单行风电场的风电机组最小列距为$3D$，多行风电场的风电机组最小列距为$5D$。风向集中的场址列距可以小一些，风向分散的场址列距就要大一些。多行布置时，呈“梅花形”布置尾流影响要小一些。

根据微观选址的基本原则和风电场的风能资源分布图，拟定若干布置方案，用WindFarmer软件对风电机组选址进行优化，确定并调整风电机组间的最小分布距离、高度变化、形状、机组数量、对风电场进行噪声分析及预测等。通过对各方案的发电量、尾流影响、投资差异及其他相关因素进行经济技术综合比较，确定最终的优化布置方案，绘制风电机组布置图。

3.5 某风电场风能资源评估和微观选址实例分析

风电场场址的选择是一项复杂的工作，涉及工业技术、经济指标、自然地理、环境保护等诸多方面。在选址时应通过对若干方案的技术、经济指标比较，确定风电场风电机组的最优布置方案，使风电场获得最大化的发电量，通过科学选址是可以做到风电场捕获风能的最大化，也就是整个项目的经济性最好。

该风电场平均海拔高度1700~1900m，风电场面积28km^2，呈不规则多边形区域分布，位于内蒙古自治区中部，总体地形南部以山区为主，北部为丘陵区，属中温带大陆性季风气候，冬季寒冷漫长，夏季凉爽无霜期短，降水量少，昼夜温差大。主导风向为西北和西南风。境内盛行风向受蒙古气旋、反气旋环流及地形引起的影响，呈片状分布，很有规律。其风能资源具有稳定度高、持续性好等特点，适宜建设大型风电场。

3.5.1 风电场风能资源评估

1. 风电场测风装置

风电场附近有3个测风塔，测风设备采用美国的NRG测风仪，各测风塔的位置及配置见表3-1。其中2#测风塔位于风电场内中部，塔高70m，在10m和70m高度分别安装了风向标，在10m、30m、50m、70m高度分别安装了风速仪，70m高度安装了两套测风仪，7m高度分别安装气温测量仪和气压测量仪各一套。3#测风塔位于风电场区域外北部，塔高50m，在10m和50m高度分别安装了风向标，10m、30m和50m高度分别安装了风速仪，50m高度安装了两套测风仪。1#测风塔位于风电场区域外西部，塔高50m，10m和50m高度分别安装了风向标，在10m、30m、50m高度分别安装了风速仪，50m高度安装了两套测风仪。测风仪均经过标定，测风数据完整性和可靠性均有较好的保证。

表3-1 各测风塔的位置及配置

塔号 / 参数	1#	2#	3#
塔高/m	50	70	50
仪器厂家	NRG	NRG	NRG
风速仪数/风向标数	4/2	4/2	4/2
海拔高度/m	1795	1851	1890
风向观测高度/m	50/10	70/10	50/10
风速观测高度/m	50/30/10	70/50/30/10	50/30/10

2. 测风数据整理

根据《风电场风能资源评估方法》（GB/T 18710—2002）标准的要求，从各塔的测量参数测量范围合理性、完整性及测量参数合理变化趋势等方面分别对原始测风数据进行分析验证。

（1）测风数据合理性、合理相关性和合理变化趋势检验　选取各个测风塔一年的实测数据分析风能资源。对1#、2#、3#塔的不同高度数据合理性进行检验。根据GB/T 18710—2002标准，将各测点主要参数的不合理数据统计列于表3-2。

经检验，各个塔的风速、风向测量值均在合理范围内；各个塔的小时平均风速趋势性不合理数据约占总数据的比重<0.6%；1#、2#、3#塔风速相关性不合理数据占总测试次数的比重分别为3.5%、0.9%、2.9%；各个塔风向相关性不合理数据占总数据的比重偏高：1#塔为5.8%，2#塔为3.6%，3#塔为1.6%，主要原因是下层风向变化频繁所致；2#塔气温、气压测量值的趋势性不合理数据约占总数据的比重为0.1%，1#、3#塔未设气温、气压测量仪。数据的合理性、合理趋势性和合理相关性均较好。

（2）缺测和不合理数据的处理　检查风电场测风塔原始数据，对其进行完

表3-2　实测不合理数据统计表

塔号	测风高度/m	参数合理参考值	不合理次数	总测量次/(次/h)	比例(%)
1#	10/30/50	0≤平均风速小时平均<40m/s	0	8760	0
		0°≤风向小时平均值<360°	0	8760	0
		平均风速的1h变化<6m/s	56	8760	0.6
		50/30m高度小时平均风速差值<2.0m/s	115	8760	1.3
		50/10m高度小时平均风速差值<4.0m/s	196	8760	2.2
		50/10m高度小时平均风向差值<22.5°	516	8760	5.8
2#	10/30/50/70	0≤平均风速小时平均<40m/s	0	8748	0
		0°≤风向小时平均值<360°	0	8748	0
		75kPa≤气压小时平均值<87kPa	0	8748	0
		平均风速的1h变化<6m/s	25	8748	0.3
		平均温度的1h变化<5℃	10	8748	0.1
		平均气压的3h变化<1kPa	0	8748	0
		70/50m高度小时平均风速差值<2.0m/s	31	8748	0.3
		70/30m高度小时平均风速差值<4.0m/s	20	8748	0.2
		70/10m高度小时平均风速差值<6.0m/s	33	8748	0.4
		70/10m高度小时平均风向差值<22.5°	318	8748	3.6
3#	10/30/50	0≤平均风速小时平均<40m/s	0	8756	0
		0°≤风向小时平均值<360°	0	8756	0
		平均风速的1h变化<6m/s	28	8756	0.3
		50/30m高度小时平均风速差值<2.0m/s	114	8756	1.3
		50/10m高度小时平均风速差值<4.0m/s	138	8756	1.6
		50/10m高度小时平均风向差值<22.5°	143	8756	1.6

注：“比例”为不合理数据次数占总测量次数的百分数。

整性和合理性分析，检验出缺测的数据和不合理的数据，经过适当处理，整理出一套连续一年完整的风电场逐小时测风数据。方法如下：

1）通过对测风塔的不同高度同一时刻的风速、风向资料进行分析，并参考其他测风塔的相关数据，对不合理数据再次进行判别，挑出符合实际情况的有效数据，回归原始数据组。

2）缺测数据处理：采用相邻测风塔的相同高度半年的数据进行相关分析，并与相邻测风塔的数据进行相关差补得到缺测时段数据。

3）相关性不合理数据处理：分析各个塔的不同高度实测风速变化趋势，采用各个塔实测风切变幂律公式进行计算，用计算结果替换各个高度风速相关性不合理数据。通过对比同一测风塔的不同高度风向、相邻测风塔风向，综合分析后，替换风向相关性不合理数据。

4）不合理气温、气压数据处理：通过分析实测气温、气压过程线，对比所在地区气象站相应观测资料，替换气温、气压趋势性不合理数据。

（3）测风数据完整率 《风电场风能资源评估方法》中要求现场连续测风的时间不应少于一年，且测风有效数据的完整率应达到90%。风电场测风数据完整率按下式计算：

有效数据完整率=(应测数目－缺测数目－无效数据数目)/应测数目×100%

式中，应测数目表示测量期间的小时数；缺测数目表示没有记录到的小时平均值数目；无效数据数目表示确认为不合理的小时平均值数目。

本次选择各个塔测风数据相对完整，1#、2#、3#塔的总测量数据完整率分别为98.6%、99.2%和99.4%。1#、2#、3#塔的数据均符合《风电场风能资源测量方法》(GB/T 18709—2002) 标准中关于测风有效数据完整率在90%以上的要求。

3. 测风年风速、风向统计

各测风塔的不同高度平均风速和风功率密度年变化见表3-3、表3-4、表3-5。由表可以看出，风电场实测年10m高度平均风速为5.97～6.43m/s，相应的年平均风功率密度为212～257W/m^2；50m高度平均风速为7.39～7.79m/s，相应的年平均风功率密度为364～403W/m^2。

对比分析各个塔的不同高度风速和风功率密度年变化和日变化规律，由图3-2可见，各个塔的不同高度风速、风功率密度年变化趋势基本一致。

表3-3 1#测风塔数据

测风塔号	1#					
测风高度	50m		30m		10m	
要素	风速/(m/s)	风功率密度/(W/m^2)	风速/(m/s)	风功率密度/(W/m^2)	风速/(m/s)	风功率密度/(W/m^2)
1月	6.88	370	6.25	301	5.49	205
2月	8.02	477	7.32	381	6.31	262

（续）

测风塔号	1#					
测风高度	50m		30m		10m	
要素	风速/（m/s）	风功率密度/（W/m²）	风速/（m/s）	风功率密度/（W/m²）	风速/（m/s）	风功率密度/（W/m²）
3月	7.69	437	7.07	360	6.20	251
4月	9.96	766	9.36	657	8.39	49
5月	8.43	483	7.92	406	7.03	296
6月	6.96	335	6.48	279	5.80	207
7月	6.08	222	5.68	186	5.09	135
8月	5.89	193	5.47	155	4.88	110
9月	6.05	213	5.52	173	4.91	129
10月	8.04	460	7.41	380	6.36	257
11月	7.45	368	6.80	295	5.84	206
12月	7.26	389	6.52	296	5.52	178
年平均	7.39	392	6.81	321	5.98	227

表3-4　2#测风塔数据

测风塔号	2#							
测风高度	70m		50m		30m		10m	
要素	风速/（m/s）	风功率密度/（W/m²）	风速/（m/s）	风功率密度/（W/m²）	风速/（m/s）	风功率密度/（W/m²）	风速/（m/s）	风功率密度/（W/m²）
1月	8.24	518	7.86	463	7.09	344	6.18	244
2月	8.53	490	8.09	434	7.93	333	6.26	235
3月	7.81	451	7.69	416	7.46	341	6.28	253
4月	10.02	740	9.67	682	9.73	572	8.00	437
5月	8.45	469	8.22	430	8.21	362	6.83	273
6月	7.17	344	6.99	313	6.94	263	5.83	197
7月	6.17	199	6.01	183	6.12	157	5.00	117
8月	5.89	159	5.63	138	5.92	116	4.63	86
9月	6.74	263	6.45	236	6.39	196	5.19	140
10月	7.73	373	7.36	336	7.64	279	5.78	195
11月	8.11	466	7.83	417	7.31	327	6.22	218
12月	7.86	380	7.40	327	7.03	235	5.56	153
年平均	7.72	403	7.43	364	7.30	293	5.97	212

表3-5　3#测风塔数据

测风塔号	3#					
测风高度	50m		30m		10m	
要素	风速/（m/s）	风功率密度/（W/m²）	风速/（m/s）	风功率密度/（W/m²）	风速/（m/s）	风功率密度/（W/m²）
1月	7.56	372	7.09	325	6.21	255
2月	8.46	478	7.93	406	6.84	291
3月	7.90	460	7.46	387	6.65	298
4月	10.31	827	9.73	716	8.78	576

（续）

测风塔号	3#					
测风高度	50m		30m		10m	
要素	风速/（m/s）	风功率密度/（W/m^2）	风速/（m/s）	风功率密度/（W/m^2）	风速/（m/s）	风功率密度/（W/m^2）
5 月	8.71	492	8.21	418	7.39	325
6 月	7.37	358	6.94	306	6.22	242
7 月	6.47	221	6.12	189	5.42	141
8 月	6.24	182	5.92	155	5.18	107
9 月	6.76	257	6.39	221	5.62	167
10 月	8.19	432	7.64	361	6.58	258
11 月	7.09	423	7.31	347	6.41	262
12 月	7.77	354	7.03	267	5.96	177
年平均	7.79	403	7.30	340	6.34	257

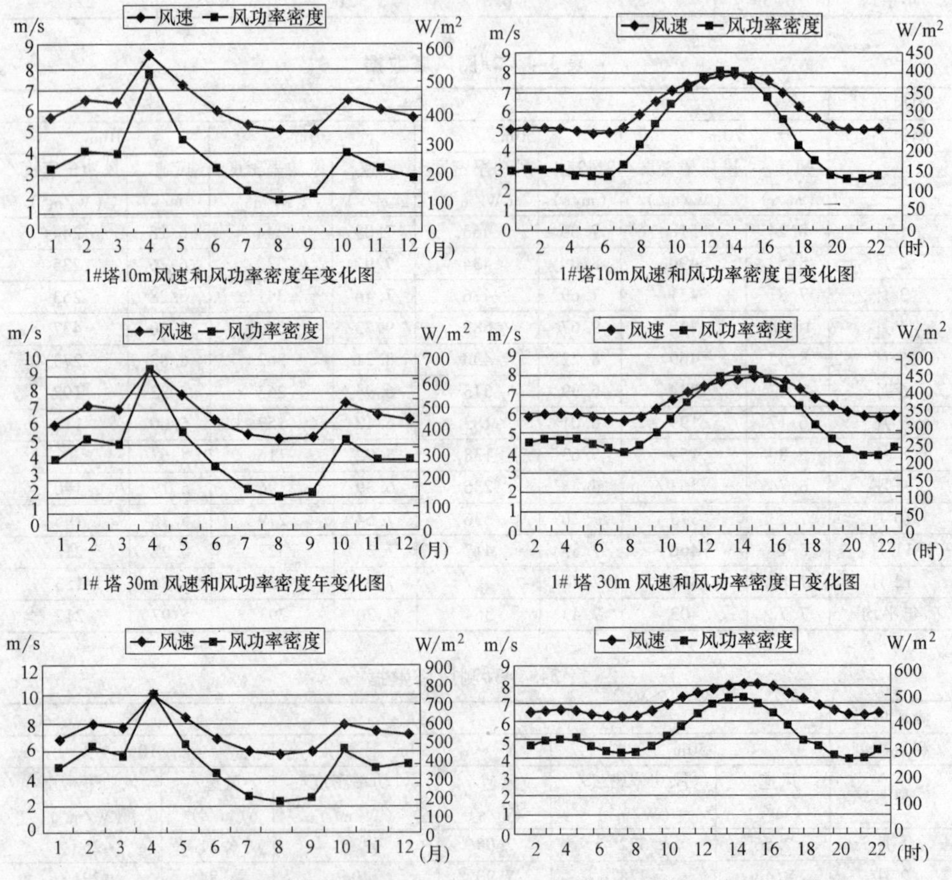

1#塔10m风速和风功率密度年变化图

1#塔10m风速和风功率密度日变化图

1# 塔 30m 风速和风功率密度年变化图

1# 塔 30m 风速和风功率密度日变化图

1# 塔 50m 风速和风功率密度年变化图

1# 塔 50m 风速和风功率密度日变化

图 3-2　1#、2#、3#测风塔在不同高度时的年、日风速和风功率变化曲线

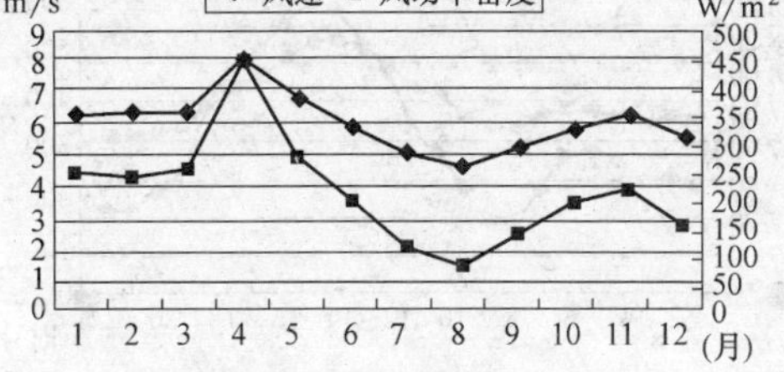

2# 塔 10m 风速和风功率密度年变化图

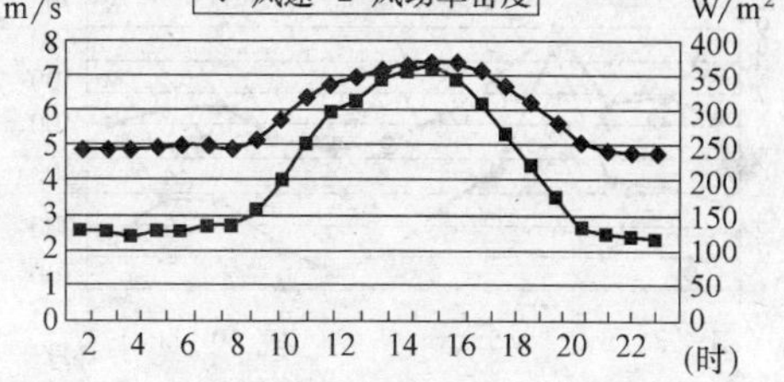

2# 塔 10m 风速和风功率密度日变化图

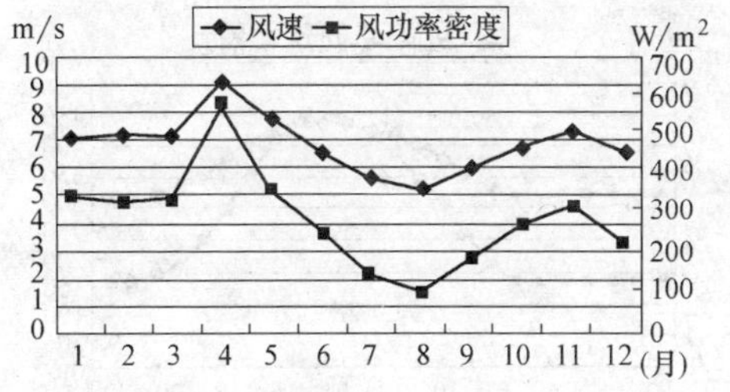

2# 塔 30m 风速和风功率密度年变化图

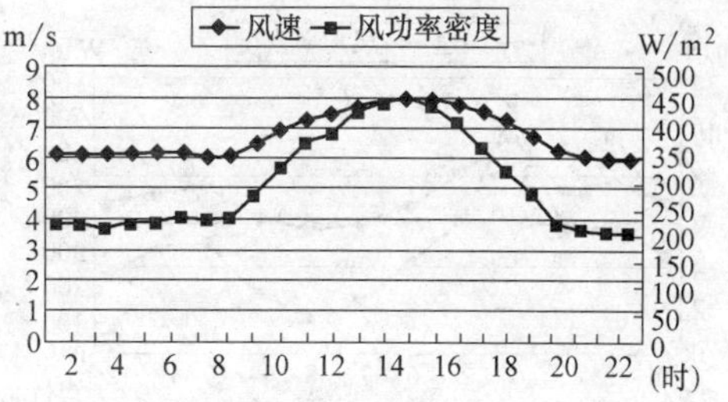

2# 塔 30m 风速和风功率密度日变化图

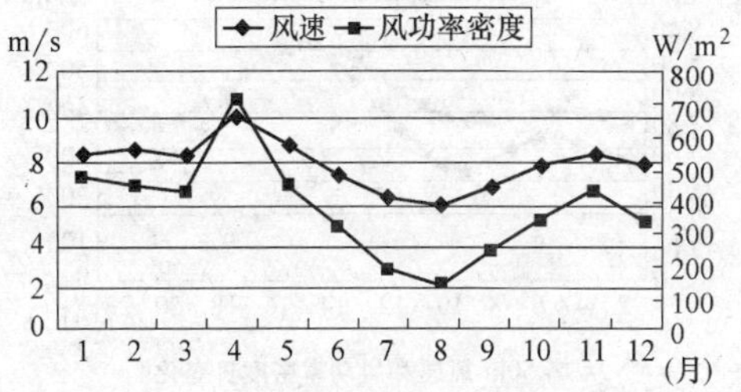

2# 塔 50m 风速和风功率密度年变化图

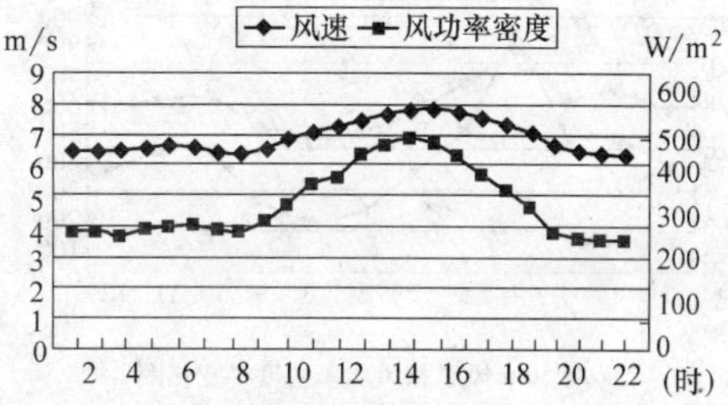

2# 塔 50m 风速和风功率密度日变化图

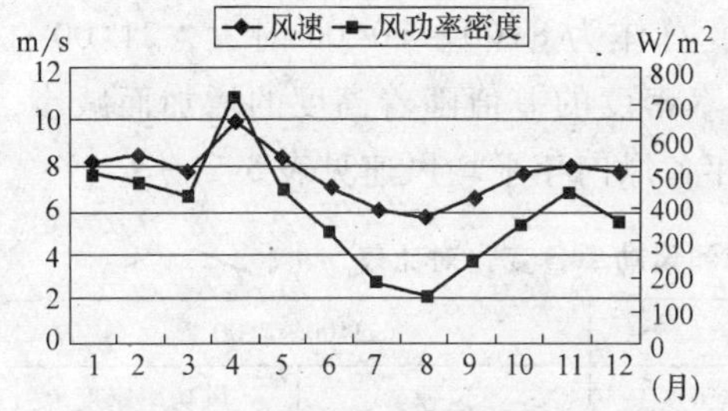

2# 塔 70m 风速和风功率密度年变化图

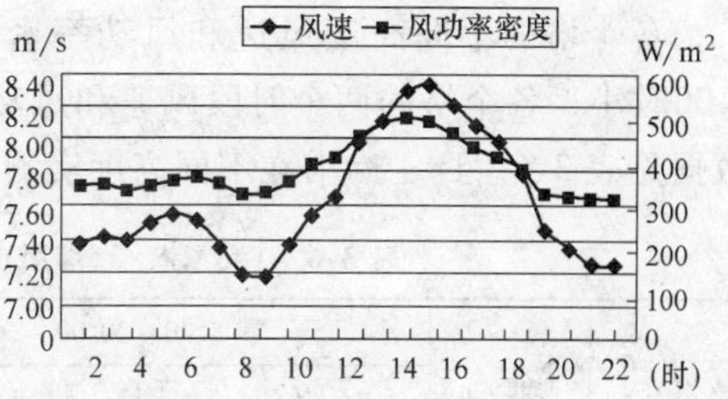

2# 塔 70m 风速和风功率密度日变化图

图 3-2　1#、2#、3#测风塔在不同高度时的年、日风速和风功率变化曲线（续）

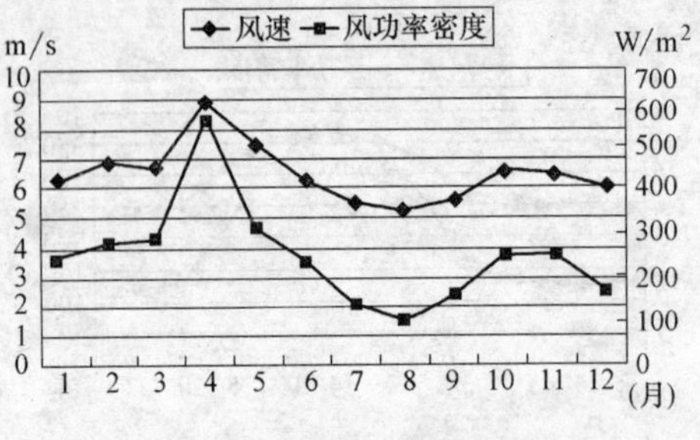

3# 塔 10m 风速和风功率密度年变化图

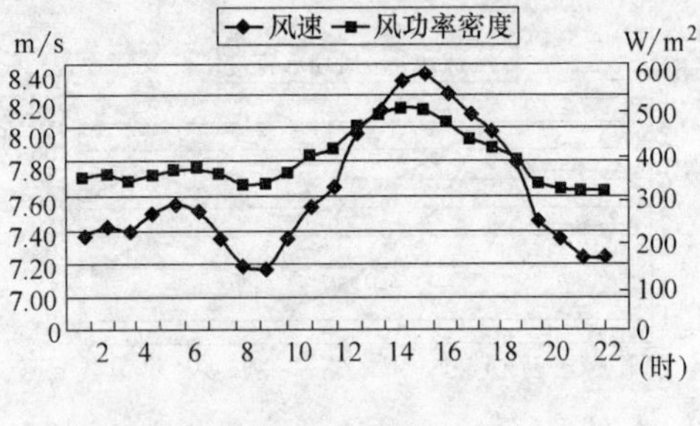

3# 塔 10m 风速和风功率密度日变化图

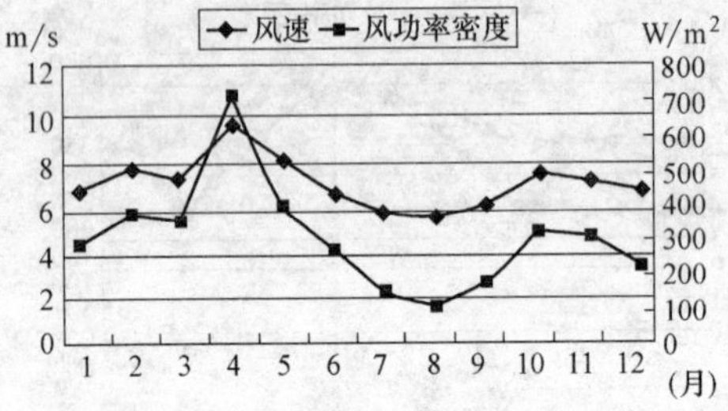

3# 塔 30m 风速和风功率密度年变化图

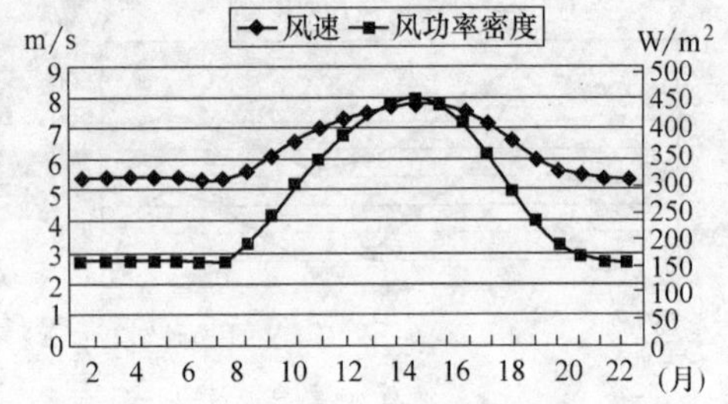

3# 塔 30m 风速和风功率密度日变化图

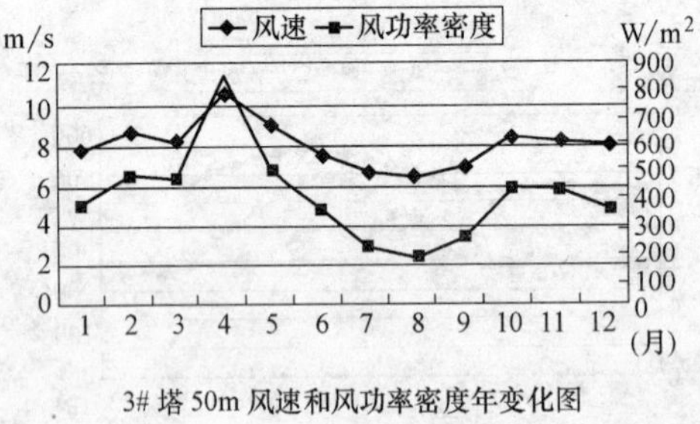

3# 塔 50m 风速和风功率密度年变化图

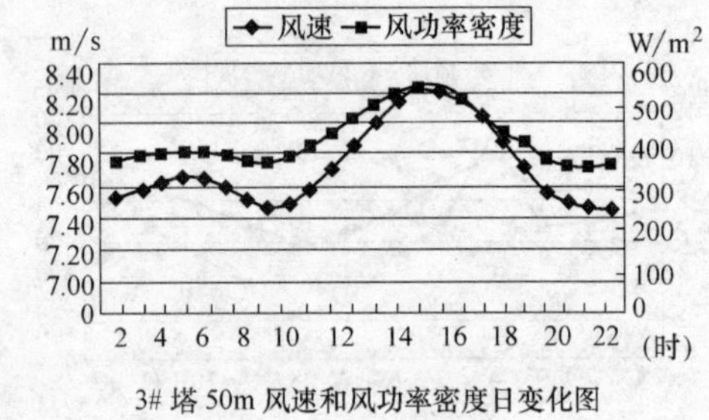

3# 塔 50m 风速和风功率密度日变化图

图 3-2　1#、2#、3#测风塔在不同高度时的年、日风速和风功率变化曲线（续）

各个塔的不同高度风速和风功率密度总体为 8:00～20:00 时大，21:00～7:00时小；各个塔的两个时段风速和风功率密度的差值随着高度的增加而减小，数据见表 3-6。1#～3#塔在不同高度实测年各风向年平均风速见表 3-7。

表 3-6　1#、2#、3#塔风速和风功率日变化对比表

塔号	高度/m	8:00～20:00		21:00～7:00	
		风速/(m/s)	风功率密度/(W/m²)	风速/(m/s)	风功率密度/(W/m²)
1#	10	6.67	296	5.05	149
	30	7.40	377	6.12	256
	50	7.78	430	6.92	347

（续）

塔号	高度/m	8:00～20:00		21:00～7:00	
		风速/(m/s)	风功率密度/(W/m^2)	风速/(m/s)	风功率密度/(W/m^2)
2#	10	6.77	281	5.03	130
	30	7.38	357	6.16	218
	50	7.78	413	7.01	305
	70	7.90	434	7.50	366
3#	10	7.19	343	5.55	156
	30	7.74	410	6.81	259
	50	8.00	450	7.57	349

表 3-7　1#～3#塔实测年各风向年平均风速（%）

塔号	高度＼风向	N	NNE	NE	ENE	E	ESE	SE	SSE	S	SSW	SW	WSW	W	WNW	NW	NNW
1#	10m	5.83	5.56	3.90	3.40	3.07	2.95	2.98	4.79	6.43	7.83	6.83	6.31	5.22	6.36	7.62	6.77
	50m	6.34	5.89	4.95	3.97	3.73	3.92	3.62	6.24	7.72	8.77	8.33	7.97	7.51	8.14	8.79	7.26
2#	10m	6.02	5.80	5.44	3.68	3.50	3.14	2.59	3.23	5.77	5.14	5.09	5.26	7.03	7.39	7.60	7.48
	70m	7.18	6.56	5.04	5.30	4.47	4.25	3.68	4.46	6.95	7.27	7.41	8.14	9.35	9.61	9.85	8.42
3#	10m	6.29	5.72	4.90	4.01	4.01	4.34	4.57	5.08	6.40	6.02	6.21	6.59	6.87	6.74	8.33	8.00
	50m	6.83	6.19	4.70	5.17	5.06	5.19	4.99	6.56	7.27	8.29	8.06	8.95	8.81	8.37	9.17	7.97

4. 各风向频率、各风向平均风速和风能密度的方向分布

从表 3-8 和表 3-9 中可见：1#、3#塔 50m 高全年主导风向均为 W，频率为 16.78% 和 14.87%；2#塔 70m 高全年主导风向为 SW，频率为 11.8%。1#～3#塔风能密度分布最大方向分别为 WSW、NW、W，比重为 18.3%、18.3%、19.4%；风能密度分布次大方向分别为 W、WNW、NW，比重分别为 16.4%、18.1%、14.1%。

1#塔 50m 高度风向分布较大的三个扇区为 W 、SW、WSW，三扇区风向分布所占比重之和为 42.4%，风功率密度分布较大的三个扇区为 WSW、W、WNW，三扇区风能分布所占比重之和为 46.0%；2#塔 70m 高度风向分布较大的三个扇区为 SW、SSW、WNW，三扇区风向所占比重之和为 34.14%，风功率密度分布较大的三个扇区为 NW、WNW 和 W，三扇区所占比重之和为 51.6%；3#塔 50m 高度风向分布较大的三个扇区为 W、WNW 和 NW，三扇区所占比重之和为 34.7%，3#塔 50m 高度风能分布较大的三个扇区为 W、NW 和 WNW，三扇区所占比重之和为 46.8%。

统计 2#测风塔 70m 高度逐月各风向、风能频率的方向分布，11 月～6 月风向风功率密度主要集中在 WNW、NW 扇区出现，7 月～10 月风速风功率密度主要集中在 S、SSW 扇区出现，季节性变化明显。

表 3-8　1#～3#塔实测年风向频率方向分布（%）

塔号	风向 / 高度	N	NNE	NE	ENE	E	ESE	SE	SSE	S	SSW	SW	WSW	W	WNW	NW	NNW
1#	10m	4.12	3.15	2.34	1.93	1.63	1.74	1.69	2.79	6.56	9.59	8.41	12.95	23.06	9.55	6.42	3.80
	50m	3.96	3.47	3.61	2.10	2.02	1.67	1.76	2.87	6.00	9.58	9.46	16.18	16.78	9.19	6.50	4.46
2#	10m	5.48	3.57	2.96	1.90	1.43	1.38	1.27	1.71	6.66	11.03	13.26	9.71	10.85	11.60	10.12	6.62
	70m	5.74	3.75	2.41	2.98	2.01	1.95	1.44	2.88	6.17	11.18	11.80	7.74	9.83	11.17	10.38	7.84
3#	10m	5.08	3.32	3.21	1.86	2.18	1.93	2.07	2.41	8.42	11.88	8.71	7.17	13.13	13.09	9.61	5.73
	50m	5.42	3.47	2.65	2.87	2.15	1.73	1.69	2.23	9.16	10.74	8.34	8.75	14.87	10.97	8.84	5.86

表 3-9　1#～3#塔实测年风能密度方向分布（%）

塔号	风向 / 高度	N	NNE	NE	ENE	E	ESE	SE	SSE	S	SSW	SW	WSW	W	WNW	NW	NNW
1#	10m	3.7	2.0	0.6	0.3	0.2	0.2	0.2	1.5	7.0	14.9	9.5	13.9	17.6	12.4	11.5	4.6
	50m	2.6	1.6	1.2	0.3	0.3	0.2	0.2	1.8	6.3	14.1	12.0	18.3	16.4	11.3	9.7	3.8
2#	10m	5.7	2.9	2.4	0.4	0.2	0.2	0.1	0.5	6.2	7.6	8.0	6.7	14.7	16.1	17.4	11.0
	70m	4.6	2.2	0.6	0.8	0.3	0.3	0.2	0.7	4.6	8.2	8.7	7.5	15.2	18.1	18.3	9.6
3#	10m	4.5	2.1	1.3	0.4	0.4	0.5	0.6	1.3	7.4	8.4	6.4	6.1	15.4	15.8	19.7	9.6
	50m	3.9	1.7	0.5	0.7	0.5	0.5	0.4	1.6	7.7	10.9	7.6	11.2	19.4	13.3	14.1	6.2

5. 结论

1、2#塔代表年 50m、65m、70m、80m、85m 高度的全年平均风速分别为 7.62m/s、7.86m/s、7.93m/s、8.06m/s、8.11m/s；相应的风功率密度分别为 $379W/m^2$、$417W/m^2$、$428W/m^2$、$449W/m^2$、$458W/m^2$。根据 GB/T 18710—2002 标准中“风功率密度等级表”（见表 3-10），50m 离地高度 3 级风电场风能密度为 $300\sim400W/m^2$，相应参考平均风速为 7.0m/s。可以判断本风电场风功率密度等级为 3 级，风能资源丰富，具有较高的开发价值。

表 3-10　风功率密度等级表

风功率密度等级	10m 高度		30m 高度		50m 高度		应用于并网风电
	风功率密度 /(W/m^2)	年平均风速参考值 /(m/s)	风功率密度 /(W/m^2)	年平均风速参考值 /(m/s)	风功率密度 /(W/m^2)	年平均风速参考值 /(m/s)	
1	<100	4.4	<160	5.1	<200	5.6	
2	100～150	5.1	160～240	5.9	200～300	6.4	
3	150～200	5.6	240～320	6.5	300～400	7.0	较好
4	200～250	6.0	320～400	7.0	400～500	7.5	好
5	250～300	6.4	400～480	7.4	500～600	8.0	很好
6	300～400	7.0	480～640	8.2	600～800	8.8	很好
7	400～1000	9.4	640～1600	11.0	800～2000	11.9	很好

注：1. 不同高度年平均风速参考值是按风切变指数为 1/7 幂指数定律推算的。

2. 与风功率密度上限值对应的年平均风速参考值按海平面标准大气压及风速频率符合瑞利分布推算。

3.5.2　风电机组选型及布置

以 2#塔为代表的风电场区域，主导风向为 SW，所占频率为 11.80%；风能密度最大方向为 NW，所占频率为 18.15%。2#塔 70m 高度代表年的风向和风能密度方向分布如图 3-3 所示。

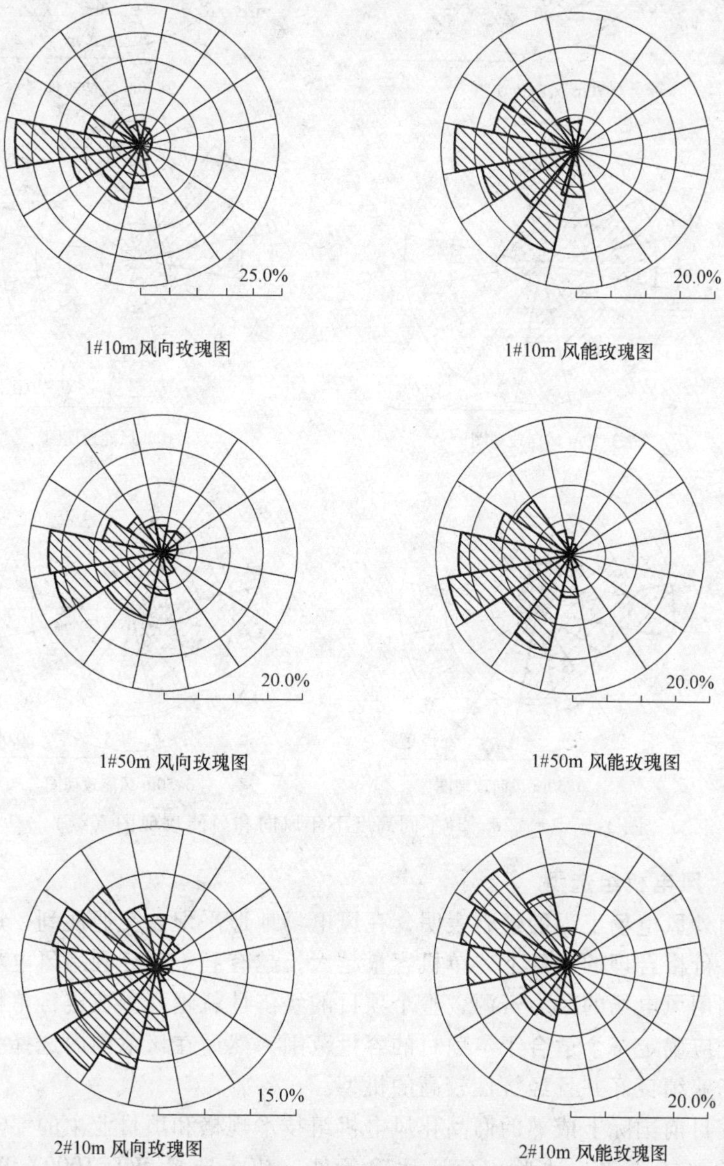

图 3-3　1#、2#、3#不同高度下年风向和风能玫瑰图

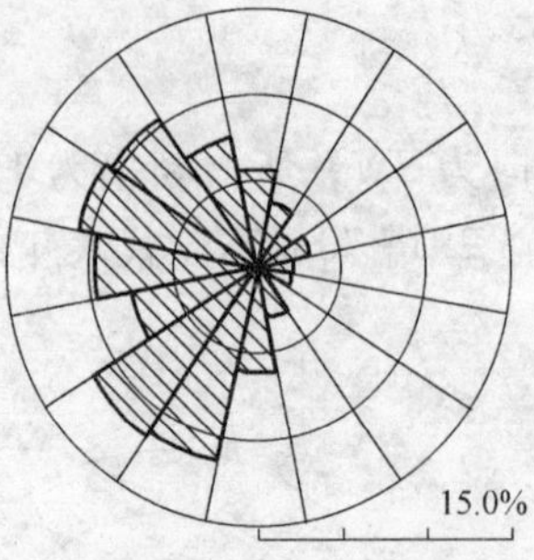

2#70m 风向玫瑰图

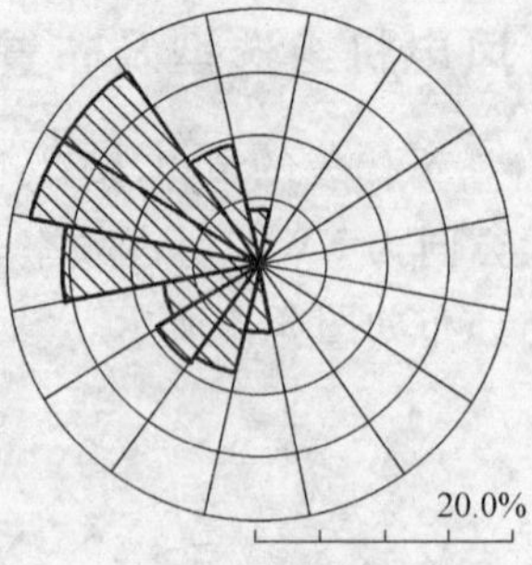

2#70m 风能玫瑰图

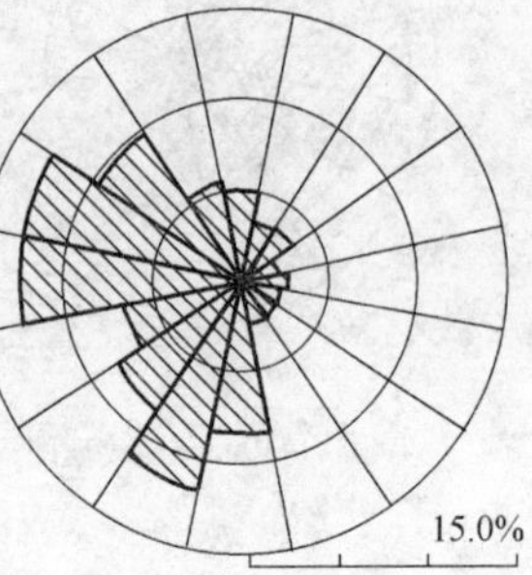

3#10m 风向玫瑰图

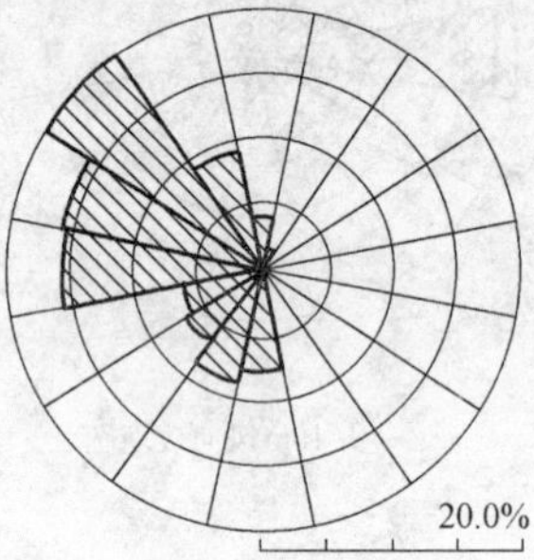

3#10m 风能玫瑰图

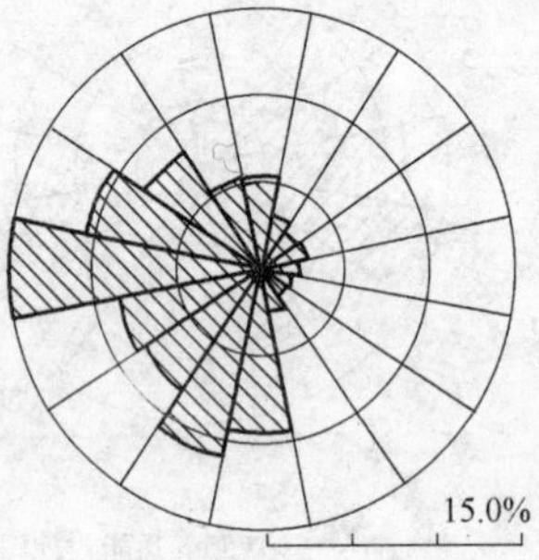

3#50m 风向玫瑰图

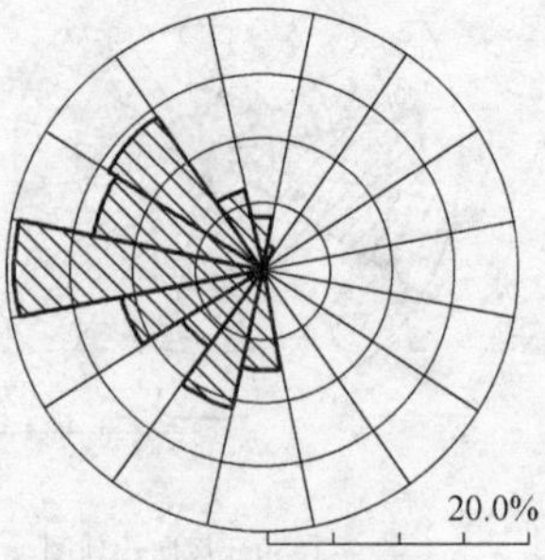

3#50m 风能玫瑰图

图 3-3　1#、2#、3#不同高度下年风向和风能玫瑰图（续）

3.5.2.1　风电机组选型

国内外风电场工程的经验表明，在风电场地形平坦、交通便利、风电机组技术可行、价格合理的条件下，单机容量越大，越有利于充分利用风电场土地，越能充分利用风电场的风力资源，整个项目的经济性就越高。在进行单机容量选择时，首先应确定一个适合于本项目的容量范围，然后在该范围内选择一种技术成熟、市场业绩良好并且经济性较高的机型。

根据目前国际上成熟的商品化风电机组技术规格和项目业主的要求，并考虑风电场的风能资源、地形和交通运输条件，初步选择 WTG1000、WTG1500A、WTG1500B、WTG1500C、WTG1500D 和 WTG2000 等 6 种风电机组进行比较。这

6种风电机组的主要参数见表3-11，各类风电机组功率曲线如图3-4所示。以上6种风电机组，均为3个叶片，额定功率为1000～2000kW，风轮直径为55～82.9m，切入风速为2.8～4m/s，切出风速为20～25m/s，额定风速为11～15m/s，安全风速为50.1～59.5m/s，轮毂高度为61.5～85m。

表3-11　比选机型主要参数表

	产品型号、参数	WTG1000	WTG1500A	WTG1500B	WTG1500C	WTG1500D	WTG2000
1	风轮						
	直径/m	56	77	77.4	77	82.9	82.4
	扫掠面积/m^2	2376	4657	4705	4657	5398	5333
	转速/(r/min)	22	17.3	17.4	17.3	17.4	17.5
	功率调节	定桨距	变桨	变桨变速	变桨	变桨变速	变桨变速
	切入转速/(m/s)	3.5	3	3	3	3	4
	额定风速/(m/s)	13.5	11.5	11	12.5	10.5	15
	切出风速/(m/s)	25	22	20	20	20	25
	安全风速/(m/s)	59.5	52.5	52.5	52.5	52.5	59.5
2	发电机						
	型号	双绕组异步	永磁同步	双馈异步	双馈异步	双馈异步	双馈异步
	容量/kW	1000	1500	1500	1500	1520	2000
	电压/V	690	690	690	690	690	690
	功率因数	0.98	0.95	1	0.95	0.95	0.95
	频率/Hz	50	50	50	50	50	50
3	齿轮箱						
	传动比	1:69.2	直驱无齿轮	1:104.1	1:104	1:104.1	1:120
4	制动系统						
	主制动系统	叶尖气动	变桨制动	独立变桨	变桨制动	空气制动	变桨制动
	第二制动系统	高速轴机械柔性制动	发电机制动	液压盘式制动	盘式制动	机械制动	高速轴机械
5	塔架						
	形式	钢制锥筒					
	高度/m	70	65,85	65,70,80	61.5,85	70	80

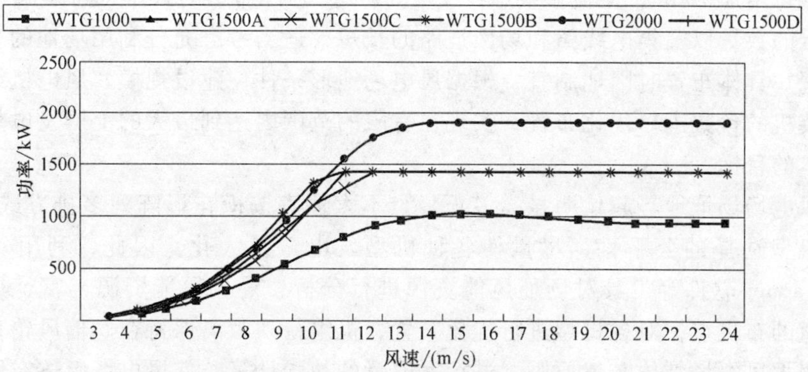

图3-4　各类风电机组功率曲线

通过对尾流折减，空气密度折减，控制和湍流折减，叶片污染折减，功率曲线折减，气候影响停机折减，场用电、线损等能量的折减，得到各机型综合折减系数，见表3-12。

表3-12 各机型综合折减系数表

机型	综合折减	机型	综合折减	机型	综合折减
WTG1000	36.6%	WTG1500B	33.1%	WTG1500D	35.3%
WTG1500A	33.1%	WTG1500C	34.5%	WTG2000	36.6%

风电场项目机型选取还需参考两个主要因素：一是选取机型年发电量大，二是选取机型总体投资小。风电场机型选择综合技术经济指标最优的机型。

根据表3-13数据，WTG1500C风电机组在发电量、机组容量、单位度电投资三项指标与其他方案相比具有一定优势，因此选择WTG1500C风电机组作为最优方案。

表3-13 风电机组方案比较

方案	方案1	方案2	方案3	方案4	方案5	方案6
机型	WTG1000	WTG1500D	WTG1500A	WTG1500B	WTG1500C	WTG2000
厂家	惠阳	大连重工	金风	大连重工	东汽	上海电气
装机台数	50	33	33	33	33	25
轮毂高度/m	70	70	65	65	61.5	80
上网利用小时数/h	1706	2378	2456	2309	2335	2389
单位千瓦投资/元	6879.904	7914.822	8177.46	7906.071	7726.606	7979.142
单位度电投资/(元/GWh)	0.415	0.341	0.341	0.351	0.340	0.343
综合排序	6	2	3	5	1	4
风电场年上网电量/GWh	85.3	117.7	121.6	114.3	115.6	119.5

3.5.2.2 风电机组优化布置

布置机位时需要考虑地形地貌、主导风向、主风能方向、周围建筑物等影响因素。在平坦开阔的地形条件下，风电机组宜采取矩阵及梅花状交替布置，以便减少尾流影响，在此基础上进行机位的优选。风电机组的布置、行列距的大小直接影响风电机组的发电量，一般来说行列距越大，尾流影响越小，发电量越大，行列距每增加100m，尾流影响减少1%~2%，但行列距的大小也将影响风电机组布置的数量以及集电线路和场区道路的长短，适当考虑充分利用场地的相对集中布置。具体布置时因地制宜，根据风电场地形条件、建设规模、风电机组的型号及装机的台数进行优化布置，实现在有限的范围内达到最大的上网发电量和最低成本的目标。

风电场场址地势起伏明显，多丘陵，不太适宜按梅花形阵列多排方式布机。为了机型选择的公平性，尽量使各种机型发电量最大化，因此，利用WAsP、WindFarmer软件等工具对场址风能资源进行分析，寻找风能资源丰富、具有开发价值的布机点，对各机型进行优化布置，机组行列距离保持在5倍风轮直径以上。根据风电场整体布置原则，进行发电量的初步计算，使风电场整体布置比较合理，且发电量指标较高。

分析得到的风电场风能资源分布图如图3-5所示。初步优化后风电机组布置图如图3-6所示。

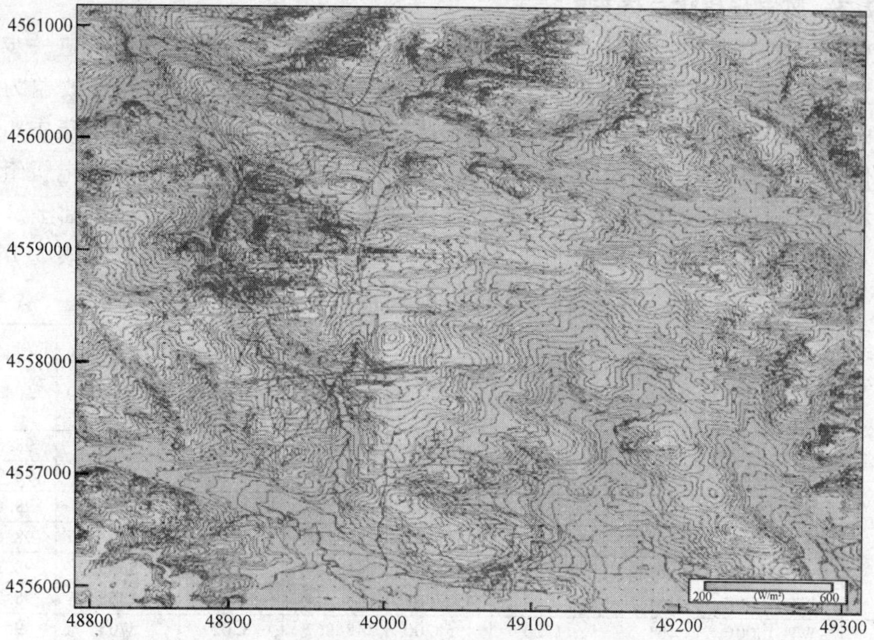

图 3-5　风电场 61.5m 风能资源分布图

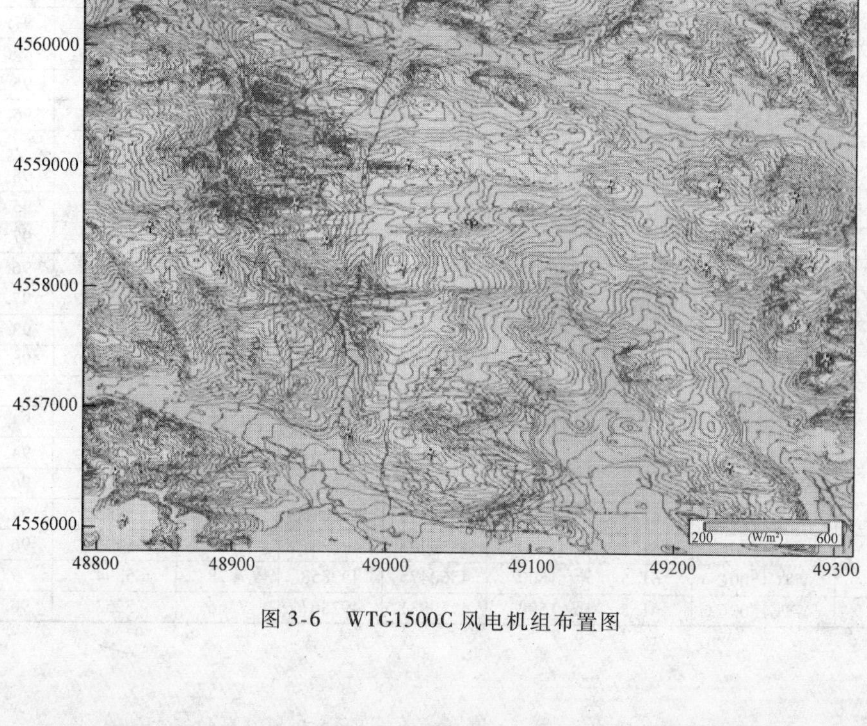

图 3-6　WTG1500C 风电机组布置图

3.5.2.3 风电场优化总体布置

根据以上初步选定的风电机组机型及机组数量，对风电场机组进行进一步优化布置，确定风电机组最佳布置方案，以获得较大发电量和最优经济效益为原则，既要保证风电机组间距以减小尾流损失，又要注意风电机组的相对集中布置以降低集电线路及道路的投资；不仅考虑每个机位最优，而且考虑各风电机组之间的相互影响，以使风电场出力最大，效益最好。在选定的机型基础上，对WTG1500C风电机组布置进行了进一步优化，得到最终风电机组坐标见表3-14。

表3-14 风电机组优化布置最终坐标

风电机组机组标号	风电机组类型	轮毂高度/m	容量/kW	坐标		平均风速/(m/s)	理论发电量/(MWh/年)	排列效率(%)
				X	Y			
1	WTG1500C	61.5	1500	4559396	488170	7.95	5488	98.8
2	WTG1500C	61.5	1500	4558905	488170	7.9	5442	98.7
3	WTG1500C	61.5	1500	4555912	488209	7.91	5403	98.6
4	WTG1500C	61.5	1500	4555497	488268	7.88	5383	98.6
5	WTG1500C	61.5	1500	4558093	488419	8.04	5600	98.2
6	WTG1500C	61.5	1500	4557485	488514	7.83	5365	98.2
7	WTG1500C	61.5	1500	4558200	488867	8.02	5705	95
8	WTG1500C	61.5	1500	4557714	488882	7.82	5534	94.4
9	WTG1500C	61.5	1500	4558799	489273	7.85	5490	96
10	WTG1500C	61.5	1500	4558295	489364	8.11	5790	95.1
11	WTG1500C	61.5	1500	4560795	488904	7.45	4920	98.8
12	WTG1500C	61.5	1500	4557958	489560	7.82	5532	94.4
13	WTG1500C	61.5	1500	4556273	489705	7.38	4864	97.9
14	WTG1500C	61.5	1500	4560954	489354	7.53	5096	97.1
15	WTG1500C	61.5	1500	4558659	490082	7.88	5467	96
16	WTG1500C	61.5	1500	4557731	490045	7.91	5584	95.3
17	WTG1500C	61.5	1500	4556109	490235	7.68	5283	96.9
18	WTG1500C	61.5	1500	4560898	490327	7.75	5282	97.9
19	WTG1500C	61.5	1500	4560395	490654	7.36	4874	96.6
20	WTG1500C	61.5	1500	4560290	491051	7.54	5123	95.3
21	WTG1500C	61.5	1500	4558486	491379	7.85	5448	97.4
22	WTG1500C	61.5	1500	4557754	491986	7.47	5030	96.6
23	WTG1500C	61.5	1500	4555999	492153	7.8	5355	97.9
24	WTG1500C	61.5	1500	4555444	492189	7.46	4948	98.1
25	WTG1500C	61.5	1500	4558494	492068	7.96	5603	96.9
26	WTG1500C	61.5	1500	4560604	492192	7.59	5110	97.7
27	WTG1500C	61.5	1500	4558143	492270	7.92	5672	94.2
28	WTG1500C	61.5	1500	4558404	492561	8.14	5880	94.5
29	WTG1500C	61.5	1500	4557299	492570	7.74	5371	96.1
30	WTG1500C	61.5	1500	4557798	492675	7.76	5486	94.3
31	WTG1500C	61.5	1500	4556966	492781	7.77	5400	96.1
32	WTG1500C	61.5	1500	4560475	492858	7.78	5394	97
33	WTG1500C	61.5	1500	4559831	492867	7.66	5253	96.7

第4章 风电场并网运行技术

4.1 风电场并网技术

随着风电机组单机容量的增大，在并网时对电网的冲击也增大。这种冲击严重时不仅引起电力系统电压的大幅度下降，并且可能对发电机和机械部件（塔架、桨叶、增速器等）造成损坏。如果并网冲击时间持续过长，还可能使系统解列或威胁其他挂网机组的正常运行。因此，采用合理的并网技术是一个不可忽视的问题。

在风电机组的起初阶段，需要对发电机进行并网前调节以满足并网条件（发电机定子电压和电网电压的幅值、频率、相位均相同），使之能安全地切入电网，进入正常的并网发电运行模式。发电机并网是风电系统正常运行的“起点”，其主要的要求是限制发电机在并网时的瞬变电流，避免对电网造成过大的冲击。当电网的容量比发电机的容量大得多时（大于25倍），发电机并网时的冲击电流可以不予考虑。但风电机组的单机容量越来越大，目前已经发展到兆瓦级水平，机组并网对电网的冲击已不能忽视。比较严重的后果不但会引起电网电压的大幅下降，而且还会对风电机组各部件造成损坏。更为严重的是，长时间的并网冲击，甚至还会造成电力系统的解列以及威胁其他风电机组的正常运行。因此，必须通过合理的发电机并网技术来抑制并网冲击电流，并网技术已成为风电技术中的一个不可忽视的环节。根据采用的发电机的类型，风电机组有多种并网方式。

4.1.1 同步风电机组的并网技术

同步发电机在运行中，由于它既能输出有功功率，又能提供无功功率，周波稳定，电能质量高，已被电力系统广泛采用。然而，把它移植到风电机组上使用却不甚理想，这是由于风速时大时小，随机变化，作用在转子上的转矩极不稳定，并网时其调速性能很难达到同步发电机所要求的精度。并网后若不进行有效的控制，常会发生无功振荡与失步等问题，在重载下尤为严重。这就是在相当长的时间内，国内外风电机组很少采用同步发电机的原因。但近年来随着电力电子技术的发展，通过在同步发电机与电网之间采用变频装置，从技术上解决了这些问题，采用同步发电机的方案又引起了人们的重视。

同步发电机与电网并联前，为了避免电流冲击和转轴受到突然扭矩，需要满足一定的并网条件，即风力发电机端电压的大小、频率、相位以及相序等于电网电压的大小、频率、相位及相序，其具体过程是，当风速超过风电机组起动风速时，风轮起动，当发电机被风轮带近至同步转速时，励磁调节器动作，向发电机供给励磁电流，并调节励磁电流使发电机的端电压接近于电网电压，在发电机加速几乎达到同步转速时，发电机的端电压的幅值将大致与电网电压相同。它们的频率之间很小的差别将使发电机的端电压和电网电压的相位差在0°~360°范围内缓慢变化，检测断路器两侧电位差，当其为零或非常小时，使断路器合闸并网，上述过程中使发电机端电压等于电网电压比较容易控制，只要调节励磁电流即可，最困难的是使风轮的调节器调节转速使得发电机频率与电网频率的偏差达到一个容许的很小值，因为风轮叶片是一个大惯性环节，这就对调节器要求很高，因此使用同步发电机并网难度较大。

4.1.2 异步风电机组的并网技术

目前在国内外大量采用的是交流异步发电机，其并网方法也根据发电机的容量不同和控制方式不同而变化。异步发电机投入运行时，由于靠转差率来调整负荷，因此对机组的调速精度要求不高，不需要同步设备和整步操作，只要转速接近同步转速时，即可并网。显然，风电机组配用异步发电机不仅控制装置简单，而且并网后也不会产生振荡和失步，运行非常稳定。然而，异步发电机并网也存在一些特殊问题，如直接并网时产生的过大冲击电流造成电压大幅下降会对系统安全运行构成威胁；本身不发无功功率，需要无功补偿；当输出功率超过其最大转矩所对应的功率时会引起网上飞车；过高的系统电压会使其磁路饱和，无功励磁电流大量增加，定子电流过载，功率因数大大下降；不稳定系统的频率过于上升，会因同步转速上升而引起异步发电机从发电状态变成电动状态；不稳定系统的频率过大下降，又会使异步发电机电流剧增而过载等。所以运行时必须严格监视并采取相应的措施保障风电机组的安全运行。

4.1.2.1 异步风电机组并网方式

目前国内外采用异步发电机的风电机组并网方式主要有以下5种。

1. 直接并网方式

这种方式只要求发电机转速接近同步转速（即达到99%~100%同步转速）时，即可并网，使风电机组运行控制变得简单，并网容易。但在并网瞬间存在三相短路现象，供电系统将受到4~5倍发电机额定电流的冲击，系统电压瞬时严重下降（如国产FD-32-200型风电机组在上海电机厂与同步转速附近做并网试验时，系统电压由410V下降到230V左右），以致引起低电压保护动作，使并网失败。所以这种并网方式只适用于与大电网并网。

2. 准同期并网方式

与同步发电机准同步并网方式相同，在转速接近同步转速时，先用电容励磁，建立额定电压，然后对已励磁建立的发电机电压和频率进行调节和校正，使其与系统同步。当发电机的电压、频率、相位与系统一致时，将发电机投入电网运行。采用这种方式，若按传统的步骤经整步到同步并网，则仍需要高精度的调速器和整步、同期设备，不仅要增加机组的造价，而且从整步达到准同步并网所花费的时间很长，因此该并网方式合闸瞬间尽管冲击电流很小，但必须控制在最大允许的转矩范围内运行，以免造成网上飞车。由于它对系统电压影响极小，所以这种并网方式适合于电网容量比风电机组容量稍大的情况。

3. 降压并网方式

这种并网方式就是在发电机与系统之间串接电抗器，以减少合闸瞬间冲击电流的幅值与电网电压下降的幅度。如比利时200kW风电机组并网时各相串接有大功率电阻。由于电抗器、电阻等串联组件要消耗功率，并网后进入稳定运行时，应将其电抗器、电阻退出运行。

显然，这种并网方式要增加大功率的电阻或电抗器组件，其投资随着机组容量的增大而增大，经济性较差。它适用于小容量风电机组（采用异步发电机）的并网。

4. 捕捉式准同步快速并网方式

捕捉式准同步快速并网技术的工作原理是将常规的整步并网方式改为在频率变化中捕捉同步点的方法进行准同步快速并网。据说该技术可不丢失同期机，准同步并网工作准确、快速可靠，既能实现几乎无冲击准同步并网，对机组的调速精度要求不高，又能很好地解决并网过程与降低造价的矛盾，非常适合于风电机组的准同步并网操作。

5. 软并网技术

采用双向晶闸管的软切入法，使异步发电机并网，它有两种连接方式。

1）发电机与系统之间通过双向晶闸管直接连接。这种连接方式的工作过程为：当风轮带动的异步发电机转速接近同步转速时，与电网直接相连的每一相双向晶闸管的控制角在180°~0°之间逐渐同步打开；作为每相为无触点开关的双向晶闸管的导通角也同时在0°~180°之间逐步同步增大。在双向晶闸管导通阶段开始（即异步发电机转速小于同步转速阶段）异步发电机作为电动机运行，随着转速的升高，其转差率逐渐趋于零。当转差率为零时，双向晶闸管已全部导通，并网过程到此结束。由于并网电流受晶闸管导通角的限制，并网较平稳，不会出现冲击电流。但软切入装置必须采用能承受高反压大电流的双向晶闸管，价格较贵，其功率不能做得太大，因此适用于中型风电机组。

2）发电机与系统之间软并网过渡，零转差自动并网开关切换连接。这种连接方式工作如下：当风轮带动异步发电机起动或转速接近同步转速时，与电网相连的每一相双向晶闸管（晶闸管的两端与自动并网常开触头相并联）的控制角在 180°~0°之间逐渐同步打开；作为每相为无触点开关的双向晶闸管的导通角也同时由 0°~180°之间逐步同步增大。此时自动并网开关尚未动作，发电机通过双向晶闸管平稳地进入电网。在双向晶闸管导通阶段开始（即异步发电机转速小于同步转速阶段），异步发电机作为电动机运行，随着转速的升高，其转差率逐渐趋于零。当转差率为零时，双向晶闸管已全部导通，这时自动并网开关动作，常开触头闭合，于是短接了已全部开通的双向晶闸管。发电机输出功率后，双向晶闸管的触发脉冲自动关闭，发电机输出电流不再经双向晶闸管而是通过已闭合的断路器触头流向电网。

这两种方法是目前风电机组普遍采用的并网方法，其共同特点是可以得到一个平稳的并网过渡过程而不会出现冲击电流。但是，第一种方式所选用高反压双向晶闸管的电流允许值比第二种方式要大得多，因为前者的工作电流要考虑能通过发电机的额定值，而后者只要通过略高于发电机空载时的电流就可满足要求。但需采用自动并网开关，控制回路也略为复杂。本章将主要介绍采用第二种方式的软切入装置。

这种软并网方法的特点是通过控制晶闸管的导通角，将发电机并网瞬间的冲击电流值限制在规定的范围内（一般为 1.5 倍额定电流以下），从而得到一个平滑的并网暂态过程。通过晶闸管软并网方法将风力驱动的异步发电机并入电网是目前国内外中型及大型风电机组普遍采用的，我国引进和自行开发研制生产的 250kW、300kW、600kW 的并网型异步风电机组都是采用这种并网技术。

4.1.2.2 并网后需要关注的主要问题

1. 电能质量

根据国家标准，对电能质量的要求有五个方面：电网高次谐波、电压闪变与电压波动、三相电压及电流不平衡、电压偏差、频率偏差。风电机组对电网产生影响的主要有高次谐波和电压闪变与电压波动。

2. 电压闪变

风电机组大多采用软并网方式，但是在起动时仍然会产生较大的冲击电流。当风速超出切出风速时，风电机组会从额定出力状态自动退出运行。如果整个风电场所有风电机组几乎同时动作，这种冲击对配电网的影响十分明显，容易造成电压闪变与电压波动。

3. 谐波污染

风电给系统带来谐波的途径主要有两种。一种是风电机组本身配备的电力电子装置可能带来谐波问题。对于直接与电网相连的恒速风电机组，软起动阶段要通过电力电子装置与电网相连，因此会产生一定的谐波，不过过程很短。对于变速风电机组是通过整流和逆变装置接入系统，如果电力电子装置的切换频率恰好在产生谐波的范围内，则会产生很严重的谐波问题，不过随着电力电子器件的不断改进，这个问题也在逐步得到解决。另一种是风电机组的并联补偿电容器可能和线路电抗发生谐振，在实际运行中，曾经观测到在风电场出口变压器的低压侧产生大量谐波的现象。当然与闪变问题相比，风电并网带来的谐波问题不是很严重。

4. 电网稳定性

在风电领域，经常遇到的一个难题是，薄弱的电网短路容量、电网电压的波动和风电机组的频繁掉线。尤其是越来越多的大型风电机组并网后，对电网的影响更大。在过去的20年间，风电场的主要特点是采用异步发电机，装机规模较小，与配电网直接相连，对系统的影响主要表现为电能质量。随着电力电子技术的发展，大量新型大容量风电机组开始投入运行，风电场装机达到可以与常规机组相比的规模，直接接入输电网，与风电场有关的电压、无功控制、有功调度、静态稳定和动态稳定等问题越来越突出。这需要对电力系统的稳定性进行计算、评估。要根据电网结构、负荷情况，决定最大的发电量和系统在发生故障时的稳定性。国内外对电网稳定性都非常重视，开展了不少关于风电并网运行与控制技术方面的研究。

风电场大多采用异步发电机，需要系统提供无功支持，否则有可能导致小型电网的电压失稳。采用异步发电机，除非采取必要的预防措施，如动态无功补偿，否则会造成线损增加，送电距离远的末端用户电压降低。电网稳定性降低，在发生三相接地故障时，都将导致全网的电压崩溃。由于大型电网具有足够的备用容量和调节能力，一般不必考虑风电进入引起频率稳定性问题。但是对于孤立运行的小型电网，风电带来的频率偏移和稳定性问题是不容忽视的。

由于变频技术的发展，可以利用交—直—交的变频调节装置的控制功能很容易地根据电网采集到的线路电压波动的情况、功率因数的状况等和电网的要求，来调节和控制变频装置的频率、相位角和幅值使之达到调节电网的功率因数，为弱电网提供无功能量的要求。

5. 发电计划与调度

传统的发电计划基于电源的可靠性以及负荷的可预测性，以这两点为基础，发电计划的制定和实施有了可靠的保证。但是，如果系统内含有风电场，因为风电场出力的预测水平还达不到工程适用的程度，发电计划的制定变得困难起来。如果把风电场看作负荷，则不具有可预测性；如果把它看作电源，则可靠性没有保证。正因为如此，有必要对含风电场电力系统的运行计划进行研究。风电并网以后，如果电力系统的运行方式不相应地调整和优化，系统的动态响应能力将不足以跟踪风电功率的大幅度、高频率的波动，系统的电能质量和动态稳定性将受到显著影响，这些因素反过来会限制系统准入的风电功率水平，因此有必要对电力系统传统的运行方式和控制手段做出适当的改进和调整，研究随机的发电计划算法，以便正确考虑风电的随机性和间歇性特性。

4.1.3 交流励磁变速恒频风电机组并网控制

传统的恒速恒频发电机与电网之间为“刚性连接”，并网操作依赖于机组转速的调节，实现条件严格，因而比较困难。交流励磁变速恒频风力发电机与电网之间为“柔性连接”。采用转子交流励磁后，DFIG（双馈异步发电机）和电网之间构成了“柔性连接”。所谓“柔性连接”，是指可根据电网电压、电流和DFIG的转速，通过控制机侧变流器来调节DFIG转子励磁电流，从而精确地控制DFIG定子电压，使其满足并网条件。本节将从分析变速恒频风电机组的运行特点出发，把磁场定向矢量控制技术应用到DFIG的并网控制上。

根据DFIG并网前的运行状态，DFIG并网方式有两种：①空载并网方式，并网前DFIG空载，调节DFIG的定子空载电压实现并网；②负载并网方式，并网前DFIG接独立负载（如电阻），调节其定子电压实现并网。两种并网方式都允许机组转速在较大的范围内变化，故适用于变速恒频风电系统。在两种并网方式控制下，DFIG定子电压均能迅速向电网电压收敛，实现较小冲击的并网。

4.1.3.1 空载并网方式

交流励磁变速恒频DFIG风电系统空载并网运行方式结构图如图4-1所示。

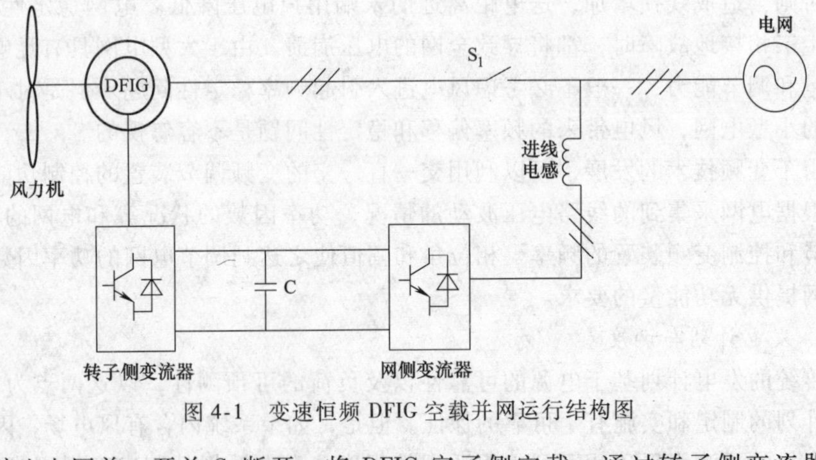

图4-1 变速恒频DFIG空载并网运行结构图

接入电网前，开关S_1断开，将DFIG定子侧空载，通过转子侧变流器的控制，调节DFIG的定子空载电压，使定子电压与电网电压在幅值、频率及相位上相一致。

空载并网具体步骤：当风速达到切入风速后，风电机组带动双馈式发电机升速，达到发电机最小运行速度，且满足转子励磁变流器容量容许范围时，交流励磁系统投入工作，控制定子空载电压跟随电网电压，当发电机定子输出电压与电网电压在幅值、相位、频率满足并网条件时，闭合开关 S_1 进行并网操作，并网完成后，发电机转入发电运行控制，根据风速和电网具体要求进行有功功率和无功功率的解耦控制，并进行最大风能追踪。

这种并网方式很好地实现了定子电压控制，其原理清晰，实现简单，是一种较为理想的实施方案。在并网过程中，定子的冲击电流较小，转子电流也能够稳定过渡，能实现变速恒频双馈式风电机组的顺利并网。

4.1.3.2　带独立负载并网方式

交流励磁变速恒频 DFIG 风电系统带独立负载并网结构如图 4-2 所示。发电机并网前投入励磁系统，定子带负载（如电阻）运行，此时 S_2 闭合，因此对转子有电磁力矩作用，能对转子转速进行控制。在励磁变流器的控制下，当满足并网条件时，S_1 闭合接入电网，同时 S_2 断开将负载电阻切出。

带负载并网有如下特点：DFIG 并网前已经带有独立负载，定子电流不为零，因此并网控制所需要的信息不仅取自于电网侧，同时还取自于 DFIG 定子侧负载。负载并网方式发电机能够对能量进行一定的调节，因此降低了对风电机组调速能力的要求，能够与风电机组调速相结合实现 DFIG 并网，但控制较为复杂。

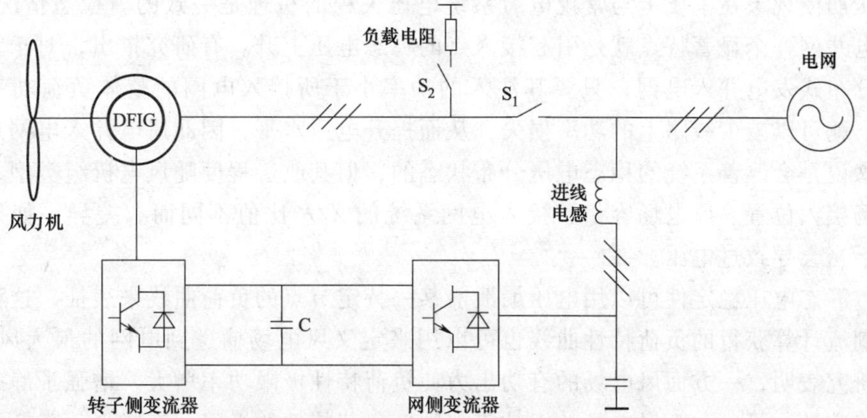

图 4-2　变速恒频 DFIG 负载并网运行结构图

4.2　风电对电力系统的影响

风具有随机变化的特性，而风电机组的输出功率与风速的三次方成正比，因此风电机组的输出功率通常随着风速大幅快速变化。若将大量风电接入电网，将会对电网的电能质量和电压稳定性产生影响，在某些情况下甚至成为制约风电场装机容量的主要因素。随着大规模风电场的接入，风电容量在系统中所占比例的增加，风电场对系统的影响将不能被忽视。

随着风电穿透功率水平的提高，即将出现百万千瓦级的大型风电场，风电接入电网出现了新的特点，风电接入容量的增加与接入更高的电压等级使得风电对电网具有多方面的影响。在风电场建设与接入电网之前，进行包含风电场的电力系统分析计算，研究规划风电场与电力系统之间的相互影响及风电接入后系统运行的稳定性变化等方面的研究是必要的。目前，欧美各国的电网公司对于接入电网的大型风电场已提出更高的要求，例如，有功功率控制能力、无功电压调整能力及风电机组的低电压故障穿越能力。

无论风电场采用何种风电机组，风电接入电网都会对接入地区电网带来不同程度的影响，而在风电穿透功率较大的电网中，风电对电力系统电能质量、电压稳定、有功/无功潮流分布、系统备用、频率调整以及整个系统的惯量等方面带来影响，因此风电接入后电网电压稳定性、暂态稳定性及频率稳定性都会发生变化。

4.2.1 风电并网静态电压稳定性研究

因为电压稳定与无功功率的强关联性，所以风电场引起的电压稳定性降低或电压崩溃现象在本质上与常规电力系统电压失稳的机理是一致的。稳态情况下，风电并网一个显著特点就是引起接入点的稳态电压上升。有研究指出，对于大规模分布式发电并入电网，只要其注入的功率小于所接入电网的整体负荷功率两倍，就可以减少线路上的功率损失，从而提升电压水平，因此风电并入电网总体上来说是会改善系统的稳态电压分布状态的，但其改善程度随风电机组类型、风电场接入位置、风电场容量、接入电网系统的 X/R 比值不同而有差异，如果选择不当会导致过电压。

静态电压稳定性可以用电压崩溃前某一特定节点的负荷曲线来表征，这种通过潮流计算获得的负荷特性曲线也可以用来定义风电场输送到电网的最大风能。有研究表明，一方面风电场的有功出力使负荷特性极限功率增大，增强了静态电压稳定性；另一方面风电场的无功需求则使负荷特性的极限功率减少，降低了静态电压稳定性，但只要系统的无功供给足够多，则整体上可以认为风电场的并网增强了系统的静态电压稳定性。也就是说，风电并网对电网静态电压稳定性的影响可以是正面的也可以是负面的，它与风电机组的运行点密切相关。基于双馈式发电机功率解耦控制和状态方程的时域稳定性分析，可得出双馈式发电机具有较宽的稳态运行区域的结论，采用双馈式发电机的风电场可加强电网阻尼和暂态响应，并对电网电压稳定性作出贡献，大型风电机组已逐步可以实现电压调整能力，甚至是部分的调频能力。

4.2.2　风电并网暂态电压稳定性研究

大规模风电并网引起的电压稳定性一般属于动态范畴，风电接入的暂态稳定问题尤为重要，因此很多文献都是围绕动态电压稳定性展开的，即研究的是受扰动（风速扰动、各种短路故障）后整个系统的电压稳定性问题。

4.2.2.1　网络特性对电压稳定性的影响

1. 电网的强弱对电压稳定性的影响

大型风电场接入强电网时，在发生三相短路故障后，即使没有动态无功补偿，电压也会恢复，而且在强电网中一般不会发生电压崩溃，而是易发生过电压。另外，风电场接入强电网，有利于变速风电机组转子逆变器的迅速恢复，以便进行无功和电压的控制。当大规模风电场接入弱电网时，若发生不可控制的电压降落，由于缺乏足够的动态无功补偿，则会有电压崩溃的危险。

2. X/R 比值对电压稳定性的影响

对于 X/R 比值低的线路，分布式发电系统需要用有功功率来进行有效电压控制；对于 X/R 比值高的线路，要依靠无功功率来改善电压状况。在风电系统中，风能是不可预测的能源，有功功率随风速变化而不断变化。如果风电场与电网连接线路的 X/R 比较低，那么在风速波动较大的情况下，会使电网电压有较大幅度的波动，严重时将危及系统的电压稳定。而在 X/R 比值较高的线路，可以装设无功补偿设备来抵消随风速变化的有功功率引起的电压波动。因此，选择合适的线路 X/R 比值有利于风电并网系统的电压稳定性。

4.2.2.2　无功功率对电压稳定性的影响

对风电场进行无功补偿可以改善风电场的并网性能、抑制系统电压波动、提高系统暂态稳定性。风电机组的无功功率调整能力有助于电网电压稳定和风电机组本身的稳定运行，但是对于机组控制性能也提出了更高的要求。除了考虑风电机组本身的特殊设计与容量外，也需要考虑变压器和电缆等能量传输设备的容量和风电场的控制能力。

在大量风电并网时，电网电压容易引起波动，而传统的电容器组投切方式因其无功容量和电压的二次方成比例，因此在很多情况下电容器组的投切不能很好地起到保持电压稳定的作用。在风电场使用基于电力电子技术的静止无功补偿设备作为主要无功调节设备是未来发展的趋势。

因此，有学者提出采用静止无功补偿器（STATCOM）应用于风电场动态无功补偿，可以达到稳态电压调整、暂态电压支撑以及改善电能质量的目的，确保风电顺利并入交流主网。研究结果充分说明，STATCOM 是一种非常适合大型风电场并网动态无功补偿的电力电子装置。1997 年西门子将 ±8Mvar STATCOM 投入丹麦 Tjaereborg 风电工程，器件采用 IGBT，主电路采用两电平电压源换流器电路，该装置能够实现四象限运行，可向风电场发出或吸收无功功率，优化了风电机组的输出功率。

4.2.3 风电并网电网频率稳定性研究

电力系统中的负荷和发电机组的出力随时发生变化，当发电容量与用电负荷之间出现有功功率不平衡时，系统频率就会产生波动，出现频率偏差，频率偏差的大小及其持续时间取决于负荷特性和发电机组控制系统对负荷变化的响应能力。随着风电在电网中比例越来越高，风电接入引起的频率稳定性问题日益受到重视。

目前的变速风电机组由于其转速与电网频率的完全解耦控制，致使在电网频率发生改变时无法对电网频率变化作出及时响应，因此在电网频率改变时，基于双馈式发电机的变速风电机组固有的惯量对电网则表现为一个“隐含惯量”，无法帮助电网降低频率下垂的速率。在电网发生频率大幅度降低事故时，系统的惯量对频率降低的变化率起到了决定作用，惯量越大，系统频率降低得越慢。通过对实际的风电系统不同风电机组接入后对电网频率稳定性的影响，及对叶片桨距角控制器、频率下垂控制器的相关研究，标明基于双馈式发电机的风电场可提供短期频率支持，在电网频率发生暂态漂移时提供惯量贡献。

风电场被要求在表 4-1 所列的电网频率偏离下运行：

表 4-1 风电场频率异常允许运行时间

频率范围/Hz	要求
低于 49	根据风电场中风电机组允许运行的最低频率而定
49 ~ 49.5	每次频率低于 49.5Hz 时要求至少能运行 10min
49.5 ~ 50.2	连续运行
50.2 ~ 51	每次频率高于 50.2Hz 时要求至少要能运行 2min，并且当频率高于 50.2Hz 时，没有其他风电机组起动
高于 51	风电场机组逐步退出运行或根据电网调度部门的指令限功率运行

4.3 风电场接入电力系统技术规定

4.3.1 风电场并网技术规范、标准

近年来我国风电装机增长迅速，截至 2012 年底，我国（不包括我国台湾地区）风电装机容量已达 75324.2MW，连续 10 年增长超过 90%，随着我国提出大规模发展风电的计划，百万、千万千瓦级风电基地将逐渐形成，需要编制并及时修订符合我国风电发展特点的风电场并网技术规范、标准。

目前国际上美国、加拿大、北欧等国家一些电力协会或电力公司均编制有风电场并网技术规范、标准或相关研究报告，例如德国 E.ON 公司编制的风电并网

标准《Grid Code, High and extra high voltage》、美国能源监管委员会编制的风电并网标准《Interconnection for Wind Energy》。

我国颁布的风电场并网技术指导标准主要有Q/GDW 392—2009《风电场接入电网技术规定》、GB/T 19963—2011《风电场接入电力系统技术规定》。同时一些省级电力公司根据自己区域内风电发展特点也制订了相应的风电并网技术标准。

国内电力行业现有的适用于风电并网的国家和行业标准有DL 755—2001《电力系统安全稳定导则》、SD 325—1989《电力系统电压和无功技术导则》、GB/T 20320—2006《风力发电机组　电能质量测量和评估方法》、DL/T 1040—2007《电网运行准则》、GB/T 12325—2008《电能质量　供电电压偏差》、GB/T 12326—2008《电能质量　电压波动和闪变》、GB/T 14549—1993《电能质量 公用电网谐波》、GB/T 15945—2008《电能质量　电力系统频率偏差》、GB/T 15543—2008《电能质量　三相电压不平衡》。

国内外风电场并网技术相关技术规范和标准基本包括以下几个方面：电压、无功功率、低电压穿越能力、频率、有功功率、电能质量。本章通过以下几节分别论述风电场并网过程中的技术要求。

4.3.2　风电场无功配置及电压

4.3.2.1　风电场无功配置

恒频恒速风电机组与系统以直接连接的形式发电，并网特性类似于异步发电机运行特性，风电机组出力随风速大小而波动，有功、无功出力控制性差，需要从系统吸收大量无功。变速恒频双馈式异步风电机组定子绕组与系统直接连接，转子绕组通过变流器与系统连接，可以实现一定范围的有功和无功控制。

风电场可以采用的无功配置方式主要有风电机组自身无功控制和在风电场集中加装无功补偿装置两种方式，从目前风电场实际运行经验来看，如果仅靠风电机组本身无功电源，风电场仍需要从系统吸收无功，不能满足系统电压调节需要，需要在风电场集中加装适当容量的无功补偿装置，无功补偿装置可以采用投切的电容器组或者采用静止无功补偿器和静止同步补偿器。

Q/GDW 392—2009《风电场接入电网技术规定》中规定无功补偿装置应具有自动电压调节能力，对于直接接入电网的单个风电场，其配置的容性无功容量除了能够补偿风电场汇集系统及主变压器的感性无功损耗外，还要能够补偿风电场满发时送出线路一半的感性无功损耗；其配置的感性无功容量能够补偿风电场送出线路一半的充电无功功率。

根据SD 325—1989《电力系统电压和无功技术导则》的规定，风电场无功容量应按照分层和分区基本平衡的原则配置。考虑到风电场并网无功配置问题较为复杂，在参考规程的同时，建议通过风电场接入系统无功专题研究来确定具体的无功容量配置。

4.3.2.2 风电场电压

风电场所发有功及无功均可在一定范围内变化，风电场并网后出力的变化及功率因数的调节都会对接入电网的电压产生一定的影响，同时电网电压水平也将影响风电场并网点高压侧母线以及风电机组机端电压水平。

GB/T 19963—2011《风电场接入电力系统的技术规定》和 Q/GDW 392—2009《风电场接入电网技术规定》中对风电场调压方式的规定主要有两个方面。

1）对风电场运行电压的要求。风电场变电站的主变压器应采用有载调压变压器，当风电场并网点的电压偏差在其额定电压 -10% ~ +10% 之间时，风电场内的风电机组应能正常运行；当风电场并网点电压偏差超过 +10% 时，风电场的运行状态由风电场所选用风电机组的性能特性确定。

2）对风电场电压控制形式的要求。风电场应配置无功电压控制系统；根据电网调度部门指令，风电场通过其无功电压控制系统自动调节整个风电场发出（或吸收）的无功功率，实现对并网点电压的控制，其调节速度和控制精度应能满足电网电压调节的要求。

当公共电网电压处于正常范围内时，风电场应当能够控制风电场并网点电压在额定电压的 97% ~107% 范围内。

4.3.2.3 风电场低电压穿越

GB/Z 19963—2005《风电场接入电力系统的技术规定》于 2005 年发布，制定标准时我国风电发展处于刚起步阶段，风电在电力系统中所占的规模较小，对电力系统影响较小，因此没有要求风电场应具有低电压穿越能力。

随着近几年风电装机规模快速增长，在电网故障引起并网点电压跌落时，将风电场切出的策略不再适合，风电场应具有保持不脱网连续并网运行能力，甚至还可以为电网提供一定的无功功率以帮助电网恢复，直至电网恢复正常，即风电场低电压穿越能力，可以形象地解释为风电场帮助电网穿越低电压时间的能力。

图 4-3 为美国风能协会制定的风电机组低电压穿越能力。正常运行时风电场并网点电压为处于额定电压水平，电网 0s 发生故障，风电场并网点电压跌落，风电场并网点电压跌至 15% 额定电压时，风电场应能够保证不脱网运行 625ms 的能力，当风电场并网点电压在电网故障 3s 恢复至额定电压的 90% 以上时，风电场风电机组应该能够保证不脱网连续运行。

图 4-4 为德国 E. ON 公司 2006 年制订的风电机组低电压穿越能力曲线图，对风电机组提出了更为苛刻的零电压穿越能力要求。

图 4-4 中 U 为风电机组故障期间电压，U_N 为风电机组额定电压。正常运行时风电场并网点电压为处于额定电压水平，电网 0s 发生故障，风电场并网点电

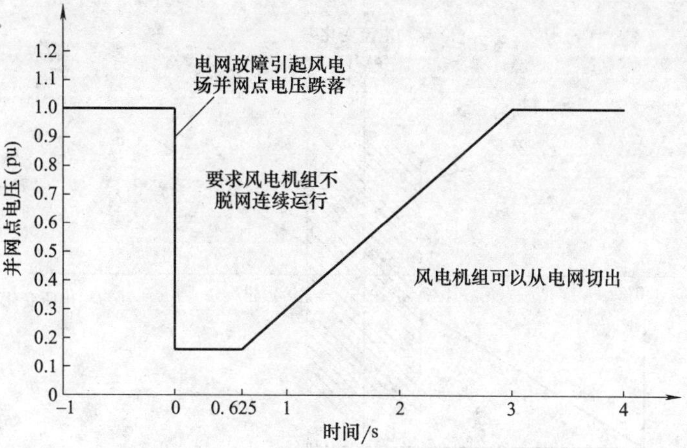

图 4-3　美国风电场低电压穿越能力要求

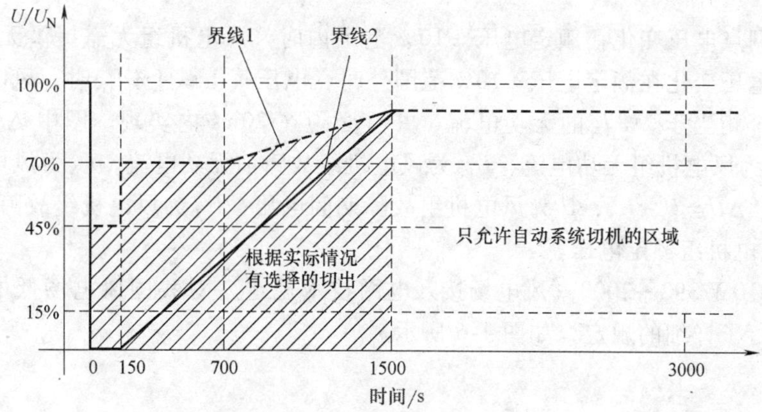

图 4-4　德国风电场低电压穿越能力要求

压跌落，若电网发生对称故障时，在界线 1 以上区域不能发生失稳问题，风电机组不能脱网运行。在界线 2 以上区域风电机组应能够保证不脱网运行，并且风电场并网点电压跌至 0 时，风电场应能够保证不脱网运行 150ms 的能力，在界线 2 以下区域，风电机组可以根据实际情况有选择的切出，故障发生 1.5s 后，为只允许自动系统切机区域。

系统发生故障时，风电机组不脱网运行，其提供的有功和无功有利于维持系统电压，帮助系统故障中快速恢复。

为了保证故障后电网的稳定与功率平衡，尽可能地降低系统功率缺额，德国 E. ON 公司低电压穿越条款中同时要求风电场应具有有功恢复能力，风电场在故障消除后应快速恢复有功，应以至少 10% 额定功率/s 的速度恢复至故障前的值。

在电压跌落时，德国规程规定风电机组必须向系统提供无功电流，以支持系统电压，如图 4-5 所示。

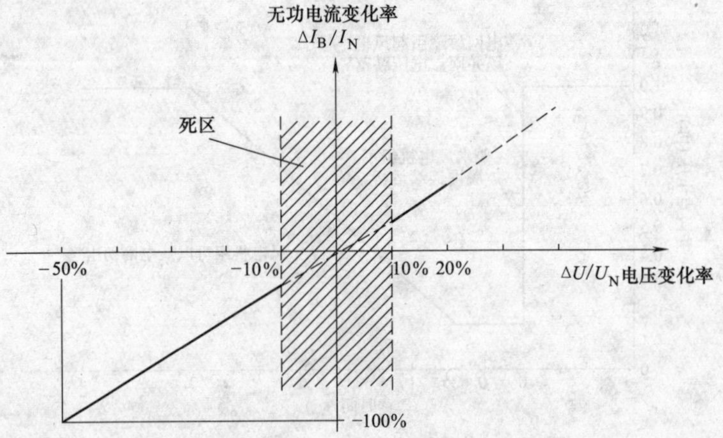

图 4-5 德国风电场无功电流支持规定

并网点电压变化在额定电压 ±10% 范围内时，风电机组无需提供无功电流，并网点电压变化在额定电压 ±10% 范围外时，电压每下跌 1% U_N时，风电机组需提供一个相当于 2% I_N 的无功电流，并且必须在 20ms 内实现。图中 $\Delta I_B = I_B - I_{B0}$，$I_B$为风电机组无功电流，$I_{B0}$为风电机组故障前无功电流，$I_N$为风电机组额定电流；$\Delta U = U - U_0$，$U$ 为风电机组故障期间电压，U_0为风电机组故障前电压，U_N为风电机组额定电压。

Q/GDW 392—2009《风电场接入电网技术规定》对我国风电场低电压穿越能力进行了详细的规定，如图 4-6 所示。

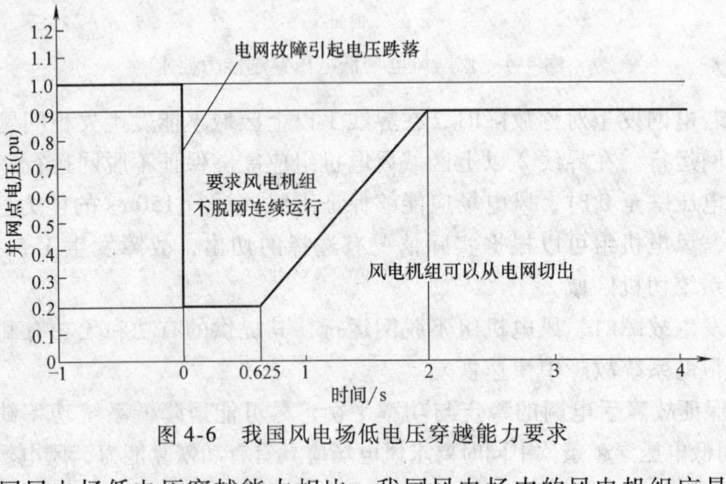

图 4-6 我国风电场低电压穿越能力要求

与美国风电场低电压穿越能力相比，我国风电场内的风电机组应具有在并网点电压跌至 20% 额定电压时能够保证不脱网连续运行 625ms 的能力；风电场并网点电压在发生跌落后 2s 内能够恢复到额定电压的 90% 时，风电场内的风电机组能够保证不脱网连续运行。

有功恢复内容与德国 E. ON 公司制订的条款一致，同样要求风电场应具有有功恢复能力，风电场在故障消除后应快速恢复有功，应以至少 10% 额定功率/s 的速度恢复至故障前的值。

相对国外相关规程而言，我国对风电场低电压穿越能力的要求较为宽松，保证风电机组不脱网运行 625ms 的能力主要是考虑了保护起动时间（0.125s）和后备保护时间（0.5s），风电场最低电压取到 20% 左右，考虑了我国电网的实际情况，风电场附近线路发生故障时，并网点电压一般都降至额定电压的 20% 左右。

4.3.3 风电场有功功率和频率

风电场控制其有功输出方式包括切出风电机组、切出整个风电场、对于变桨距风电机组可以调整其有功输出水平，随着风电场装机规模增大，风电场应具备有功功率调节能力，装设有功功率控制系统，能根据电网调度部门指令控制其有功功率输出。

1. *有功功率变化限制*

风电场有功功率变化限值应根据所接入电网的调频能力及其他电源调节特性，由电网调度部门确定。GB/T 19963—2011《风电场接入电力系统技术规定》对风电场有功功率的基本要求如下：

1）风电场应符合 DL/T 1040—2007 的规定，具备参与电力系统调频、调峰和备用的能力。

2）风电场应配置有功功率控制系统，具备有功功率调节能力。

3）当风电场有功功率在总额定出力的 20% 以上时，对于场内有功出力超过额定容量的 20% 的所有风电机组，能够实现有功功率的连续平滑调节，并参与系统有功功率控制。

4）风电场应能够接收并自动执行电力系统调度机构下达的有功功率及有功功率变化的控制指令，风电场有功功率及有功功率变化应与电力系统调度机构下达的给定值一致。

风电场并网风速增长过程中以及风电场的正常停机，风电场有功功率变化应当满足电网调度部门的要求。有功功率变化包括 1min 有功功率变化和 10min 有功功率变化，变化限值的推荐值见表 4-2。

表 4-2 正常运行情况下风电场有功功率变化最大限值

风电场装机容量/MW	10min 有功功率变化最大值/MW	1min 有功功率变化最大值/MW
<30	10	3
30～150	装机容量/3	装机容量/10
>150	50	15

因风速降低或风速超出切机风速而引起的风电场有功功率变化超出最大有功功率变化限值的情况可以不受表4-2约束。

2. 紧急控制

在电网紧急情况下，风电场应根据电网调度部门的指令来控制其输出的有功功率，主要有以下三个方面的内容。

1）电网故障或特殊运行方式下要求降低风电场有功功率，以防止输电设备发生过载，确保电力系统稳定性。

2）当电网频率高于50.2Hz时，依据电网调度部门指令降低风电场有功功率，严重情况下可以切除整个风电场。

3）若风电场的运行危及电网安全稳定，电网调度部门有权暂时将风电场切除。

3. 风电场功率预测

Q/GDW 392—2009《风电场接入电网技术规定》中规定风电场应配置风电功率预测系统，要求预测系统应具有0~48h短期风电功率预测以及15min~4h超短期风电功率预测功能。

风电场每15min应自动向电网调度部门滚动上报未来15min~4h的风电场发电功率预测曲线，预测值的时间分辨率为15min。

风电场每天按照电网调度部门规定的时间上报次日0~24h风电场发电功率预测曲线，预测值的时间分辨率为15min。

目前国内还没有比较成熟完善的风电功率预测系统，通过风电场功率预测系统的建设，电网调度部门可以对风电进行有效调度和科学管理，提高电网接纳风电的能力，根据风电场功率预测结果，可以合理安排常规能源发电计划，较少系统旋转备用容量，提高整个电力系统运行的经济性；同时可以合理安排运行方式和应对措施，提高电网的安全性和可靠性。

4. 风电场频率适应能力

我国关于风电场对系统频率的适应能力要求如下：

1）电网频率低于48Hz，应根据风电场内风电机组允许运行的最低频率而定。

2）电网频率为48~49.5Hz，每次频率低于49.5Hz时要求风电场至少能运行10min。

3）电网频率为49.5~50.2Hz，风电场必须连续运行。

4）电网频率高于50.2Hz，每次频率高于50.2Hz时，要求风电场至少能运行2min，并且执行电网调度部门下达的高周切机策略，不允许停止状态的风电机组并网。

上述规定频率范围为48~50.2Hz，目前国外相关技术规定中德国标准频率范围为47.5～51.5Hz，丹麦标准频率范围为47～52Hz，英国标准频率范围为47.5～55Hz，各国标准存在一定差异，考虑到国内风电机组制造水平尚处于完善阶段，我国制定的标准相对宽松一些。

4.3.4　风电场电能质量

风电场电能质量应符合国家电能质量标准对于电网公共连接点的要求限值，主要范围有GB/T 12326—2008《电能质量　电压波动和闪变》、GB/T 14549—1993《电能质量　公用电网谐波》，三相电压不平衡度满足国家标准GB/T 15543—2008《电能质量 三相电压不平衡》。如果风电场供电范围内存在对电能质量有特殊要求的重要用户，可提供对风电场电能质量的相关要求。

1. 电压变动

风电场并网点的电压变动值应满足GB/T 12326—2008《电能质量 电压波动和闪变》，风电场在并网点引起的电压波动 d（%）应当满足表4-3的要求。

表4-3中 d 表示电压变动，为电压方均根值曲线上相邻两个极值电压之差，以系统标称电压的百分数表示；r 表示电压变动频度，指单位时间内电压变动的次数（电压由大到小或由小到大各算一次变动）。不同方向的若干次变动，若间隔时间小于30ms，则算一次变动。

表4-3　电压变动限值

r/(次/h)	d(%)	r/(次/h)	d(%)
$r \leqslant 1$	3	$10 < r \leqslant 100$	1.5
$1 < r \leqslant 10$	2.5	$100 < r \leqslant 1000$	1

2. 电压闪变

风电场所接入的公共连接点的闪变干扰值应满足GB/T 12326—2008《电能质量 电压波动和闪变》的要求，其中风电场引起的长时间闪变值按照风电场装机容量与公共连接点上的干扰源总容量之比进行分配。

风电机组的闪变测试与多台风电机组的闪变叠加计算，应根据GB/T 20320—2006《风力发电机组 电能质量测量和评估方法》有关规定进行。

3. 谐波

风电场所接入的公共连接点的谐波注入电流应满足GB/T 14549—1993《电能质量 公用电网谐波》的要求，其中风电场向电网注入的谐波电流允许值按照风电场装机容量与公共连接点上具有谐波源的发/供电设备总容量之比进行分配。

风电机组的谐波测试与多台风电机组的谐波叠加计算，应根据GB/T 20320—2006《风力发电机组 电能质量测量和评估方法》有关规定进行。

4.3.5 风电场并网二次部分

1. 基本要求

风电场的二次设备及系统应符合电力系统二次部分技术规范、电力系统二次部分安全防护要求及相关设计规程。

风电场与电网调度部门之间的通信方式、传输通道和信息传输由电网调度部门作出规定，包括提供遥测信号、遥信信号、遥控信号、遥调信号以及其他安全自动装置的信号，提供信号的方式和实时性要求等。

2. 正常运行信号

在正常运行情况下，风电场向电网调度部门提供的信号主要包括以下几个方面：

1）单个风电机组运行状态。

2）风电场实际运行机组数量和型号。

3）风电场并网点电压。

4）风电场高压侧出线的有功功率、无功功率、电流。

5）高压断路器和隔离开关的位置。

6）风电场的实时风速和风向。

3. 故障信息记录与传输

在风电场变电站需要安装故障记录装置，记录故障前10s到故障后60s的情况。该记录装置应该包括必要数量的通道，并配备至电网调度部门的数据传输通道。

4. 风电场继电保护

1）风电场相关继电保护、安全自动装置以及二次回路的设计、安装应满足电网有关规定和反事故措施的要求。

2）考虑到风电场应具有低电压穿越能力，宜配置全线速动保护，有利于快速切除故障，帮助风电机组减少低电压穿越时间。

3）风电场应配置故障录波设备，故障录波设备应具备接入数据通道传至电网调度部门的功能。

5. 风电场调度自动化

风电场调度自动化部分应满足的规程主要有《电网二次系统设备配置原则与系统设计技术规范》、《调度自动化EMS系统远动信息接入规定》、《关口电能计量装置配置原则》、国家电力监管委员会令第5号《电力二次系统安全防护规定》、电监安全［2006］34号《电力二次系统安全防护总体方案》。

6. 风电场通信

1）风电场并网时应具有两条路由通道，其中至少有一条光缆通道。

2）风电场与系统直接相连的通信设备需与系统接入端设备一致，如光纤传输设备、调度程控交换机等设备。

4.3.6　风电场试验检测

目前我国风电场并网检测体系还不健全，已经投运的风电场有功功率控制、无功功率调节、低电压穿越能力、电能质量等方面的技术要求没有完全落实，给电力系统安全可靠运行带来了隐患，需要制定完善的风电场试验检测标准，国内外风电场并网检测规程条款一般分为基本要求和测试内容两个方面。

1. 基本要求

1）风电场接入电网测试由具备相应资质的机构进行，并在测试前30日将测试方案报所接入地区的电网调度部门备案。风电场应当在全部机组并网调试运行后6个月内向电网调度部门提供有关风电场运行特性的测试报告。

2）当接入同一并网点的风电场装机容量超过40MW时，需要向电网调度部门提供风电场接入电网测试报告；累计新增装机容量超过40MW，需要重新提交测试报告。

3）风电场在申请接入电网测试前需向电网调度部门提供风电机组及风电场机组的等效模型、参数、特性和控制系统特性等资料，用于风电场接入电力系统的规划、设计及调度运行。

2. 测试内容

1）有功/无功控制能力测试。

2）电能质量测试，包含电压变动、闪变与谐波。

3）风电场低电压穿越能力的测试。

4.4　风电机组并网运行与仿真分析

4.4.1　直驱式永磁同步风电机组并网仿真分析

直驱式永磁同步风电系统并网仿真模型如图4-7所示，永磁同步发电系统模型的额定风速为11.5m/s，发电机额定功率为1.5MW，端电压为690V，额定机械角速度为3.1rad/s。设定风电机组风轮的半径 $R=31\text{m}$，PWM开关频率为5kHz，电网电压等级为690V。最佳叶尖速比 $\lambda=8.1$，$C_{pmax}=0.48$，给定风速为10～11.5m/s的阶跃信号，2.0s时发生跃变，3.5s时给网侧提供0.35pu的无功功率。

发电机侧仿真波形如图4-8所示，风速1.5s时从10m/s跃变到11.5m/s，最佳叶尖速比 λ 的值在2s时突然下降，但很快恢复保持稳定。由最佳叶尖速比

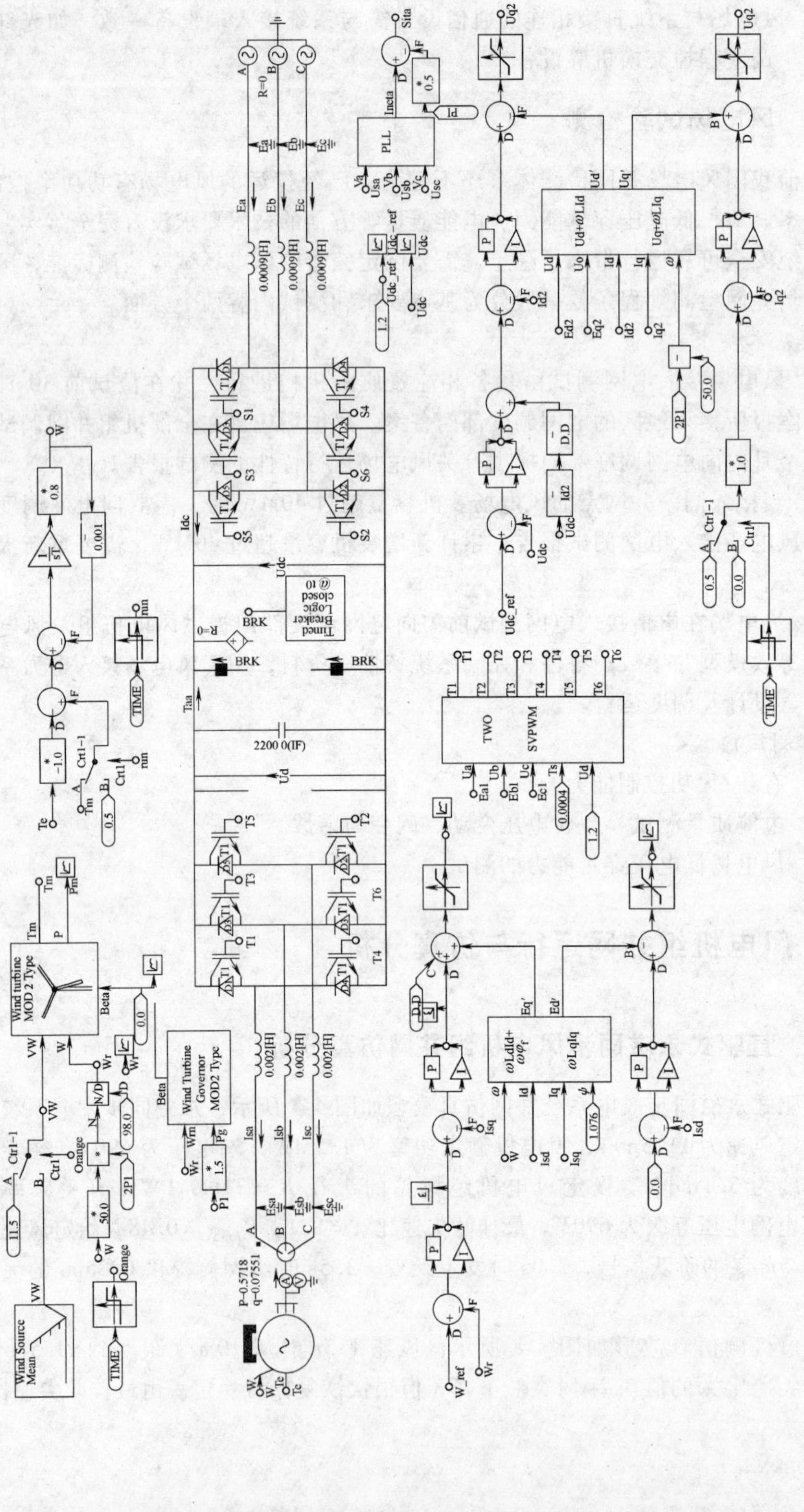

图 4-7 直驱式永磁同步风电系统并网仿真模型

公式 $\lambda = \omega R/v$ 可知，风速与 λ 值成反比，所以会突然下降，但通过机侧控制器快速调节发电机的转速，如图 4-8a 所示，使得风电机组保持在最佳运行状态；C_p（β，λ）是桨距角和最佳叶尖速比 λ 的函数，当桨距角 β 一定，λ 减小时，C_p 也将会减小，如图 4-8b 所示；发电机机械转速能快速跟踪参考值如图 4-8c 所示；图 4-8d 和图 4-8e 为发电机的三相电压和三相电流的变化；从图 4-8f、g 中可以看到控制发电机侧 i_q 就能控制机侧有功的输出。

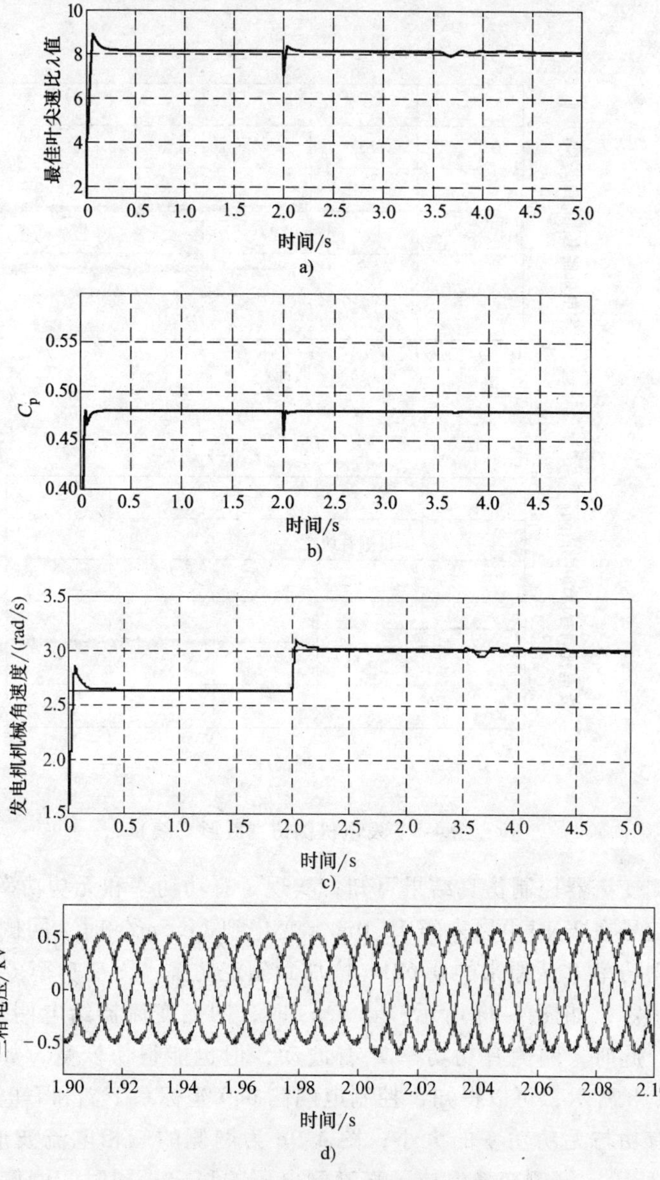

图 4-8　发电机侧仿真波形

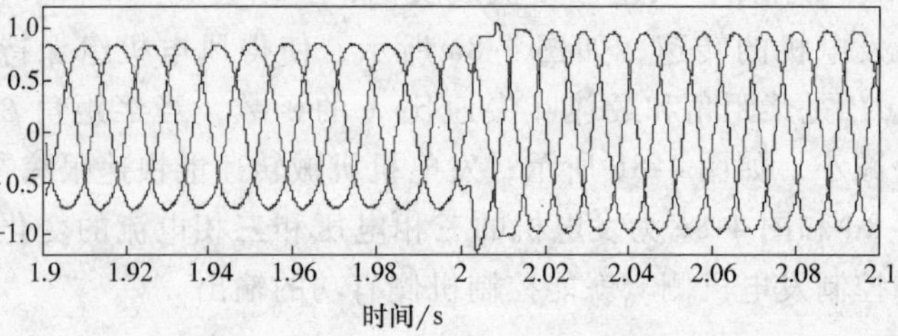

e)

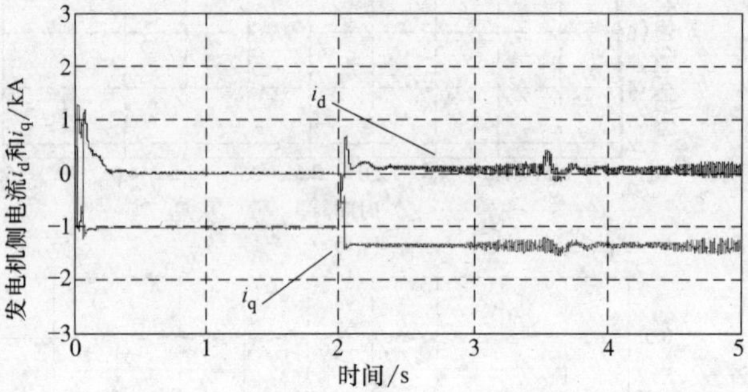

f)

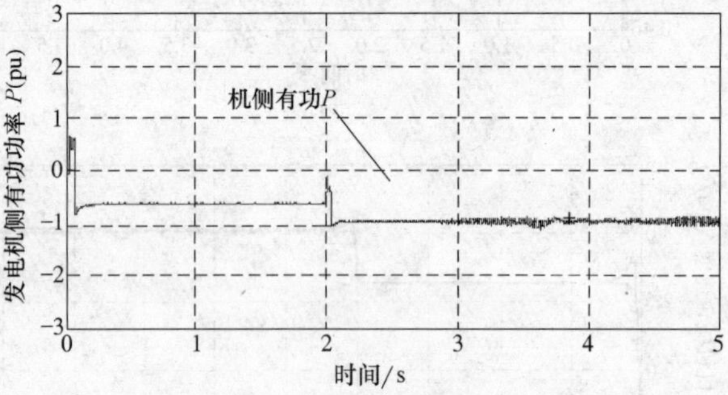

g)

图 4-8　发电机侧仿真波形（续）

从网侧变流器控制仿真结果可知，实现了有功功率和无功功率的解耦控制风速为阶跃信号在 2s 时由原来的 10.0m/s 变化到 11.5m/s 时，网侧变流器提供给电网的有功功率 P 从原来的 0.62Pu 增加到额定功率，无功功率 Q 虽然有波动但很快恢复为零，如图 4-9a 所示；当 3.5s 时，网侧变流器给电网提供 0.35Pu 的无功功率，此时，网侧有功功率 P 有波动，但也能很快恢复，如图 4-9a 所示；从图 4-9a、b 所示，可以得知，控制电网侧 dq0 坐标系下 i_d 和 i_q 电流的大小就能控制网侧有功与无功功率的大小；图 4-9c 为网侧的三相电流波形图变化情况；如图 4-9d 所示，网侧变换保持了直流侧电压的稳定；同时，网侧变流器实现了电网侧有功功率与无功功率的解耦控制。

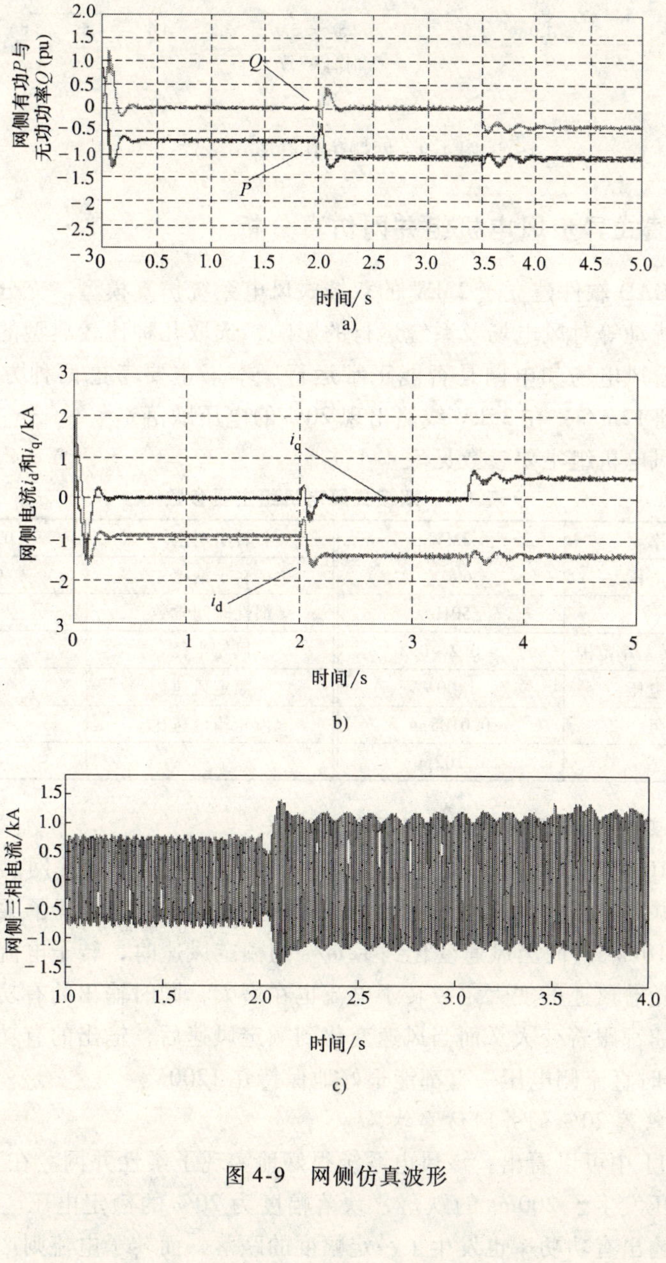

图 4-9　网侧仿真波形

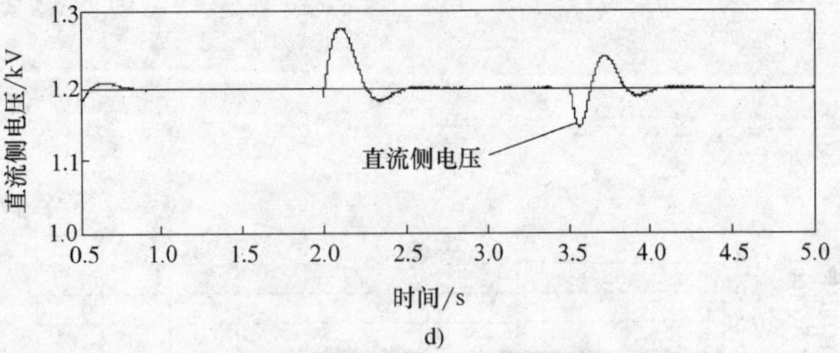

d)

图 4-9 网侧仿真波形（续）

4.4.2 双馈式异步风电机组并网仿真分析

基于 PSCAD 软件建立了 2MW 的双馈式风电系统仿真模型。充分考虑到风速变化、负荷扰动等对风电场及系统运行的影响，选取几种比较典型的运行方式进行仿真，查看风电场和电网是否能正常运行。本书主要考虑两种方式：风速从 10m/s 变化到 12m/s；在 35kV 线路出现 20% 的电压跌落。

双馈式风电机组主要参数见表 4-4。

表 4-4 双馈式风电机组主要参数

额定功率	2MW	转子电阻	0.0121pu
机端额定电压	690V	转子漏感	0.11pu
基频	50Hz	惯性时间常数	3.5
双馈式发电机转差率范围	-0.2～0.3	风轮半径	40m
直流电容电压	1400V	额定风速	12m/s
定子电阻	0.0108pu	齿轮箱增速比	1:93
定子漏感	0.102pu		

1. 风速变化情况下风电机组并网仿真结果

从图 4-10 中可以看出，风电机组在 0.88s 这一时刻开始并网。定子端电压波形平滑在并网点没有大的振荡，说明该风电系统很好地实现了柔性并网。2s 以前风速是 10m/s，而当风速变化到 12m/s 的额定风速时，转子电流也发生了很大的变化。随着风速的变大定、转子电流也在增大，同时输出的有功功率以及发电机转子转速都跟着变大。而当风速变化到额定风速后，输出的有功功率也维持在 2MW，同时直流侧电压一直都能很好地保持在 1200V。

2. 电压跌落 20% 的并网仿真结果

从图 4-11 中可以看出，该风电系统很好地实现了柔性并网。在 2.8s 这一时刻定子端电压发生了 200ms 的跌落，跌落幅度为 20% 的额定电压。在电压跌落期间，定子输出有功功率也发生了一定幅度的跌落，而转子电流则产生了一定幅

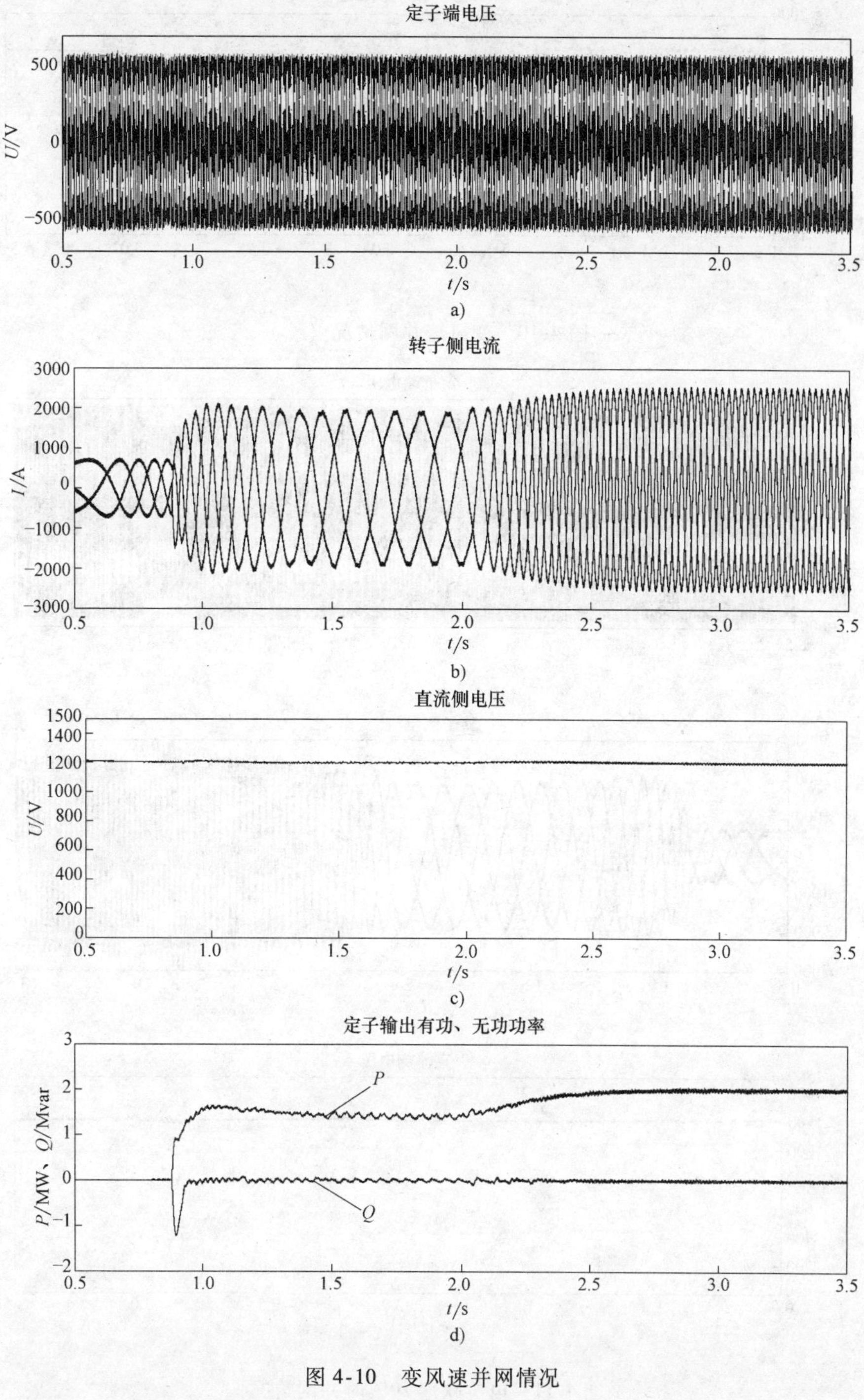

图 4-10　变风速并网情况

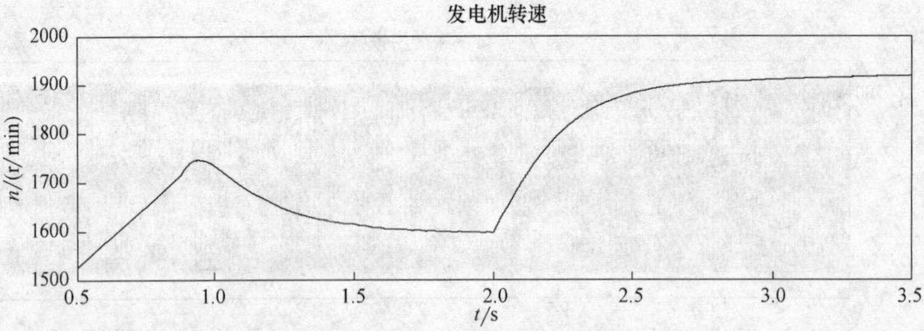

e)

图 4-10　变风速并网情况（续）

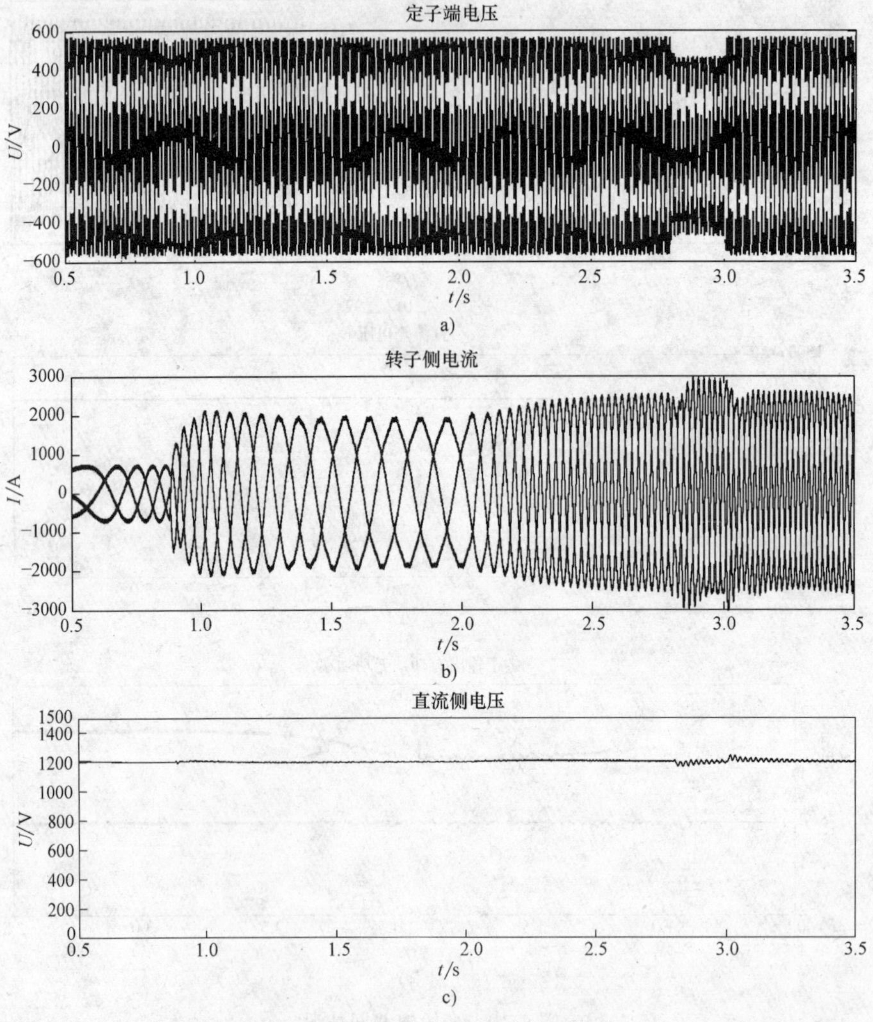

图 4-11　电压跌落 20% 时并网情况

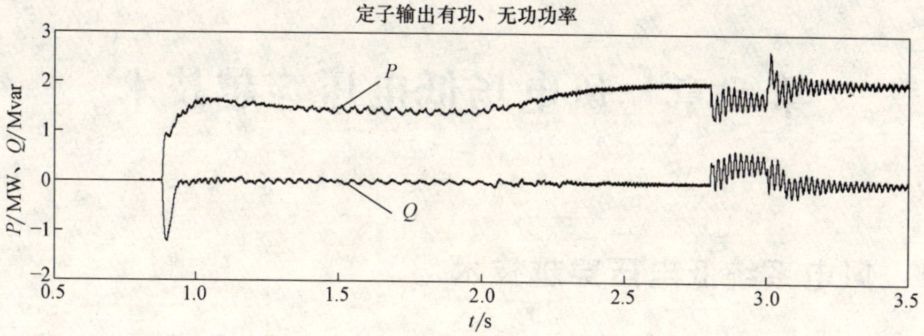

d)

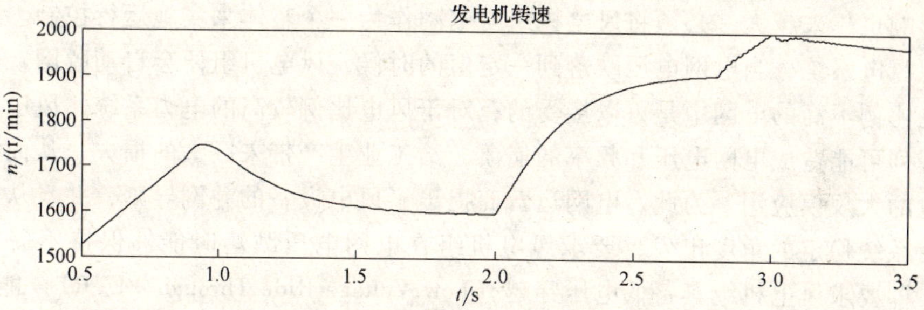

e)

图4-11 电压跌落20%时并网情况（续）

度的跃升。在电压跌落时刻和恢复时刻系统各个物理量都发生了一定幅度的振荡，而且在电压跌落后定子输出的无功功率也增加了，这种无功的输出对电压的恢复起到支撑作用。

第5章 风电场低电压穿越技术

5.1 风电系统低电压穿越技术

由于风电容量占电网总容量的比例逐年上升，风电机组与局部电网之间的相互影响也越来越大，必须将风电机组与电网作为一个整体来实施运行控制。对于常规风电系统，当电网电压跌落到一定值的时候，风电机组便会自动脱网，这在风电比例不高的电网中是可以接受的；对于风电比例较高的电力系统，风电机组的解列可能造成电网电压和频率的崩溃，给工业生产带来巨大的损失，从而限制风电的大规模应用。为此，电网运营商提出了风电设备的并网导则，并且从维持电力系统稳定的角度出发，要求风电机组在电网电压跌落时能够保持不脱网运行，即要求风电机组具备低电压穿越（Low Voltage Ride Through，LVRT）能力。

目前，对电网电压跌落故障下风电机组的动态响应特性及其LVRT能力的研究，已成为国内外风电技术研究领域的热点问题。

5.1.1 低电压穿越技术研究的必要性

随着风电装机容量的不断扩大，电网运营商对风电机组（或者风电场）提出了一系列的要求，主要包括：电网频率控制、无功功率和电网电压控制、低电压穿越（LVRT）控制以及电能质量控制等，对于双馈式风电机组而言，由于在双馈式发电机的定子电压方程中含有两个欠阻尼极点，并且其自然振荡频率在工频频率附近，而且双馈式发电机的定子直接与电网相连接，因此在电网电压发生跌落故障时会造成双馈式发电机定子磁链的振荡，进而使得定子磁链中含有直流成分，对不对称电网电压跌落还会含有负序成分，由于风电系统中的双馈式发电机的转速通常较高，这一较高的转速相对于定子磁链中的直流成分和负序成分而言，均具有较大的转差率，因此导致了转子回路的过电流或过电压，由于变流器中电力电子器件的耐压和过电流能力的限制，使其难以承受双馈式发电机这一严重的过渡过程，为了保护转子侧变流器，通常采用Crowbar电路对其进行保护，即所谓的撬棒保护电路。

当风电容量相对较小时，在电网发生扰动时，风电机组所采取的多是自我保护的措施，即在撬棒动作后，风电机组脱离电网，直到电网电压恢复正常时，风电机组再次投入运行。然而，当风电容量与常规电厂容量相比不可忽略时，在电网出现故障的情况下，所有的风电机组都同时脱离电网，而不能像常规能源那样在电网故障的情况下对电网提供频率和电压的支撑，那么将会给电力系统的安全运行带来不利的影响。为了能使风电得到大规模的应用，而且不会危及到电网的稳定运行，当电网发生电压跌落故障时，在一定范围内，风电机组必须不脱离电网，并且要像常规电能那样，向电网提供有功功率（频率）和无功功率（电压）支撑，为此电网运营商针对风电机组并网发电，已经开始出台了一些相关的规程，但目前不同国家甚至同一国家的不同地区可能有不同的规定，并且有些规定还在不断的修改之中。

在图5-1中分别给出的六种典型的电网导则规定风电低电压运行能力曲线，纵坐标表示电压幅值，横坐标表示电压跌落持续时间，各分图主要区别在于电压跌落度和持续运行时间的要求不同，这些特性曲线表明：当电网电压处在图中低电压线以上区域时，风电机组不得脱离电网，并且必须按要求向电网提供有功功率和无功功率的支持。为了风电能够得到大规模的应用，并网风电机组必须具备低电压穿越能力，因此对目前广为应用的双馈式风电机组低电压穿越技术的研究受到了国内外的广泛关注。目前我国也开始制定类似的风电系统运行标准。

5.1.2　现有的低电压穿越技术

最新的电网运行导则要求风电系统的低电压穿越能力不能低于被它取代的传统发电方式，所以各国的风电设备生产商以及相关科研机构都对风电设备的故障运行进行了大量研究，并提出了各种低电压穿越技术。按照低电压穿越硬件保护电路安装位置的不同，分别介绍了双馈式、直驱式风电系统实现低电压穿越的方法。

5.1.2.1　双馈式风电系统低电压穿越技术

1. 定子侧方法

在采用硬件保护电路协助双馈式发电机实现低电压穿越的技术中，定子侧开关方法的基本思想是在电网电压跌落期间采用定子并网开关将DFIG（双馈式异步发电机）定子从电网中暂时切除，直到电网电压恢复到一定程度时再重新并网。在定子切除期间，励磁变流器一直保持与电网连接，可利用网侧变流器向电网提供无功。该方法的优点是可以避免电网电压的骤降和骤升对DFIG的冲击，但是它并非真正意义上的不脱网运行，实际上由于网侧变流器的容量较小，对电网恢复的作用比较有限。

加拿大Janos Rajda等人提出一种新颖的DFIG风电机组低电压穿越装置及其控制方法，该装置由一系列与双向交流开关并联的电阻阵列构成，连接在DFIG定子与电网传输线之间，如图5-2所示。当电网电压正常时，所有交流开关导

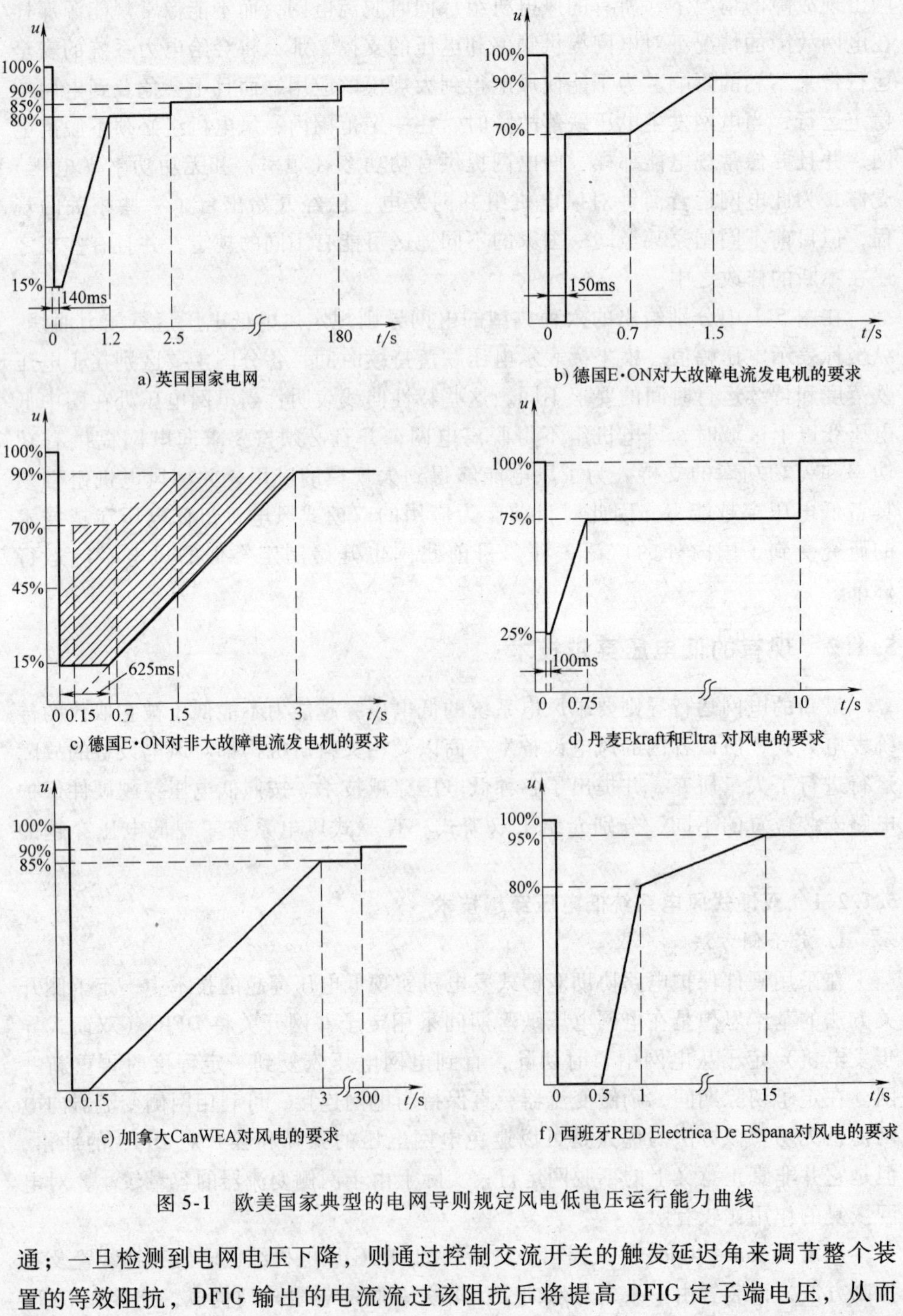

图 5-1 欧美国家典型的电网导则规定风电低电压运行能力曲线

通；一旦检测到电网电压下降，则通过控制交流开关的触发延迟角来调节整个装置的等效阻抗，DFIG 输出的电流流过该阻抗后将提高 DFIG 定子端电压，从而保证 DFIG 端电压在一定的数值之上。这种方法的优点是可以在电网电压跌落的情况下保持DFIG与电网的连接，缺点是需要大量大功率晶闸管，硬件成本较高，且电阻损耗大，目前该方法实际应用很少。

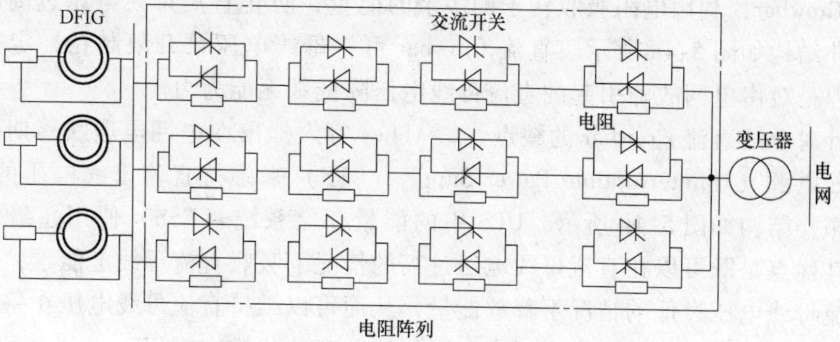

图5-2 DFIG低电压穿越用定子侧电阻阵列

C. Zhan和P. S. Flannery等人提出附加一个额外的电网侧串联变流器来提高DFIG机组的低电压穿越能力，其电路拓扑结构如图5-3所示，该网侧串联变流器具有以下几个功能：

1）对故障电压进行补偿，保证DFIG定子电压的稳定，具有动态电压恢复器的功能。

2）调节DFIG定子磁链并使之保持稳定，从而减小甚至消除定子电压突变引起的一系列暂态电磁现象，如电磁转矩和定、转子电流以及有功、无功功率的振荡。

3）将DFIG未能及时输出的能量通过直流母线环节输送到电网，防止直流母线电压泵升，这种结构理论上能实现零电压穿越，具有优良的低电压穿越能力，是一种先进的低电压穿越技术，但也存在成本高、控制复杂等问题。

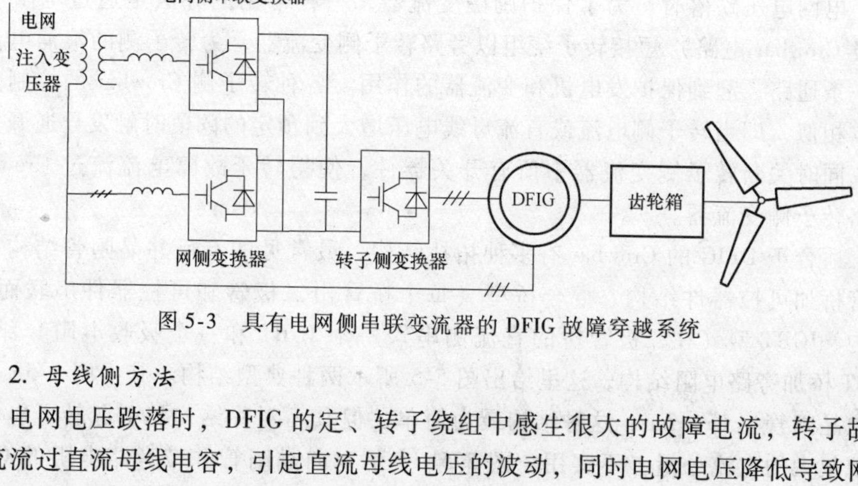

图5-3 具有电网侧串联变流器的DFIG故障穿越系统

2. 母线侧方法

电网电压跌落时，DFIG的定、转子绕组中感生很大的故障电流，转子故障电流流过直流母线电容，引起直流母线电压的波动，同时电网电压降低导致网侧变流器控制直流母线电压的能力减弱，不能及时将转子侧过剩的能量传递到电网上，可能导致直流母线电压快速泵升，危害直流母线电容安全。为此有必要使用直流 Crowbar，利用电阻吸收转子侧多余的能量，防止直流母线电压过高，其电路拓扑结构如图 5-4a 所示。直流 Crowbar 可将母线电压泵升限制在一定数值以下，但是对由电网故障引起的直流母线电压降低则无能为力。

针对上述直流 Crowbar 的缺点，C. Abbey 等人提出在电网电压跌落期间使用不间断电源（Uninterruptible Power Supply，UPS）来维持直流母线电压的方法，电路拓扑结构如图 5-4b 所示。UPS 中的能量存储系统（ESS）使用超级电容储能，其优点是既可以在直流母线电压过高的情况下吸收直流母线上能量，也可以在直流母线电压过低的情况下释放能量，从而可以维持直流母线电压在一定的范围之内。该方案的缺点是成本过高，限制了其商业化推广应用。

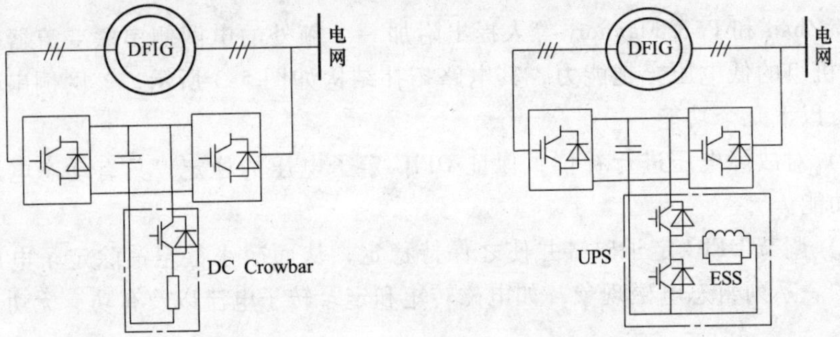

a) 具有直流Crowbar的DFIG系统　　b) 带UPS功能的直流Crowbar DFIG系统

图 5-4 直流母线电容保护

3. 转子侧方法

电网电压跌落时，为了保护励磁变流器，一种常用的办法是通过电阻（即增设 Crowbar 电路）短接转子绕组以旁路转子侧变流器，为转子侧的浪涌电流提供一条通路，起到保护发电机和变流器的作用。各种转子侧 Crowbar 的控制方式基本相似，即当转子侧电流或直流母线电压增大到预定的阈值时触发导通开关元件，同时关断转子侧变流器中所有开关器件，使得转子故障电流流过 Crowbar，旁路转子侧变流器。

适合于 DFIG 的 Crowbar 有多种拓扑结构，最常见的有反并晶闸管结构、二极管桥加可控器件结构、混合桥型（每个桥臂由二极管和可控器件串联而成）结构、IGBT 型（在二极管桥的直流侧串入一个 IGBT 和一个吸收电阻）结构、IGBT 桥加旁路电阻结构，这里给出图 5-5 所示两种典型结构。其中图 5-5a 表示双向晶闸管型 Crowbar，这种结构最为简单，但其不对称结构易引起转子电流中出现很大的直流分量，不实用。图 5-5b 表示双向晶闸管并带旁路电阻的 Crowbar，除电路对称外，更可利用其电阻消耗转子侧多余的能量，加快定、转子故障电流的衰减。

使用Crowbar的优点是可以确保励磁变流器的安全，加快故障电流的衰减，缺点是Crowbar动作期间将短接DFIG转子绕组，使DFIG变为笼型异步发电机运行，需从电网吸收大量无功功率以作励磁，这将不利于电网故障的迅速恢复，而且增加了硬件设备，使得控制更加复杂。此外Crowbar的投入和切除时刻选择也十分重要，选择不当将一方面引起Crowbar多次动作，另一方面可能引起大电流冲击，这将是Crowbar技术要深入研究的内容。

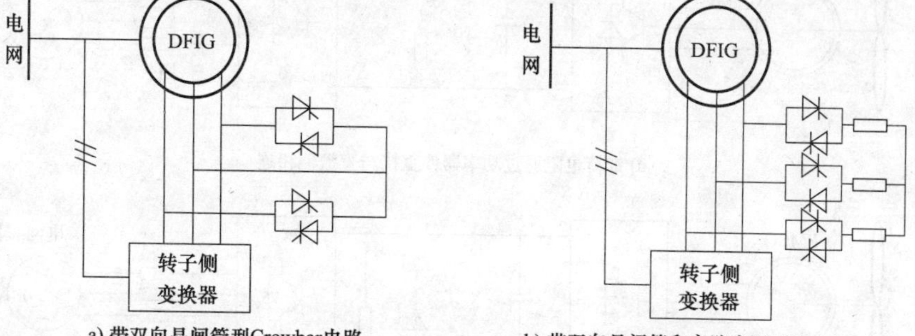

图5-5 两种典型的Crowbar电路

2006年，西班牙GAMESA公司提出一种包含无源压敏元件的钳位单元，用于电网故障时为转子绕组提供钳位电压，并旁路转子侧变流器以保护励磁变流器，电路拓扑结构如图5-6所示。这种钳位单元的原理与上述转子侧Crowbar电路相似，其优点是可以在转子绕组上提供适当的钳位电压，将转子绕组端电压限制在一定范围内，避免转子出现过电压。

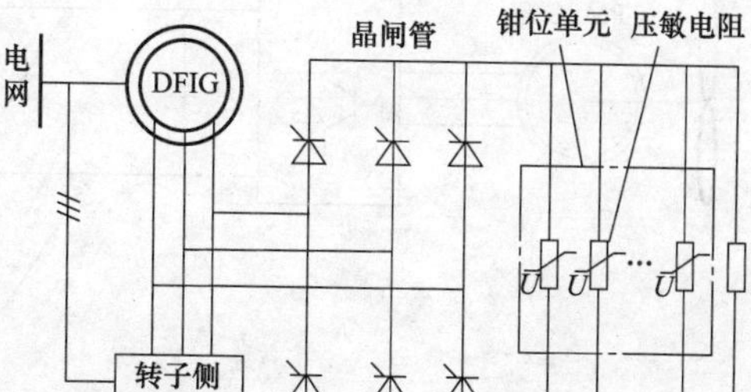

图5-6 带钳位单元的新型Crowbar电路

5.1.2.2 直驱式风电系统的保护电路

1. 直流侧保护电路

在直流侧增加保护电路是目前最常用的一种方式，如图5-7所示。图5-7a、b是直流侧增加卸荷单元的保护电路，其中前者的卸荷电阻通过功率器件与直流侧连接，后者的卸荷电阻通过Buck电路与直流侧连接。系统正常工作时，保护电路不起作用，当发生电压跌落时，直流侧输入功率大于输出功率，此时投入卸荷电阻，消耗直流侧多余的能量，使电容电压稳定在一定范围内。使用卸荷单元时，多余的能量纯粹被消耗掉，需要使用大的负载并提供散热，但是可靠性较高，因此在目前实际系统中有应用。为克服图 5-7 所示的前两种电路的缺点，图 5-7c 增加了储能设备，采用能量可以双向流动的 DC-DC 变流器，储能设备可以是蓄电池或超级电容。当电网电压跌落时，多余的能量存储在储能设备中，在直流侧电压不足时释放出来，为电容充电，同时可以利用储能设备的能量为电网提供有功功率。这种方式的优点是能量可以再利用，缺点是需要额外的储能设备，增大了结构的复杂程度，增加了系统的成本。

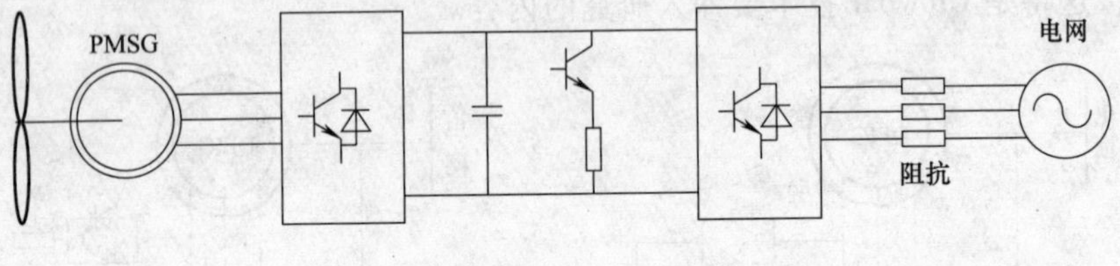

a) 卸荷电阻通过功率器件直接与直流侧相连

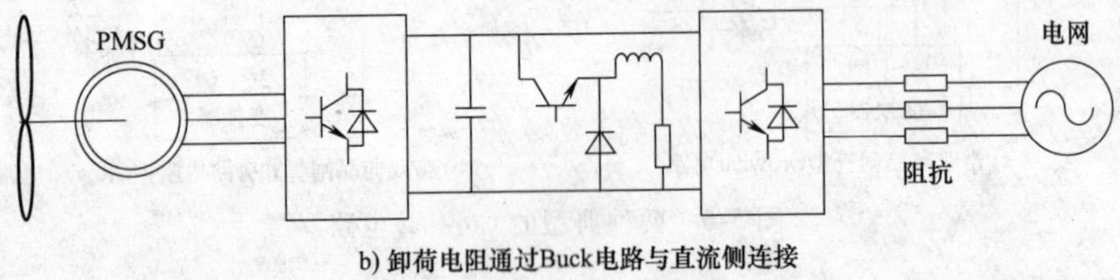

b) 卸荷电阻通过Buck电路与直流侧连接

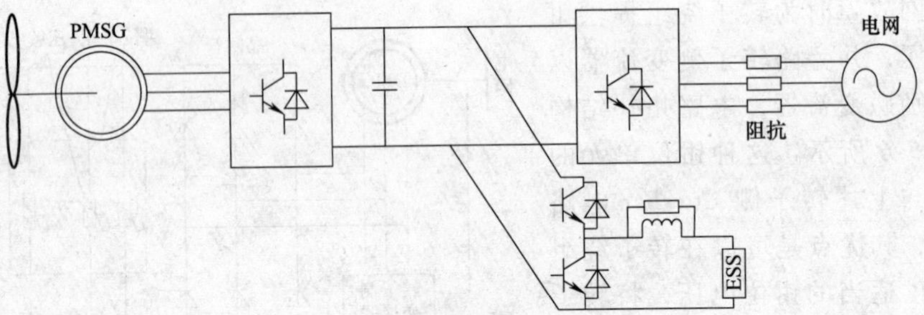

c) 增加储能设备

图 5-7 直驱式系统直流侧保护电路

2. 采用辅助变流器的保护电路

电网电压跌落时，对变流器的主要影响是过电流和直流侧电压上升，因此可以在直流侧和电网之间增加辅助变流器来实现保护功能。图 5-8 是采用并联辅助变流器的保护电路，图 5-9 是采用串联辅助变流器的保护电路。并联辅助变流器在电网正常时不参与工作，发生电压跌落等故障时，网侧变流器采用的 IGBT、IGCT（集成门极换向晶闸管）等功率器件所能承受的过电流有限，而辅助变流器采用 GTO 晶闸管等通流能力较强、成本相对较低的器件，可以承受较大的有功电流，因而在电网电压较低时，变流器可以输出较大的电流，使输出功率与故障前保持一致，保证直流侧的功率平衡。电网电压恢复正常后，关闭辅助变流器，使网侧变流器恢复正常输出。这种方式必须根据电网电压允许跌落的深度，确定辅助变流器的电流等级，当电压跌落较多时，需要辅助变流器的容量也较大。另外，由于 GTO 晶闸管等器件开关速度较慢，在故障期间会产生一定的谐波注入电网。

故障期间采用并联变流器较容易实现向电网注入电流，但需要较大的有功电流，而串联辅助变流器需要相对较小的有功电流。图 5-9 中，附加的电压源型变流器（VSI）输入侧与直流母线连接，输出侧通过变压器接入电网，在电压跌落发生时，可以通过在电网电压上串联一个补偿电压，把直流侧的能量馈入电网，提供网侧变流器的功率输出。为保证输出电压波形接近正弦波，串联型辅助 VSI 电路结构通常与网侧变流器一致，采用 IGBT 等全控型功率器件，但是功率等级比网侧变流器要小，这种方式具有较好的补偿性能和较快的响应速度，但是成本较高，控制也比较复杂。

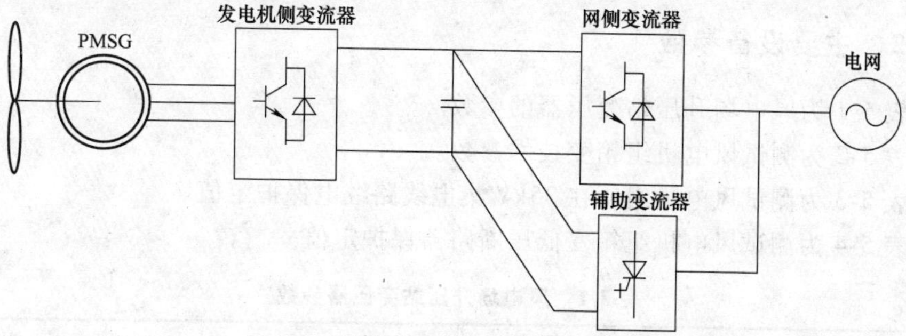

图 5-8 直驱式系统增加并联辅助变流器的保护电路

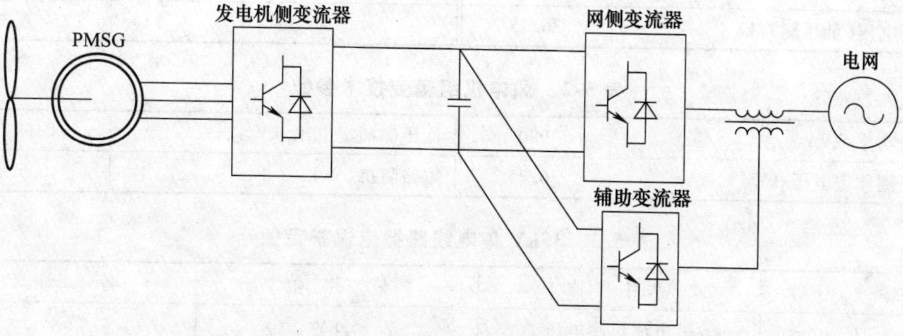

图 5-9 直驱式系统增加串联辅助变流器的保护电路

5.2 低电压穿越测试实例

依据国家标准 GB/T 19963—2011《风电场接入电力系统技术规定》和 IEC

61400-21：2008《风力涡轮机　第21部分：并网风力涡轮机的功率质量特性的测量和评估》，对该风电场某典型风电机组进行了低电压穿越功能现场测试。

测试采用基于阻抗分压原理的低电压穿越试验设备，并将设备串接在被检测风电机组和箱变之间。分别在风电机组小功率输出（$0.1P_n \leqslant P \leqslant 0.3P_n$）和大功率输出（$P \geqslant 0.9P_n$）两种工况下，测试风电机组箱变低压侧发生三相短路、两相短路时的低电压穿越特性。测试期间，电压跌落残余值分别为75% U_n、50% U_n 和20% U_n。

测试数据主要包括风电机组出口处三相电压、三相电流和风电机组有功功率、无功功率。

5.2.1　风电场概况

该风电场全部安装850kW的GHFD56-850/Ⅱ-2型风电机组，采用一机一变方式分别由35kV线路连接至风电场升压站。

5.2.2　主要设备参数

表5-1为风电场升压站变压器的参数。

表5-2为测试风电机组箱变技术参数。

表5-3为测试风电机组所在35kV集电线路继电保护定值。

表5-4为测试风电机组箱变低压断路器保护定值。

表5-1　风电场升压站变压器参数

额定功率/MVA	100	短路阻抗(%)	13.89
额定电压(高压侧)/kV	230	负载损耗/kW	355.737
额定电压(低压侧)/kV	36.75		

表5-2　风电机组箱变技术参数

额定功率/kVA	900	低压侧额定电压/kV	0.69
中压侧额定电压/kV	36.75	短路阻抗(%)	6.5

表5-3　35kV集电线路继电保护定值

序　号	项目名称	整定值	备　注
1	过电流负序电压	5.8V	
2	过电流低电压	47V	
3	过电流一段	9.5A,0s	CT电流比:400/5
4	过电流二段	6.4A,0.2s	
5	零序电流一段	2.2A,0.1s	零序CT电流比:75/5
6	过负荷保护电流定值	4.2A,14s	

表 5-4　箱变低压断路器保护定值

序号	项目名称	整定值
1	过电流一段	10kA,0s
2	过电流二段	3kA,0.2s
3	过电流长延时	1kA,25s

5.3　风电机组基本参数

被测风电机组为无刷电励磁同步风电机组。

表 5-5 为风电机组的基本信息。

表 5-6 为风电机组的额定参数。

表 5-7 为风电机组的保护定值。

表 5-5　某典型风电机组基本信息

风电机组类型(水平轴/垂直轴)	三叶片、水平轴、上风向
轮毂高度	70m
叶片控制(变桨/失速)	变桨
转速控制(定速/双速/变速)	变速
控制系统型号和软件版本	KN-WTCS850-DD-2,V9.0.2
叶片类型和序列号	27.4m,007.008.011
叶片长度	27.4m
齿轮箱类型和序列号	FL850H-WXA,F6548
发电机类型和序列号	无刷电励磁同步发电机,TA110100039
变流器类型和序列号	全功率变流器,30080053A001180017
变流器 CHOPPER 型号	HWCCB1500-2,电阻 0.75Ω

表 5-6　风电机组额定参数

额定功率/kW	850
额定风速/(m/s)	13.5
额定无功功率/kvar	400
额定电流/A	2×365
额定电压/V	690
额定频率/Hz	57

表 5-7　风电机组的保护定值

序号	项目名称	整定值
1	电网过电压	772.8V,10ms
2	电网欠电压	552.0V,10ms
3	电网过频	55Hz,3.2s
4	电网欠频	45Hz,3.2ms
5	正常运行母线过电压	1176V,1ms
6	正常运行输入过电流	1136A,1ms

（续）

序号	项目名称	整定值
7	电网失电压	$0.15U_n$，1ms
8	低电压穿越功能	执行 Q/GDW 392 标准
9	电网跌落故障确认延时	3200ms
10	电网跌落低电压持续时间	625ms
11	电网跌落恢复总时间	3625ms
12	电网跌落电压最小值	$15\% U_n$

5.4 测试设备及程序

5.4.1 试验设备

低电压穿越试验设备包括串联、并联电抗器、开关、UPS 等设备。试验设备如图 5-10 所示，额定电压为 690V，额定容量为 3MVA。

低电压穿越测试现场如图 5-10 所示，测试电路结构如图 5-11 所示，此测试装置可产生不同类型（三相短路、两相短路）和不同跌落深度的电压跌落，可满足低电压穿越的测试要求。不同深度的电压跌落可以通过改变限流电抗器和短路电抗器的连接方式实现。

5.4.2 试验步骤

在低电压穿越功能试验中，风电机组软件、硬件均不允许做任何改动。风电机组低电压穿越试验内容如下：

1）风电机组未投入运行（以下简称“空载”）：进行两相、三相电压跌落测试，检验测试设备电压跌落配置情况。

2）风电机组小功率（$0.1P_n \leqslant P \leqslant 0.3P_n$）：进行两相、三相电压跌落测试。

3）风电机组大功率（$P \geqslant 0.9P_n$）：进行两相、三相电压跌落测试。

4）每个项目进行两次测试。

风电机组低电压穿越测试点的跌落幅值、跌落持续时间见表 5-8。

图 5-10 测试现场图

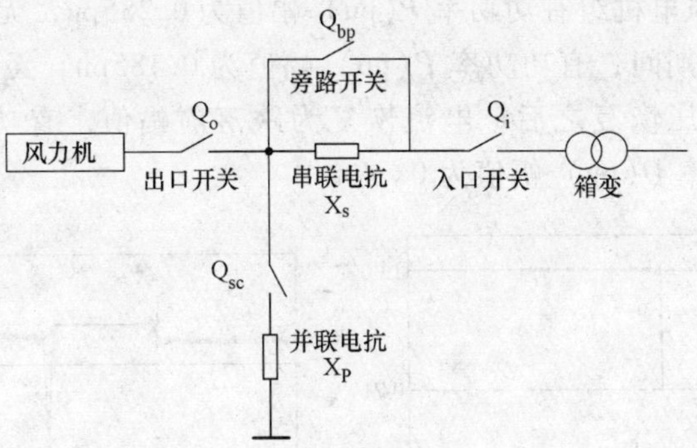

图 5-11　低电压穿越测试电路示意图

表 5-8　试验内容表

运 行 工 况	电压跌落幅值(pu)	跌落持续时间/ms
$0.1P_n \leqslant P \leqslant 0.3P_n$	0.75	1705
	0.50	1214
	0.20	625
$P \geqslant 0.9P_n$	0.75	1705
	0.50	1214
	0.20	625

5.5　测试实例分析

通过对表 5-8 列出的风电机组 2 种运行工况（小功率输出、大功率输出）、2 种电压跌落类型（三相、两相）和 3 种电压跌落情况（75% U_e、50% U_e、20% U_e），总计 12 项试验数据的分析，综合判断 GHFD56-850/Ⅱ-2 型风电机组低电压穿越特性。

以下波形图中均以标幺值标注，基准值分别取为风电机组出口线电压 U_e = 690V、风电机组出口电流 I_e = 710A、风电机组额定功率 P_e = 850kW。

5.5.1　电压跌落至 75% U_e

风电机组出口电压跌落至 75% U_e 工况时，分别分析了风电机组小功率输出时，三相电压跌落对风电机组特性的影响；风电机组大功率输出时，三相电压跌落对风电机组特性的影响；风电机组小功率输出时，两相电压跌落对风电机组特性的影响；风电机组大功率输出时，两相电压跌落对风电机组特性的影响。

5.5.1.1　三相跌落，$0.1P_e \leqslant P \leqslant 0.3P_e$

由图 5-12 可见，电压跌落前，风电机组线电压 U_e 幅值为 1.0pu；跌落期间降至 0.71pu；电压跌落持续时间为 1705ms。电压跌落前，风电机组电流 I(pu)

幅值为 0. 26pu，风电机组有功功率 P(pu) 幅值为 0. 255pu，无功功率 Q(pu) 幅值为 0；电压跌落期间，有功功率 P(pu) 幅值为 0. 185pu，无功功率 Q(pu) 幅值为 0. 085pu；电压恢复之后，电流恢复为跌落前幅值，有功功率恢复到幅值 0. 265pu，无功功率 Q(pu) 幅值为 0。

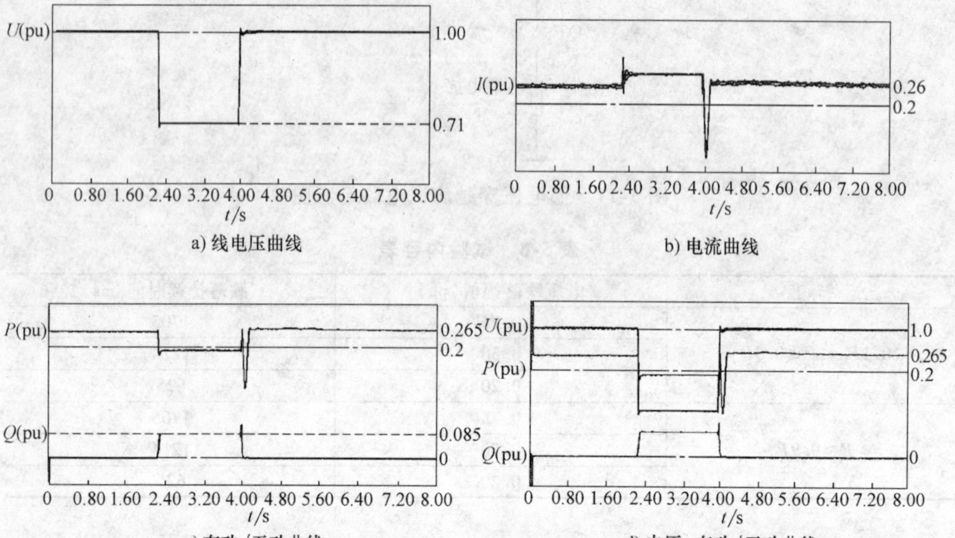

a) 线电压曲线　　b) 电流曲线

c) 有功/无功曲线　　d) 电压、有功/无功曲线

图 5-12　电压跌落至 75% U_e（三相跌落，小功率）时的运行情况

由试验数据曲线图 5-12d 可见，电压跌落期间，风电机组有功功率减小，无功功率增大，跌落持续 1705ms；电压恢复之后，有功功率经过 0. 17s 的振荡后恢复到跌落前幅值，之后随风速输出实时功率。整个试验过程中风电机组的状态为未脱网连续运行。

5. 5. 1. 2　三相跌落，$P \geq 0.9P_e$

由图 5-13 可见，电压跌落前，风电机组线电压 U_e 幅值为 1. 01pu；跌落期间降至 0. 71pu；电压跌落持续时间为 1705ms。电压跌落前，风电机组电流 I(pu) 幅值为 0. 7pu，风电机组有功功率 P(pu) 幅值为 0. 71pu，无功功率 Q(pu) 幅值为 0；电压跌落期间，有功功率 P(pu) 幅值约跌至 0. 5pu，无功功率 Q(pu) 幅值为 0. 04pu；电压恢复之后，电流恢复为跌落前幅值，有功功率恢复到幅值 0. 78pu，无功功率 Q(pu) 幅值为 0。

由试验数据曲线图 5-13d 可见，电压跌落期间，风电机组有功功率减小，无功功率增大，跌落持续 1705ms；电压恢复之后，有功功率经过 0. 19s 的振荡后恢复到跌落前幅值，之后随风速输出实时功率。整个试验过程中风电机组的状态为未脱网连续运行。

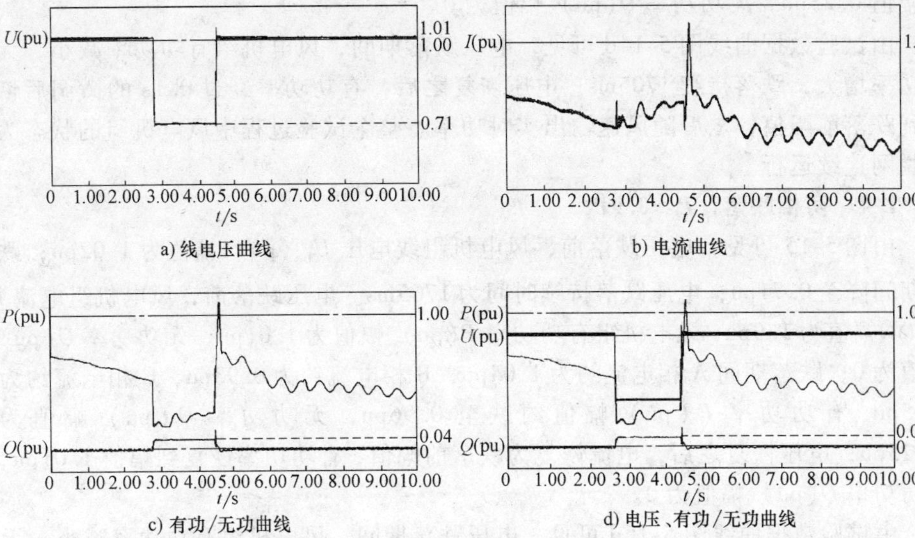

a) 线电压曲线　b) 电流曲线

c) 有功/无功曲线　d) 电压、有功/无功曲线

图 5-13　电压跌落至 75% U_e（三相跌落，大功率）时的运行情况

5.5.1.3　两相跌落，$0.1P_e \leqslant P \leqslant 0.3P_e$

由图 5-14 可见，电压跌落前，风电机组线电压 U_{bc}(pu) 幅值为 1.0pu；跌落期间降至 0.71pu；电压跌落持续时间为 1705ms。电压跌落前，风电机组电流 I(pu)幅值为 0.21pu，风电机组有功功率 P(pu) 幅值为 0.21pu，无功功率 Q(pu)幅值为 0；电压跌落期间，有功功率 P(pu) 幅值约为 0.25pu，无功功率 Q(pu) 幅值为 0.01pu;；电压恢复之后，电流恢复为跌落前幅值有功功率恢复

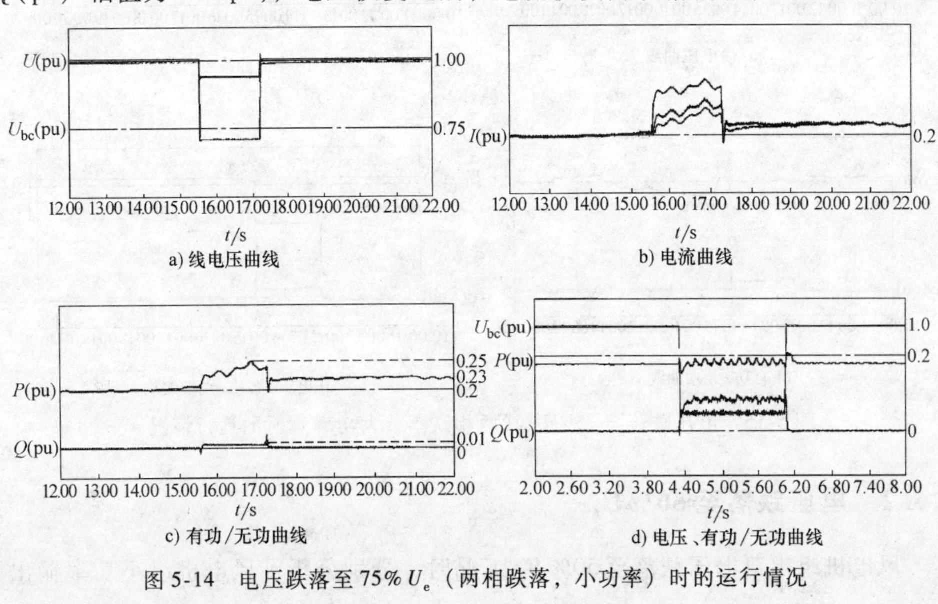

a) 线电压曲线　b) 电流曲线

c) 有功/无功曲线　d) 电压、有功/无功曲线

图 5-14　电压跌落至 75% U_e（两相跌落，小功率）时的运行情况

到幅值 0. 23pu，无功功率 Q(pu) 幅值为 0。

由试验数据曲线图 5-14d 可见，电压跌落期间，风电机组有功功率减小，无功功率增大，跌落持续 1705ms；电压恢复之后，有功功率经过 0. 1s 的微调后恢复到跌落前幅值，之后随风速输出实时功率。整个试验过程中风电机组的状态为未脱网连续运行。

5. 5. 1. 4　两相跌落，$P \geqslant 0.9P_e$

由图 5-15 可见，电压跌落前，风电机组线电压 U_{bc}(pu) 幅值为 1. 02pu；跌落期间降至 0. 71pu；电压跌落持续时间为 1705ms。电压跌落前，风电机组电流 I(pu) 幅值为 1. 0pu，风电机组有功功率 P(pu) 幅值为 1. 01pu，无功功率 Q(pu) 幅值为 0；跌落期间 A 相电流约为 1. 04pu，B 相电流约为 0. 93pu，C 相电流约为 1. 25pu，有功功率 P(pu) 幅值约跌至 0. 96pu，无功功率 Q(pu) 幅值为 0. 025pu；电压恢复之后，电流恢复为跌落前幅值，有功功率恢复到幅值 1. 01pu，无功功率 Q(pu) 幅值为 0。

由试验数据曲线图 5-15d 可见，电压跌落期间，风电机组有功功率减小，无功功率增大，跌落持续 1705ms；电压恢复之后，有功功率经过 0. 15s 的振荡后恢复到跌落前幅值，之后随风速输出实时功率。整个试验过程中风电机组的状态为未脱网连续运行。

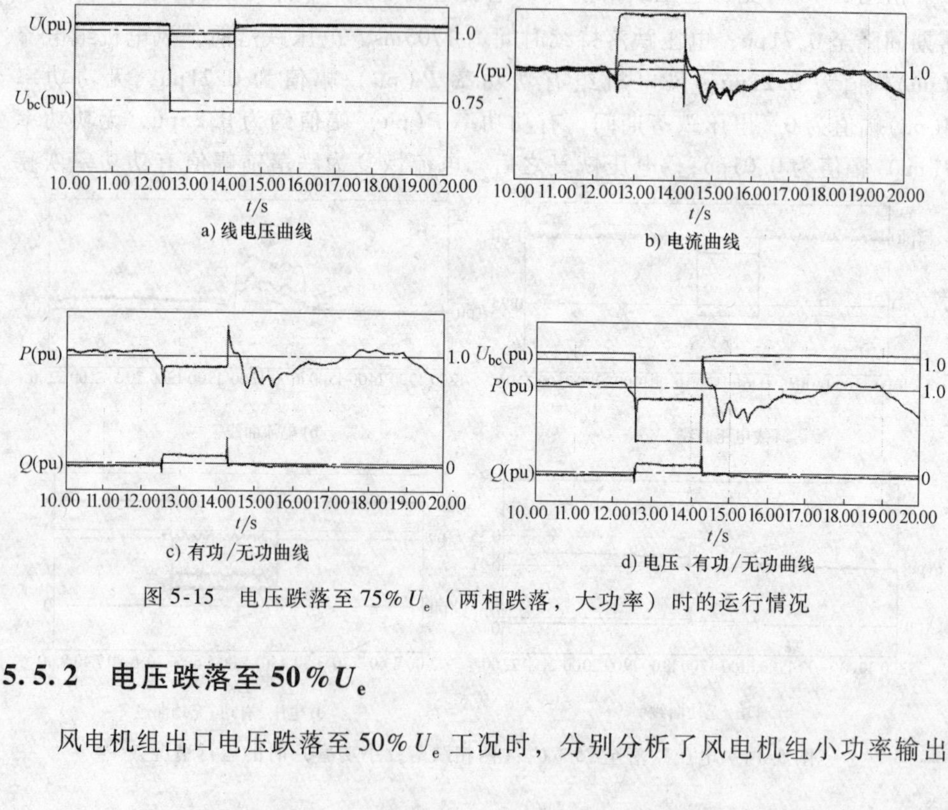

a) 线电压曲线　b) 电流曲线　c) 有功/无功曲线　d) 电压、有功/无功曲线

图 5-15　电压跌落至 75% U_e（两相跌落，大功率）时的运行情况

5. 5. 2　电压跌落至 50% U_e

风电机组出口电压跌落至 50% U_e 工况时，分别分析了风电机组小功率输出

时，三相电压跌落对风电机组特性的影响；风电机组大功率输出时，三相电压跌落对风电机组特性的影响；风电机组小功率输出时，两相电压跌落对风电机组特性的影响；风电机组大功率输出时，两相电压跌落对风电机组特性的影响。

5.5.2.1　三相跌落，$0.1P_e \leqslant P \leqslant 0.3P_e$

由图5-16可见，电压跌落前，风电机组线电压 U_e 幅值为1.0pu；跌落期间降至0.50pu；电压跌落持续时间为1214ms。电压跌落前，风电机组电流 I(pu)幅值为0.21pu，有功功率 P(pu) 幅值为0.21pu，无功功率 Q(pu) 幅值为0；跌落期间电流约为0.48pu，有功功率 P(pu) 幅值为0.23pu，无功功率 Q(pu)幅值为0.02pu；电压恢复之后，电流恢复为跌落前幅值，有功功率恢复到幅值0.22pu，无功功率 Q(pu) 幅值为0。

由试验数据曲线图5-16d可见，电压跌落期间，风电机组有功功率减小，无功功率增大，跌落持续1214ms；电压恢复之后，有功功率经过0.1s的微调后恢复到跌落前幅值，之后随风速输出实时功率。整个试验过程中风电机组的状态为未脱网连续运行。

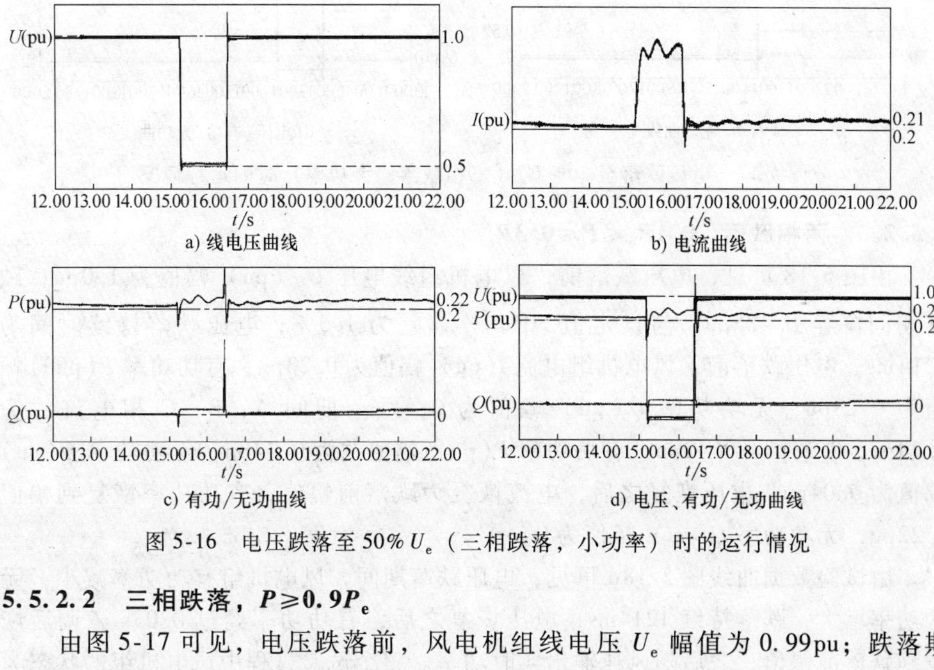

a) 线电压曲线　b) 电流曲线

c) 有功/无功曲线　d) 电压、有功/无功曲线

图5-16　电压跌落至50% U_e（三相跌落，小功率）时的运行情况

5.5.2.2　三相跌落，$P \geqslant 0.9P_e$

由图5-17可见，电压跌落前，风电机组线电压 U_e 幅值为0.99pu；跌落期间降至0.50pu；电压跌落持续时间为1214ms。电压跌落前，风电机组电流 I(pu) 幅值为0.93pu，有功功率 P(pu) 幅值为0.92pu，无功功率 Q(pu) 幅值为0；跌落期间A、B相电流为1.07pu，C相电流为1.04pu，有功功率 P(pu)幅值最低跌至0.52pu，无功功率 Q(pu) 幅值为0.01pu；电压恢复之后，电流恢

复为跌落前幅值，有功功率恢复到幅值 0.95pu，无功功率 Q(pu) 幅值为 0。

由试验数据曲线图 5-17d 可见，电压跌落期间，风电机组有功功率减小，无功功率增大，跌落持续 1214ms；电压恢复之后，有功功率经过 0.13s 的振荡后恢复到跌落前幅值，之后随风速输出实时功率。整个试验过程中风电机组的状态为未脱网连续运行。

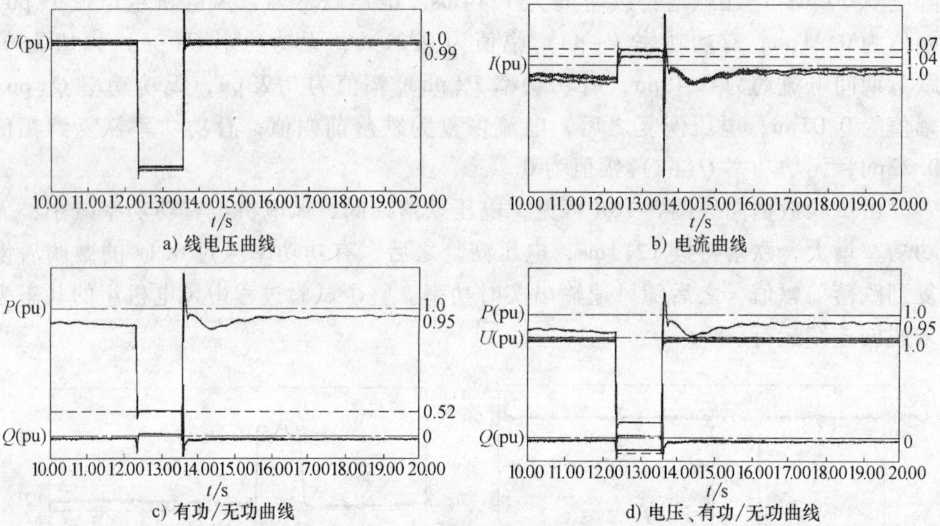

图 5-17 电压跌落至 50% U_e（三相跌落，大功率）时的运行情况

5.5.2.3 两相跌落，$0.1P_e \leqslant P \leqslant 0.3P_e$

由图 5-18 可见，电压跌落前，风电机组线电压 U_{bc}(pu) 幅值为 1.0pu；跌落期间降至 0.485pu，与设定值 50% U_e 偏差为 1.5%；电压跌落持续时间为 1214ms。电压跌落前，风电机组电流 I(pu) 幅值为 0.23pu，有功功率 P(pu) 幅值为 0.23pu，无功功率 Q(pu) 幅值为 0；跌落期间 A、B、C 相电流约为 0.29pu、0.23pu、0.42pu，有功功率 P(pu) 幅值约为 0.24pu，无功功率 Q(pu) 幅值为 0.04pu；电压恢复之后，电流恢复为跌落前幅值，有功功率恢复到幅值 0.22pu，无功功率 Q(pu) 幅值为 0。

由试验数据曲线图 5-18d 可见，电压跌落期间，风电机组有功功率减小，无功功率增大，跌落持续 1214ms；电压恢复之后，有功功率经过 0.03s 微调后恢复到跌落前幅值，之后随风速输出实时功率。整个试验过程中风电机组的状态为未脱网连续运行。

5.5.2.4 两相跌落，$P \geqslant 0.9P_e$

由图 5-19 可见，电压跌落前，风电机组线电压 U_{bc}(pu) 幅值为 1.0pu；跌落期间降至 0.48pu；电压跌落持续时间为 1214ms。电压跌落前，风电机组电流

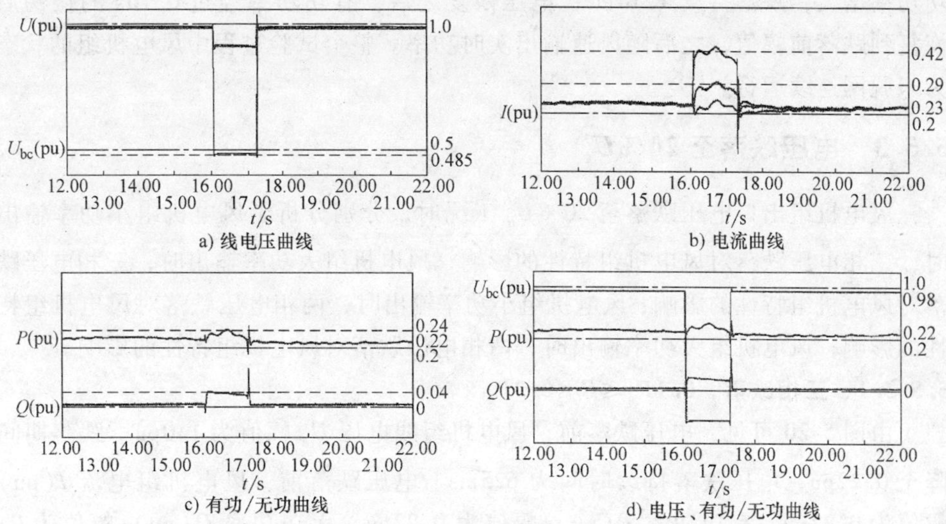

图 5-18　电压跌落至 50% U_e（两相跌落，小功率）时的运行情况

I(pu)幅值为 0.93pu，有功功率 P(pu) 幅值为 0.93pu，无功功率 Q(pu) 幅值为 0；跌落期间 C 相电流约为 1.34pu，A 相电流约为 1.0pu，B 相电流约为 0.93pu，有功功率 P(pu) 幅值约为 0.89pu，无功功率 Q(pu) 幅值为 0.15pu；电压恢复之后，电流恢复为跌落前幅值，有功功率恢复到幅值 1.02pu，无功功率 Q(pu) 幅值为 0。

由试验数据曲线图 5-19d 可见，电压跌落期间，风电机组有功功率减小，无

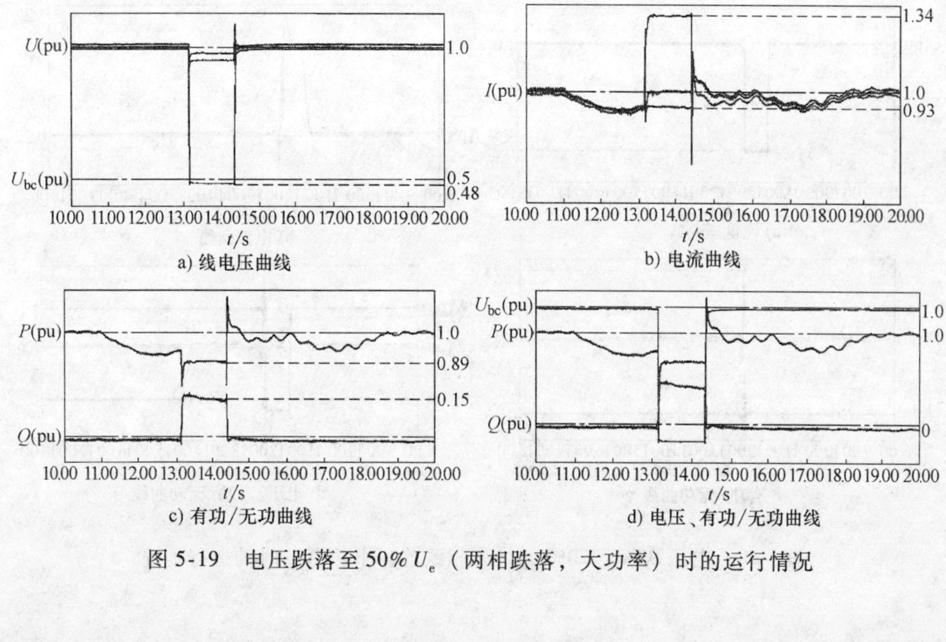

图 5-19　电压跌落至 50% U_e（两相跌落，大功率）时的运行情况

功功率增大，跌落持续 1214ms；电压恢复之后，有功功率经过 0.16s 的振荡后恢复到跌落前幅值，之后随风速输出实时功率。整个试验过程中风电机组的状态为未脱网连续运行。

5.5.3 电压跌落至 20%U_e

风电机组出口电压跌落至 20% U_e 工况时，分别分析了风电机组小功率输出时，三相电压跌落对风电机组特性的影响；风电机组大功率输出时，三相电压跌落对风电机组特性的影响；风电机组小功率输出时，两相电压跌落对风电机组特性的影响；风电机组大功率输出时，两相电压跌落对风电机组特性的影响。

5.5.3.1 三相跌落，$0.1P_e \leqslant P \leqslant 0.3P_e$

由图 5-20 可见，电压跌落前，风电机组线电压 U_e 幅值为 1.0pu；跌落期间降至 0.22pu；电压跌落持续时间为 625ms。电压跌落前，风电机组电流 I(pu) 幅值为 0.22pu，有功功率 P(pu) 幅值为 0.22pu，无功功率 Q(pu) 幅值为 0；跌落期间最大电流约为 1.22pu，有功功率 P(pu) 幅值最大为为 0.78pu，无功功率 Q(pu) 幅值为 0.02pu；电压恢复之后，电流恢复为跌落前幅值，有功功率恢复到幅值 0.22pu，无功功率 Q(pu) 幅值为 0。

由试验数据曲线图 5-20d 可见，电压跌落期间，风电机组有功功率减小，无功功率增大，跌落持续 625ms；电压恢复之后，有功功率经过 0.16s 的振荡后恢复到跌落前幅值，之后随风速输出实时功率。整个试验过程中风电机组的状态为未脱网连续运行。

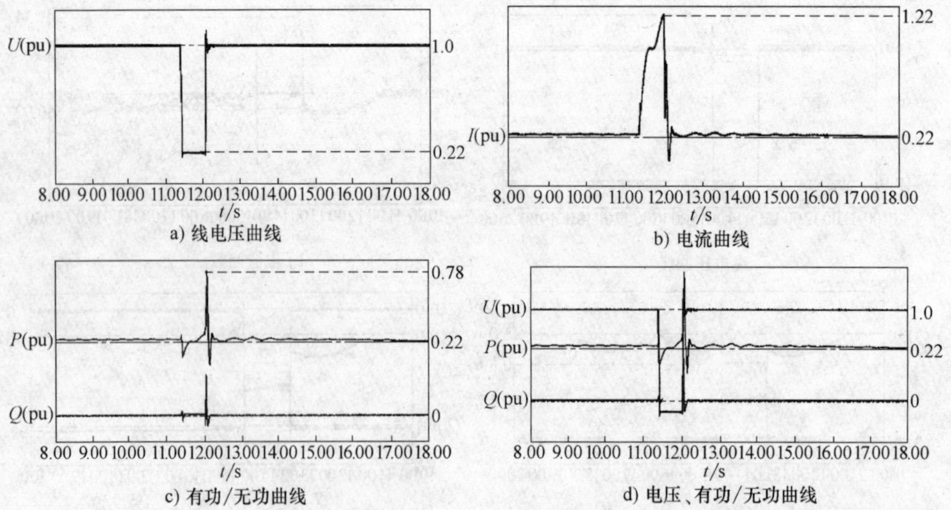

a) 线电压曲线　b) 电流曲线　c) 有功/无功曲线　d) 电压、有功/无功曲线

图 5-20 电压跌落至 20% U_e（三相跌落，小功率）时的运行情况

5.5.3.2　三相跌落，$P \geqslant 0.9P_e$

由图5-21可见，电压跌落前，风电机组线电压 U_e 幅值为1.0pu；跌落期间降至0.22pu；电压跌落持续时间为625ms。电压跌落前，风电机组电流 I(pu)幅值为1.0pu，有功功率 P(pu) 幅值为1.0pu，无功功率 Q(pu) 幅值为0；电压跌落期间，有功功率 P(pu) 幅值最低跌至0.24pu，无功功率 Q(pu) 幅值为0.01pu电压恢复之后，电流恢复为跌落前幅值，有功功率恢复到幅值0.98pu，无功功率 Q(pu) 幅值为0。

由试验数据曲线图5-21d可见，电压跌落期间，风电机组有功功率减小，无功功率增大，跌落持续625ms；电压恢复之后，有功功率经过0.15s的振荡后恢复到跌落前幅值，之后随风速输出实时功率。整个试验过程中风电机组的状态为未脱网连续运行。

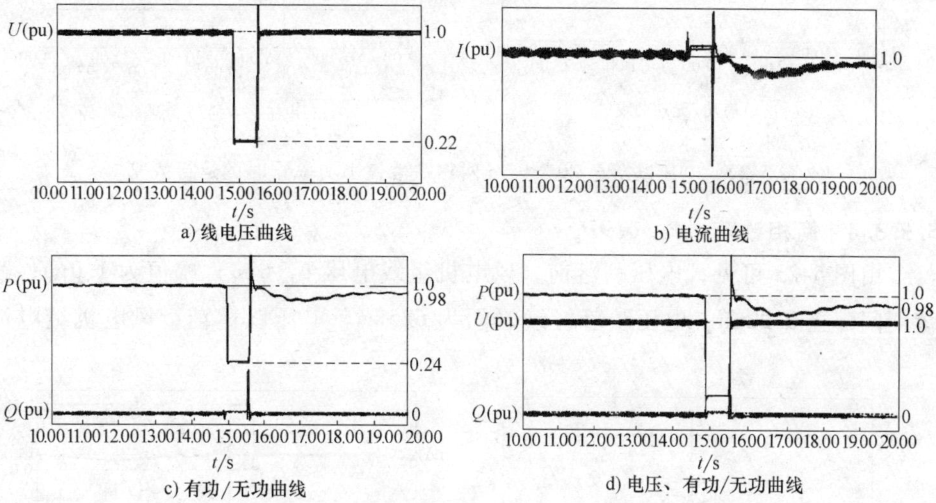

图5-21　电压跌落至20% U_e（三相跌落，大功率）时的运行情况

5.5.3.3　两相跌落，$0.1P_e \leqslant P \leqslant 0.3P_e$

由图5-22可见，电压跌落前，风电机组线电压 U_{bc}(pu) 幅值为1.01pu；跌落期间降至0.215pu；电压跌落持续时间为625ms。电压跌落前，风电机组电流 I(pu)幅值为0.21pu，有功功率 P(pu) 幅值为0.21pu，无功功率 Q(pu) 幅值为0；跌落期间A、B、C相电流约为0.4pu、0.3pu、0.58pu，有功功率 P(pu) 幅值约为0.3pu，无功功率 Q(pu) 幅值为0.11pu；电压恢复之后，电流恢复为跌落前幅值，有功功率恢复到幅值0.22pu，无功功率 Q(pu) 幅值为0。

由试验数据曲线图5-22d可见，电压跌落期间，风电机组有功功率减小，无功功率增大，跌落持续625ms；电压恢复之后，有功功率经过0.13s的振荡后恢复到跌落前幅值，之后随风速输出实时功率。整个试验过程中风电机组的状态为未脱网连续运行。

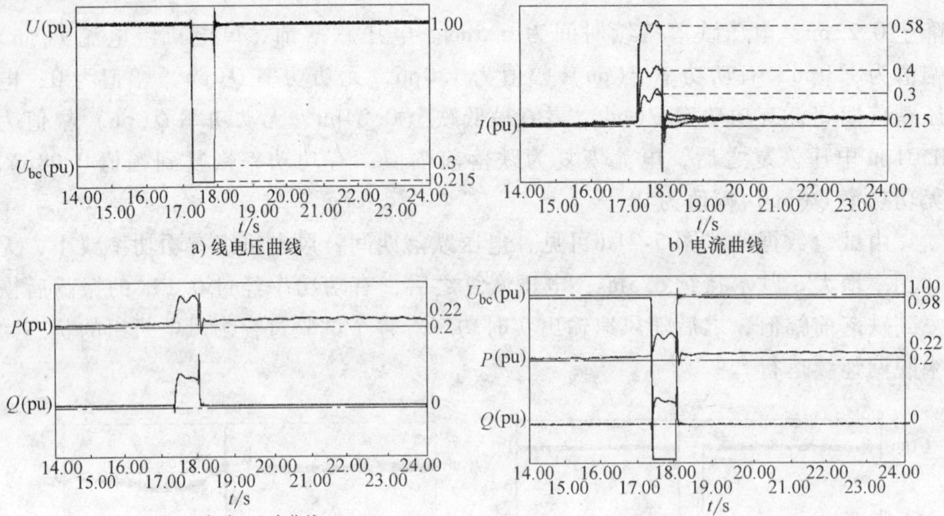

a) 线电压曲线　b) 电流曲线　c) 有功/无功曲线　d) 电压、有功/无功曲线

图 5-22　电压跌落至 20% U_e（两相跌落，小功率）时的运行情况

5.5.3.4　两相跌落，$P \geqslant 0.9P_e$

由图 5-23 可见，电压跌落前，风电机组线电压 U_{bc}（pu）幅值为 1.0pu；跌落期间降至 0.22pu；电压跌落持续时间为 625ms。电压跌落前，风电机组电流

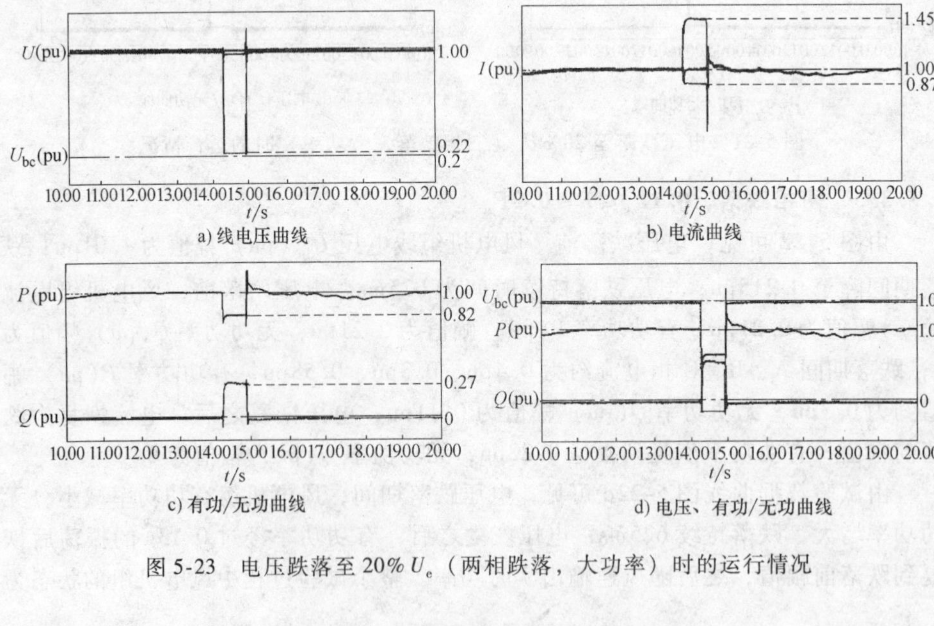

a) 线电压曲线　b) 电流曲线　c) 有功/无功曲线　d) 电压、有功/无功曲线

图 5-23　电压跌落至 20% U_e（两相跌落，大功率）时的运行情况

I(pu)幅值为 1.0pu，有功功率 P(pu) 幅值为 1.0pu，无功功率 Q(pu) 幅值为 0；跌落期间 A、B、C 相电流约为 1.0pu、0.87pu、1.45pu，有功功率 P(pu) 幅值约为 0.82pu，无功功率 Q(pu) 幅值为 0.27pu；电压恢复之后，电流恢复为跌落前幅值，有功功率恢复到幅值 1.03pu，无功功率 Q(pu) 幅值为 0。

由试验数据曲线图 5-23d 可见，电压跌落期间，风电机组有功功率减小，无功功率增大，跌落持续 625ms；电压恢复之后，有功功率经过 0.18s 的振荡后恢复到跌落前幅值，之后随风速输出实时功率。整个试验过程中风电机组的状态为未脱网连续运行。

第6章 风电场电能质量测试

随着风电在电网中所占份额的逐步增大，由并网所造成的电能质量问题日益严重。风电场电能质量的优劣对电力系统产生直接的影响，加强风电场的电能质量监测工作十分必要。本章在对电能质量的主要内容和风电系统电能质量测试做简要介绍的基础上，对两个典型风电场（一个风电场以双馈式机组为主，另一个以直驱式机组为主）进行电能质量测试，目的是掌握其电能质量状况，风电场有条件时采取措施改善电能质量，以确保电力系统与风电场的安全稳定运行。测试有助于风电制造商、风电场操作员和电网运营商采取正确的措施和决定，可改善电力系统电能质量。

6.1 电能质量

电能质量描述的是通过公用电网供给用户端的交流电能的品质。理想状态的公用电网应以恒定的频率、正弦波形和标准电压对用户供电。同时，在三相交流系统中，还要求各相电压和电流的幅值应大小相等、相位互差120°。但由于系统中的发电机、变压器、输电线路和各种设备的非线性或不对称性，负荷性质多变，加之调控手段不完善及运行操作、外来干扰和各种故障等原因，这种理想状态并不存在，因此产生了电网运行、电力设备和供用电环节中的各种问题，也就产生了电能质量的含义，从不同角度理解通常包括：

1）电压质量是以实际电压与理想电压的偏差，反映供电企业向用户供应的电压是否合格的概念。这个定义能包括大多数电能质量问题，但不能包括频率造成的电能质量问题，也不包括用电设备对电网电能质量的影响和污染。

2）电流质量反映了与电压质量有密切关系的电流的变化，是电力用户除对交流电源有恒定频率、正弦波形的要求外，还要求电流波形与供电电压同相位，以保证高功率因数运行。这个定义有助于电网电能质量的改善和降低线损，但不包括大多数电压原因造成的电能质量问题。

3）供电质量的技术含义是指电压质量和供电可靠性，非技术含义是指服务质量。包括供电企业对用户投诉的反应速度以及电价组成的合理性、透明度等。

4）用电质量包括电流质量，还包括反映供用电双方相互作用和影响中的用电方的权利、责任和义务，电力用户是否按期、如数缴纳电费等。

国内外对电能质量确切的定义至今尚没有形成统一的共识。但大多数专家认为，电能质量的定义应理解为导致用户电力设备不能正常工作的电压、电流或频率偏差，造成电力设备故障或误动作的任何电力问题都是电能质量问题。

IEC61000-2-2/4 标准将电能质量定义为供电装置正常工作情况下不中断和干扰用户使用电力的物理特性。

IEEE 协调委员会对电能质量的技术定义为合格的电能质量是指给敏感设备提供的电力和设置的接地系统均是适合该设备正常工作的。

无论如何表达，电能质量的概念中应包括电能供应过程中所要考虑的一切方面。我国根据自己的基本国情和参考国际电工委员会的标准，颁布了一系列符合我国国情的电能质量国家标准，对电能质量现象给出了具体的描述和分类，主要如下：

1）供电电压偏差标准。

2）电力系统频率偏差标准。

3）公用电网谐波标准。

4）电压波动和闪变标准。

5）三相电压不平衡标准。

6）暂时过电压和瞬态过电压标准。

6.1.1　供电电压偏差

供电电压偏差是指电力系统各处的电压允许偏离其额定值的百分比。由于电网各点的电压调节不像频率调节那样由电网统一进行，又由于电网各点电压主要反映了该点无功功率的供需关系，因此电压调节一般采取按无功就地平衡原则进行无功功率补偿，并及时调整无功功率补偿量，以从源头上解决问题。也有采取调整同步发电机励磁电流的方式，以产生超前或滞后的无功功率，从而达到改善网络负荷的功率因数和调整电压偏差的目的。还有利用有载调压变压器，采取对电压偏差及时调整的方式。因为从总体上考虑，无功负荷只宜将功率因数补偿到0.90～0.95，此时仍然有一部分变化无功负荷要电网供给，从而产生电压偏差。

国家标准 GB/T 12325—2008《电能质量　供电电压偏差》基本内容如下：

（1）适用范围　该标准规定了电网供电电压偏差的限值、测量和合格率统计。该标准适用于交流 50Hz 电力系统在正常运行条件下供电电压对系统标称电压的偏差。

（2）供电电压允许偏差的限值

1）35kV 及以上供电电压正、负偏差的绝对值之和不超过额定电压的 10%。注：如供电电压上、下偏差同号（均正或均负）时，按较大的偏差绝对值作为衡量依据。

2）20kV 及以下三相供电电压偏差为标称电压的 ±7%。

3）220V 单相供电电压偏差为标称电压的 +7%，-10%。

4）对供电点短路容量较小、供电距离较长以及对供电电压偏差有特殊要求的用户，由供、用电双方协议确定。

6.1.2 电力系统频率偏差

电力系统频率是电能质量的基本指标之一。电力系统正常运行工况下，应在额定频率下运行。系统中的所有电气设备只有在额定频率下才能获得最好的可靠性和经济性，这是在设计时被确定的。电力系统负荷的大小每时每刻在不断变动，电源出力及其频率调节系统跟随负荷变化又有一定的惯性，致使系统频率总是处于变动的状态之中。因此，必须对运行频率规定允许的偏差范围，以确保运行的可靠性和经济性。

原电力工业部 1980 年 8 月颁发的《动力系统调度管理规程》第 35 条规定：系统周率（即频率）标准是 50 周/秒，周率偏差不得超过 ±0.5 周/秒，容量较大的系统及有条件的应努力使周率偏差不超过 ±0.2 周/秒，禁止升高或降低周率运行。该规程完全是要求供电方遵守的行业强制性标准。规程中视电网容量大小，对频率允许偏差范围作了两个档次的要求。±0.5Hz 是强制性的要求，且禁止升高或降低周率运行。±0.2Hz 是对容量较大且有条件的系统，要求其通过努力减小频率允许偏差范围，以提高频率质量。这是因为在容量大的系统中（以电网容量 3000MW 为下限）大容量机组（300MW 及以上）多，机组要求频率偏差小。大容量系统中负荷种类也多，其中必有一些负荷也要求频率偏差的幅值相对较小，因此，大容量系统也有条件将频率允许偏差范围减小。

国家标准 GB/T 15945—2008《电能质量　电力系统频率偏差》基本内容：

（1）适用范围　该标准规定了标称频率为 50Hz 的电力系统频率偏差限值、测量及合格率的统计方法。该标准不适用于电器设备的频率偏差限值。

（2）频率偏差限值

1）电力系统正常运行条件下频率偏差限值为 ±0.2Hz。当系统容量较小时，偏差限值可以放宽到 ±0.5Hz。

2）冲击负荷引起的系统频率变化为 ±0.2Hz，根据冲击负荷性质和大小以及系统的条件也可适当变动，但应保证近区电力网、发电机组和用户的安全、稳定运行以及正常供电。

3）通过监测及直接或间接地统计频率超限时间以获得表征电网频率在限值以内的一种方法。统计时间以 s 为单位，计算公式如下：

$$\text{频率合格率} = \left(1 - \frac{\text{频率超限时间}}{\text{总运行统计时间}}\right) \times 100\%$$

6.1.3　电力系统谐波

1822年，法国数学家傅里叶（J. Fourier，1768—1830）指出，一个任意函数都可以分解为无穷多个不同频率正弦信号的和。基于此，国际电工委员会（International Electrotechnical Commission，IEC）标准（IEC 555-2：1982）定义谐波为谐波分量为周期量的傅里叶级数中大于1的 h 次分量（见IEV 101-04-39）。把谐波次数 h 定义为以谐波频率和基波频率的整数倍。总结两者，目前国际普遍定义谐波为谐波是一个周期电气量的正弦波分量，其频率为基波频率的整数倍。

为了引起各方面对电力系统谐波问题及管理工作的重视，大力开展有关电力系统谐波的研究工作，1984年原水利电力部根据原国家经委批准的“供用电准则”制订和颁布了SD 126—1984《电力系统谐波管理暂时规定》。原国家技术监督局在1993年7月31日发布了GB/T 14549—1993《电能质量　公用电网谐波》，并于1994年3月1日起实施。

我国谐波标准GB/T 14549—1993《电能质量　公用电网谐波》是在总结执行SD 126—1984《电力系统谐波管理暂行规定》的经验，系统地研究了标准的有关问题，结合国情，吸取国外谐波标准研究成果的基础上提出的。标准中规定的公用电网谐波电压见表6-1。

表6-1　公用电网谐波电压（相电压）限值

电网标称电压/kV	电压总谐波畸变率(%)	各次谐波电压含有率(%)	
		奇次	偶次
0.38	5.0	4.0	2.0
6	4.0	3.2	1.6
10			
35	3.0	2.4	1.2
66			
110	2.0	1.6	0.8

电网公共连接点的全部用户向该点注入的谐波电流分量（方均根值）不应超过表6-1中规定值。当公共连接点处的最小短路容量不同于基准短路容量（见表6-2）时，其谐波电流允许值按式（6-1）换算求出：

$$I_h=\frac{S_{k1}}{S_{k2}}I_{hp} \tag{6-1}$$

式中，S_{k1} 表示公共连接点的最小短路容量（MVA）；S_{k2} 表示基准短路容量（MVA）；I_{hp} 表示第 h 次谐波电流允许值（见表6-2）（A）。

表 6-2 注入公共连接点的谐波电流允许值

标准电压 /kV	基准短路容量 /MVA	谐波次数及谐波电流允许值/A											
		2	3	4	5	6	7	8	9	10	11	12	13
0.38	10	78	62	39	62	26	44	19	21	16	28	13	24
6	100	43	34	21	34	14	24	11	11	8.5	16	7.1	13
10	100	26	20	13	20	8.5	15	6.4	6.8	5.1	9.3	4.3	7.9
35	250	15	12	7.7	12	5.1	8.8	3.8	4.1	3.1	5.6	2.6	4.7
66	500	16	13	8.1	13	5.4	9.3	4.1	4.3	3.3	5.9	2.7	5.0
110	700	12	9.6	6.0	9.6	4.0	6.8	3.0	3.2	2.4	4.3	2.0	3.7
标准电压 /kV	基准短路容量 /MVA	谐波次数及谐波电流允许值/A											
		14	15	16	17	18	19	20	21	22	23	24	25
0.38	10	11	12	9.7	18	8.6	16	7.8	8.9	7.1	14	6.5	12
6	100	6.1	6.8	5.3	10	4.7	9.0	4.3	4.9	3.9	7.4	3.6	6.8
10	100	3.7	4.1	3.2	6.0	2.8	5.4	2.6	2.9	2.3	4.5	2.1	4.1
35	250	2.2	2.5	1.9	3.6	1.7	3.2	1.5	1.8	1.4	2.7	1.3	2.5
66	500	2.3	2.6	2.0	3.8	1.8	3.4	1.6	1.9	1.5	2.8	1.4	2.6
110	700	1.7	1.9	1.5	2.8	1.3	2.5	1.2	1.4	1.1	2.1	1.0	1.9

注：220kV 基准短路容量取 2000MVA。

同一公共连接点的每个用户向电网注入的谐波电流允许值按此用户在该点的协议容量与其公共连接点的供电设备容量之比进行分配，即

$$I_{hi} = I_h (S_i / S_t)^{1/\alpha} \tag{6-2}$$

式中，S_i表示用户的用电协议容量（MVA）；S_t 表示公共连接点的供电设备容量（MVA）；α 表示相位叠加系数，按表 6-3 取值。

应注意，S_i是用电协议容量，有的用户为了提高供电可靠性，增装了备用容量，如果备用容量仅仅起替换作用（冷备用设备），则不应计入用电协议容量之内。S_t是供电设备容量，即应取该运行方式下的供电设备容量。

表 6-3 相位叠加系数 α

h	3	5	7	11	13	9, ≥13, 偶次
α	1.1	1.2	1.4	1.8	1.9	2

标准中推荐，两个谐波源的同次谐波电流 I_{h1}、I_{h2} 在一条线路同一相上叠加，当相位角不确定时按下式进行计算：

$$I_h = \sqrt{I_{h1}^2 + I_{h2}^2 + K_h I_{h1} I_{h2}} \tag{6-3}$$

式中，K_h 表示系数，按表 6-4 选取。式（6-3）也适用于谐波电压的叠加计算。

表 6-4 k_h 值

h	3	5	7	11	13	9, ≥13, 偶次
k_h	1.62	1.28	0.72	0.18	0.08	0

6.1.4 电压波动和闪变

1. 电压波动和闪变基本概念

电压波动（voltage fluctuation）为一系列电压变动或连续的电压偏差。电压

波动值为电压方均根值的两个极限值 U_{max} 和 U_{min} 之差 ΔU，常以额定电压 U_N 的百分数表示其相对百分值，即

$$\Delta V=\frac{\Delta U}{U_N}\times 100\%=\frac{U_{max}-U_{min}}{U_N}\times 100\%$$

闪变是灯光照明度不稳定造成的视感。

2. 电压波动和闪变的国家标准

国家标准《电能质量　电压波动和闪变》（GB/T 12326—2008）基本内容：

（1）适用范围　该标准规定了电压波动和闪变的限值及测试、计算和评估方法。该标准适用于交流 50Hz 电力系统正常运行方式下，由波动负荷引起的公共连接点电压的快速变动及由此可能引起人对灯光闪烁明显感觉的场合。

（2）电压波动限值　任何一个波动负荷用户在电力系统公共连接点产生的电压波动，其限值和电压变动频度、电压等级有关。对于电压变动频度较低（例如 $r\leqslant 1000$ 次/h）或规则的周期性电压波动，可通过测量电压方均根值曲线 $U(t)$ 确定其电压变动频度和电压变动值。电压波动限值见表 6-5。

表 6-5　电压波动限值

r/(次/h)	d(%)		r/(次/h)	d(%)	
	LV, MV	HV		LV, MV	HV
$r\leqslant 1$	4	3	$10\leqslant r\leqslant 100$	2	1.5
$1\leqslant r\leqslant 10$	3*	2.5*	$100\leqslant r\leqslant 1000$	1.25	1

注：1. 少数情况下，波动频度 r（每日少于 1 次）和电压波动限值 d 还可以放宽，但不在该标准中规定。

2. 对于随机性不规则的电压波动，如电弧炉负荷引起的电压波动，表中标有“*”的值为其限值。

3. 参照 GB/T 156—2007，该标准中系统标称电压 U_N 等级划分标准如下。

低压（LV）：$U_N\leqslant 1$kV。

中压（MV）：1kV $<U_N\leqslant$ 35kV。

高压（HV）：35kV $<U_N\leqslant$ 220kV。

对于 220kV 以上超高压（EHV）系统的电压波动限值可参考高压（HV）系统执行。

（3）闪变的限值　电力系统公共连接点，在系统正常运行的较小方式下，以一周（168h）为测量周期，所有长时间闪变值 P_{lt} 都应满足闪变限值要求。

表 6-6　闪变限值

P_{lt}	
≤110kV	>110kV
1	0.8

6.1.5 三相电压允许不平衡度

1. 三相不平衡的概念

理想的三相交流电力系统中，三相电压应有同样的幅值和频率，且相位角互差120°。这样的系统叫做三相平衡（或对称）系统。但是在实际中，由于种种因素，电力系统并不是完全平衡的。引起不平衡的因素主要有事故性的和正常性的两大类。事故性不平衡是由于三相系统中某一相（或两相）出现故障所致，例如一相或两相断线或者单相接地故障等。这种情况是系统运行所不允许的，一定要在短期内切除故障使系统恢复正常。正常性不平衡是由于系统三相元件或负荷不对称引起的。作为电能质量指标之一的三相电压允许不平衡度，是针对正常不平衡运行工况而定的。

2. 三相电压不平衡国家标准

国家标准《电能质量　三相电压不平衡》（GB/T 15543—2008）基本内容：

（1）适用范围　该标准规定了三相电压不平衡的限值、计算、测量和取值方法。该标准适用于标称频率为50Hz的交流电力系统正常运行方式下由于负序基波分量引起的公共连接点的电压不平衡及低压系统由于零序基波分量而引起的公共连接点的电压不平衡。

电气设备额定工况的电压允许不平衡度和负序电流允许值仍由各自标准规定，例如旋转电机按GB 755要求规定。

瞬时和暂时的不平衡问题不适用于该标准。

（2）电压不平衡度限值

1）电力系统公共连接点电压不平衡度限值为电网正常运行时，负序电压不平衡度不超过2%，短时不得超过4%；低压系统零序电压限值暂不作规定，但各项电压必须满足GB/T 12325的要求。

注1：该标准中不平衡度为在电力系统正常运行的最小方式（或较小方式）下、最大的生产（运行）周期中负荷所引起的电压不平衡度的实测值。

注2：低压系统是指标称电压不大于1kV的供电系统。

2）接于公共连接点的每个用户引起该点负序电压不平衡度允许值一般为1.3%，短时不超过2.6%。根据连接点的负荷情况以及邻近发电机、继电保护和自动装置安全运行要求，该允许值可作适当变动，但必须满足1）中的规定。

6.1.6 暂时过电压和瞬态过电压

1. 电力系统过电压的定义和分类

电力系统中的过电压是相对于系统最高运行电压U_m而言的。系统的最高运行电压为系统中的额定电压乘以一个系数。此系数对于220kV及以下的系统为

1.15；330～500kV 系统为 1.1。例如，对于 220kV 系统而言，其相对地最高运行电压$\frac{U_m}{\sqrt{3}}$为$\frac{220}{\sqrt{3}}$kV×1.15＝146kV；相间最高运行电压（U_m）为 220kV×1.15＝253kV。在系统中某一部分出现的最高相对地电压峰值超过$\sqrt{\frac{2}{3}}U_m$或最高相间电压峰值超过$\sqrt{2}U_m$的任何波形电压为相对地或相间过电压。

2. 电力系统过电压的分类

（1）按照过电压产生的根源不同分类　由于这种分类方法与产生过电压的根源相关联，所以它便于电力系统的设计和运行人员从机理上认识其本质并采取针对性的防护措施。

- 电力系统过电压
  - 内部过电压
    - 暂时过电压
      - 工频电压升高
        - 空载线路的电容效应
        - 不对称短路引起的工频电压升高
        - 甩负荷引起的工频电压升高
      - 谐振过电压
        - 线形谐振过电压
        - 铁磁谐振过电压
        - 参数谐振过电压
    - 操作过电压
      - 切断空载线路过电压
      - 合闸空载线路过电压
      - 切断空载变压器过电压
      - 断续电弧接地过电压
  - 雷电过电压
    - 直击雷过电压
    - 感应雷过电压

（2）按过电压的波形特征分类　交流电力系统中的电气设备，在运行中除了作用有持续工频电压（其值不超过系统最高运行电压 U_m，持续时间等于设计的运行寿命）之外，还受到过电压的作用。按照作用于设备和线路绝缘上的过电压的幅值、波形及持续时间，可分类如下：

- 电力系统过电压
  - 暂时过电压，包括工频过电压、谐振过电压
  - 暂态过电压，包括操作（缓波前）过电压、雷电（快波前）过电压

电力系统过电压问题的严重性主要体现在造成系统中的电力设备和线路绝缘击穿或损伤，而这种破坏效应除了取决于作用在绝缘上的过电压的幅值，还很大程度上与过电压的波形和持续时间有关。把各类过电压归类于4种典型波形，并确定应采取合理的防护措施把它们减小到某一数值，这就便于设计电力设备和线路的人员进行绝缘水平（耐受各种波形电压的能力）方面的考虑，并在出厂前用规定数值的标准波形的耐受电压对设备的绝缘水平进行检验，以保证设备在系统运行中有足够的安全性。

表 6-7 中的前 3 种波形的过电压已有相应的标准波形电压对设备的绝缘进行耐压实验。暂时过电压采用标准短时工频耐受电压；缓波前过电压采用 250μs/2500μs 的操作冲击耐受电压；快波前过电压采用 1.2μs/50μs 雷电冲击耐受电压。

表 6-7　各类过电压的典型波形（GB/T 18481—2001）

分类	暂时过电压	瞬态过电压		
		缓波前	快波前	陡波前
电压波形	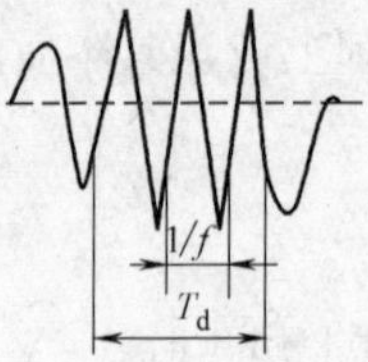	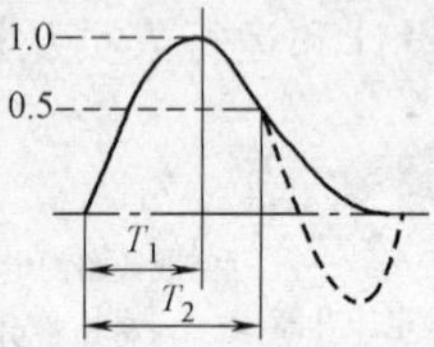	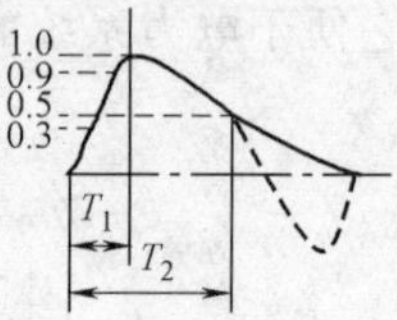	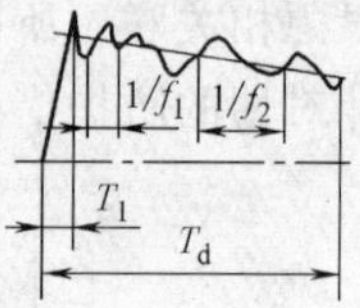
范围	$10\text{Hz} < f < 500\text{Hz}$ $0.03\text{s} < T_d < 3600\text{s}$	$20\mu\text{s} < T_1 < 5000\mu\text{s}$ $T_2 < 20\text{ms}$	$0.1\mu\text{s} < T_2 < 20\mu\text{s}$ $T_2 < 300\mu\text{s}$	$3\text{ns} < T_1 < 100\text{ns}$ $0.3\text{MHz} < f_1 < 100\text{MHz}$ $30\text{kHz} < f_2 < 300\text{kHz}$ $T_d < 3\text{ms}$

注：陡波前的标准试验波形及耐受试验在考虑中，该标准暂不涉及。

6.2 风电场电能质量测试

6.2.1 测量程序

本测量程序适用于与电网三相连接的单台机组，并且机组不主动对电网中任意点的频率和电压进行调整。

测量目的一般是检验被测机组所有运行范围内的电能质量特性参数。风速高于 15m/s 时不要求测量㊀。这是由于高风速很少出现，获取高风速下的测量数据通常需要相当长的时间，而且也无法得到对被测机组的电能质量特性参数更有意义的验证数据㊁。

㊀ 风速 15m/s 以上的测量值可以省略，不过如果有这些测量值，则应在报告中说明采用的风速范围。

㊁ 对于某些风电机组设计给定了较大的最大测量功率，测量包括 15m/s 以上的范围应能提高闪变系数精度。但是权衡费用和精度，不要求测量 15m/s 以上的数据。但若测量包括 15m/s 以上的数据，会提高在高风速场址所得结果的可靠性。

所测量的特性仅适用于被测机组。其他的配置包括不同的控制参数，会使机组产生不同的电能质量，需另行评估㊀。

6.2.2 测量条件

测试条件要求如下㊁：

1）机组应通过标准变压器与中压电网连接，该变压器的额定功率至少应与被测机组的最大允许视在功率相当。

2）在中压电网接入点处的短路视在功率至少应为被测机组对应视在功率的50倍。电网的短路视在功率可通过计算或参考以前电网运行方对机组进行的测试来确定㊂。

3）50次谐波在内的电压总谐波畸变率应不超过机组没有发电时在其输出端测得的10min平均值的5%。

4）电网频率的0.2s测量平均值应在额定功率的±1%的范围内，并且测量所得电网频率变化率的0.2s平均值应小于额定功率的0.2%。如果电网频率非常稳定而且满足上述的要求，例如处在一个大型的互连电力系统内，通常不需要再进行测试。否则，测试时应测量电网频率，而且要删去电网频率不符合要求期间所采集的测试数据。

5）在机组输出端处所测量10min平均电压值应在额定电压的±5%范围内。如果电网电压非常稳定而且满足上述的要求，例如机组与一个庞大的电力系统并网，通常不需要再进行测试。否则，测试时应测量电网电压，而且应删去电网电压不符合要求期间所采集的测试数据。

6）在机组输出端处所测量10min平均电压不平衡度应小于2%。电压不平衡度应按IEC 61800-3的B.3确定。如果电压不平衡度已满足上述要求，就不需要再进行测试。否则，测试时应测量电压不平衡度，而且要删去电压不平衡度不符合要求器件所采集的测试数据。

7）10min湍流强度应在8%~16%之间。湍流强度应根据障碍物的扇区分布描述和地形变化评估，或根据测风数据进行评估。应删去扰动强度超出上述要求

㊀ 某些机组设计有一个内置变压器，对电气特性的测量将在机组输出端完成。由机组供电指定机组输出端是在变压器的低压侧或是在高压侧，改变变压器的输出电压不会导致机组不同的电能质量。因此，除非是额定电压和额定电流变化了，否则不要求对变压器输出电压改变进行单独的评估。

㊁ 为了获得可靠的测试结果，要求满足规定的条件，不应与可靠的电网连接和机组的运行条件相混淆。

㊂ 由于某些原因包括机组自身影响和其他产品或电网上的负荷的影响，可能会使机组输出端电压变动相当大。与一个强电网连接可无限制机组引起的电压变动，通过采用建议的电网连接方式可使所要求的电压变化在合理范围内。

器件采集的数据[1]。

8）环境条件符合仪器和机组制造商的要求。尽管测量报告总则部分要求对此进行描述，通常不必要求对环境条件进行任何形式的实时测量[2]。

6.2.3 测试设备

图 6-1 描述了一个包括元器件的测量系统的应用。

图 6-1 测试系统采用的元器件

注：配置可选，如模拟转换器和过滤器可用数字数据采集系统的一部分软件执行功能所代替。不同的元器件可以是独立或是集成在某一仪器中的。

测量设备应满足表 6-8 的要求。

表 6-8 测量设备技术参数

设　备	规定精度	对应标准
电压互感器	1 级	IEC 60186
电流互感器	1 级	GB 1208
视在功率转换器	1 级	GB/T 13850
有功功率转换器	1 级	GB/T 13850
无功功率转换器	1 级	GB/T 13850
风速仪	±0.5m/s	—
过滤器 + A-D 转换器 + 数据采集系统	全程 1%	—

测量设备的量程和响应足以测量有关波动。所要求的量程和响应取决于测量值。一般来讲量程应尽可能小，以达到最佳精度。

6.2.4 电能质量评估

提供了评估一台或多台机组电能质量的方法，并将测量结果同其他 IEC 标准的要求进行对比。

这种电能质量评估方法适用于与高压或中压电网连接的机组，并且电网的频率变化不超过 ±1Hz、有足够的有功和无功功率调节能力，以及有足够的负荷吸收机组生产的电能。

---

[1] 一些测量的电能质量特性，如最大测量功率和电压波动对于一些机组的设计来讲可能在一定程度上取决于湍流强度。

[2] 最大测量功率对一些机组的设计来讲在一定程度上取决于空气密度，因此，按上述条款所述在低空气密度场址处得到的最大测量功率会比高空气密度场址处的测量值低。不过，没有对空气密度范围进行规定所造成的不确定性并不能表明需要增加设备的成本和相关的程序。

1. 稳态电压

机组的运行可能会影响电网的稳态电压。建议进行潮流分析来评估此影响，确保机组不会造成电压超限。根据潮流分析，可以得出风电机组 P_{mc}、Q_{mc}、P_{60}、Q_{60}、$P_{0.2}$、$Q_{0.2}$。具有多台机组的发电站可在电网连接点处评估其输出功率。通过简单累加得出 10min 平均值（P_{mc} 和 Q_{mc}）、60s 平均值（P_{60} 和 Q_{60}），其中 0.2s 平均值（$P_{0.2}$ 和 $Q_{0.2}$）按式（6-4）和式（6-5）计算：

$$P_{0.2\sum} = \sum_{i=1}^{N_{wt}} P_{n,i} + \sqrt{\sum_{i=1}^{N_{wt}} (P_{0.2,i} - P_{n,i})^2} \tag{6-4}$$

$$Q_{0.2\sum} = \sum_{i=1}^{N_{wt}} Q_{n,i} + \sqrt{\sum_{i=1}^{N_{wt}} (Q_{0.2,i} - Q_{n,i})^2} \tag{6-5}$$

式中，N_{wt} 表示机组数。

注：在式（6-4）和式（6-5）中，假定未对机组间的最大功率等级进行修正。在一个弱电网中接入异步发电机，机组会伴随着叶片的转动同步出现功率波峰。另外式（6-4）和式（6-5）对功率峰值附加了偏移量，可能会低估对电能质量的影响。

2. 电压波动

机组产生的闪变应严格限定在式（6-6）和式（6-7）所定义的闪变限值内：

$$P_{st} \leqslant E_{Psti} \tag{6-6}$$

$$P_{lt} \leqslant E_{Plti} \tag{6-7}$$

式中，P_{st} 和 P_{lt} 分别表示机组产生的短期和长期闪变；E_{Psti} 和 E_{Plti} 分别表示电网连接点出短期和长期闪变的限定值。

另外，因机组产生的相对电压波动应按式（6-8）来进行限定：

$$d \leqslant \frac{\Delta U_{dyn}}{U_n} \tag{6-8}$$

式中，d 表示机组切换运行下产生的相对电压波动；$\frac{\Delta U_{dyn}}{U_n}$ 表示电压最大允许波动值。

IEC 61000-3-7 给出了评估中压和高压设备的闪变极限和最大允许电压波动的推荐方法。后面所述程序适用于评估因机组产生的闪变和电压波动。

3. 连续运行

在连续运行状态下的单台机组所产生闪变按式（6-9）进行测算，取概率分布为 0.99 对应的分位数：

$$P_{st} = P_{lt} = c(\psi_k, v_a) \cdot \frac{S_n}{S_k} \tag{6-9}$$

式中，$c(\psi_k, v_a)$ 表示给定轮毂高度年平均风速 v_a 和给定电网连接点出的电网阻抗相角 ψ_k 时机组的闪变系数；S_n 表示机组额定视在功率；S_k 表示电网连接点的短路视在功率。

如果电网连接点出并有多台机组，则其闪变系数按式（6-10）计算：

$$P_{\mathrm{st}\Sigma} = P_{\mathrm{lt}\Sigma} = \frac{1}{S_{\mathrm{k}}} \cdot \sqrt{\sum_{i=1}^{N_{\mathrm{wt}}} (c_i(\psi_{\mathrm{k}}, v_{\mathrm{a}}) \cdot S_{\mathrm{n},i})^2} \tag{6-10}$$

式中，$c_i(\psi_{\mathrm{k}}, v_{\mathrm{a}})$表示单台机组的闪变系数；$S_{\mathrm{n},i}$表示单台机组的视在功率；$N_{\mathrm{wt}}$表示连接于电网连接点机组的数量。

注：在式（6-10）中，假定未对机组间的最大功率等级修正。在一个弱电网中接入感应电机，机组会随着叶片的转动同步出现功率波峰。这种情况下，式（6-10）会低估对电能质量的影响。

4. 切换运行

单台机组切换运行产生的闪变可按式（6-11）和式（6-12）计算：

$$P_{\mathrm{st}} = 18 \cdot N_{10}^{0.31} \cdot k_{\mathrm{f}}(\psi_{\mathrm{k}}) \cdot \frac{S_{\mathrm{n}}}{S_{\mathrm{k}}} \tag{6-11}$$

$$P_{\mathrm{Lt}} = 8 \cdot N_{120}^{0.31} \cdot k_{\mathrm{f}}(\psi_{\mathrm{k}}) \cdot \frac{S_{\mathrm{n}}}{S_{\mathrm{k}}} \tag{6-12}$$

式中，$k_{\mathrm{f}}(\psi_{\mathrm{k}})$表示机组在电网连接点出对应$\psi_{\mathrm{k}}$的闪变阶跃系数。

如果电网连接点处并有多台机组，则其闪变阶跃系数可按式（6-13）和式（6-14）计算：

$$P_{\mathrm{st}\Sigma} = \frac{18}{S_{\mathrm{k}}} \left[\sum_{i=1}^{N_{\mathrm{wt}}} N_{10,i} \cdot (k_{\mathrm{f},i}(\psi_{\mathrm{k}}) \cdot S_{\mathrm{n},i})^{3.2} \right]^{0.31} \tag{6-13}$$

$$P_{\mathrm{lt}\Sigma} = \frac{8}{S_{\mathrm{k}}} \left[\sum_{i=1}^{N_{\mathrm{wt}}} N_{120,i} \cdot (k_{\mathrm{f},i}(\psi_{\mathrm{k}}) \cdot S_{\mathrm{n},i})^{3.2} \right]^{0.31} \tag{6-14}$$

式中，$N_{10,i}$和$N_{120,i}$分别表示各台机组在10min和120min内切换运行的次数；$k_{\mathrm{f},i}(\psi_{\mathrm{k}})$表示单台机组的闪变阶跃系数；$S_{\mathrm{n},i}$表示单台机组的额定功率。

单台机组切换运行产生的相对电压波动可按式（6-15）进行测算：

$$d = 100 \cdot k_{\mathrm{u}}(\psi_{\mathrm{k}}) \cdot \frac{S_{\mathrm{n}}}{S_{\mathrm{k}}} \tag{6-15}$$

式中，d表示相对电压波动（%）。$k_{\mathrm{u}}(\psi_{\mathrm{k}})$表示机组在电网连接点对应$\psi_{\mathrm{k}}$时的电压波动率。

对于电网连接点接入多台机组的情况，同一时间不可能出现两台机组同时进行切换运行的情况。因此，评估多台机组引起的电压波动时不需要考虑累积影响。

5. 谐波

谐波电流应在要求的范围内，以避免在电网连接点产生不允许的谐波电压。采用感应发电机的机组直接与电力系统相连（即没有电子功率转换器），不会导致任何严重的谐波畸变。对于有电子功率转换器的机组来讲，其谐波允许值应符合 IEC 61000-3-6 的规定。

IEC 61000-3-6 给出了由负荷引起的总谐波电流畸变的导则。据此，可按式（6-16）推算机组在电网连接点产生的谐波电流：

$$I_{h\Sigma} = \sqrt[\beta]{\sum_{i=1}^{N_{wt}} \left(\frac{I_{h,i}}{n_i} \right)^{\beta}} \tag{6-16}$$

式中，N_{wt}表示电网连接点出机组数；$I_{h\Sigma}$表示电网连接点第 h 次谐波电流畸变；n_i表示第 i 台机组变压器的变压系数；$I_{h,i}$表示第 i 台机组上第 h 次谐波电流畸变；β 表示指数（见表 6-9）。

表 6-9　指数参数（IEC 61000-3-6）

谐 波 指 数	β
$h<5$	1.0
$5 \leqslant h \leqslant 10$	1.4
$h>10$	2.0

如果各台机组相同，而且变流器可换向，则谐波几乎同相，且对各次谐波取 $\beta=1$。

6.3　风电场电能质量测试实例

风电场电能质量测试内容包括：风电场有功功率、风电场无功功率、风电场运行电压、风电场运行频率、闪变、谐波等指标。

6.3.1　双馈式风电场电能质量测试

风电场采用东汽生产的 FD82B-1500kW 风电机组，单机容量为 1.5 MW；日本三菱技术生产的 MWT65-1000A 风电机组，单机容量为 1MW。装机容量为 49.5 MW。

风电场基本参数见表 6-10。

表 6-10　风电场基本参数

风电场基本参数				
线路侧	110kV		110kV	
	PT	CT	PT	CT
	1100	800/5		
主变侧	110kV		110kV	
	PT	CT	PT	CT
	1100	300/8		
供电设备容量/MVA	49.5			

（续）

		参　数					台数
	型号	发电机	齿轮箱	变流（频）设备	控制系统	塔架	
风电机组	MWT65-1000A 风电机组 r/min	全封闭风扇外置式异步发电机额定转速：1518r/min，4 极	南高齿 1:76.667		三菱重工	宁夏银星能源股份有限公司	24
	FD82B-1500kW 型风电机组	双馈式、带有集电环的四极异步发电机额定转速：1800r/min，4 极	重齿 1:104.49	爱默生 脉宽调制 IGBT 变流器	东方自控	青岛山泰钢结构有限公司	17

风电场入网参数测试结果如下。

1. 使用仪器仪表及测试环境

1）电能质量分析仪。

2）测试时平均风速为 5m/s。

3）测试时风场有功负荷为 5.8MW。

4）测试时未投入无功补偿装置。

2. 技术参数

1）110kV 线路侧 CT 电流比：800/5（A）。

2）110kV 线路侧 PT 电压比：110000/100（V）。

3. 规范性引用文件

1）GB/T 20320—2006《风电机组　电能质量测量和评估方法》。

2）GB/T 19963—2011《风电场接入电力系统技术规定》。

4. 电能质量测试分析及结论

110kV 线路侧电压质量测试分析及结论见表 6-11。

表 6-11　110kV 线路侧电压质量测试分析及结论

序号	测试内容	测 试 分 析	结论
1	电压偏差	电压上下偏差绝对值最大值 1.792%	合格
2	电压变动	电压变动最大值 1.138kV	合格
3	电压闪变	短闪最大值 0.546，长闪最大值 0.516	合格
4	电压不平衡度	个别时段最大值 0.57%	合格
5	频率偏差	频率偏差最大值 0.074Hz	合格
6	谐波分析	测试时段平均电压谐波总畸变率最大值 2.69%	不合格

110kV 线路侧电流质量测试分析及结论见表 6-12。

表 6-12　110kV 线路侧电流质量测试分析及结论

名称	电压等级	主要谐波电流次数及谐波电流一次值	其他谐波电流次数及谐波电流一次值	备　注
110kV 线路侧	110kV	5 次，4.121A	7 次，2.060A	合格

从测试数据分析，风电场电能质量各项指标满足国家标准。测试数据及录波

图见6.4.1节。

6.3.2　直驱式风电场电能质量测试

风电场电能质量测试内容包括：风电场有功功率、风电场无功功率、风电场运行电压、风电场运行频率、闪变、谐波等指标。

风电场采用单机容量为1.5MW的金风科技GW82-1500型同步永磁风电机组。总装机容量为49.5MW。

风电场基本参数见表6-13。

表6-13　风电场基本参数

<table>
<tr><td colspan="8">风电场基本参数</td></tr>
<tr><td colspan="3" rowspan="3">线路侧</td><td colspan="3">220kV</td><td colspan="2">110kV</td></tr>
<tr><td>PT</td><td colspan="2">CT</td><td>PT</td><td>CT</td></tr>
<tr><td>220000/100</td><td colspan="2">800/5</td><td></td><td></td></tr>
<tr><td colspan="3" rowspan="3">主变侧</td><td colspan="3">220kV</td><td colspan="2">110kV</td></tr>
<tr><td>PT</td><td colspan="2">CT</td><td>PT</td><td>CT</td></tr>
<tr><td>220000/100</td><td colspan="2">800/5</td><td></td><td></td></tr>
<tr><td rowspan="3">风电机组</td><td rowspan="2">型号</td><td colspan="5">参数</td><td rowspan="2">台数</td></tr>
<tr><td>发电机</td><td>齿轮箱</td><td>变流(频)设备</td><td>控制系统</td><td>塔架</td></tr>
<tr><td>金风科技
GW82-1500</td><td>同步永磁风电机组发电机额定转速：17.3r/min</td><td>无</td><td>金风科技</td><td>金风科技</td><td>吉林天合</td><td>33</td></tr>
<tr><td colspan="3">测试时风速</td><td colspan="5">7.7m/s</td></tr>
<tr><td colspan="3">测试时负荷</td><td colspan="5">15MW</td></tr>
</table>

1. 使用仪器仪表及测试环境

1）电能质量分析仪。

2）测试时平均风速为6.78m/s。

3）测试时风场有功功率为16.86MW。

4）测试时已投入无功补偿装置。

2. 技术参数

1）220kV线路侧CT电流比：800/5（A）。

2）220kV线路侧PT电压比：220000/100（V）。

3. 规范性引用文件

1）GB/T 20320—2006《风电机组　电能质量测量和评估方法》。

2）GB/T 19963—2011《风电场接入电力系统技术规定》。

4. 电能质量测试分析及结论

220kV线路侧电压质量测试分析及结论见表6-14。

220kV线路侧电流质量测试分析及结论见表6-15。

表 6-14 220kV 线路侧电压质量测试分析及结论

序号	测试内容	测试分析	结论
1	电压偏差	电压上偏差最大值 5.340%；电压下偏差最大值 0%	合格
2	电压变动	电压变动最大值 3.322kV	合格
3	电压闪变	短闪最大值 0.269，长闪最大值 0.140	合格
4	电压三相不平衡度	个别时段最大值 0.490%	合格
5	频率偏差	频率偏差最大值 0.041Hz	合格
6	谐波分析	测试时段平均电压谐波总畸变率最大值 0.590%	合格

表 6-15 220kV 线路侧电流质量测试分析及结论

名称	电压等级	主要谐波电流次数及谐波电流一次值	其他谐波电流次数及谐波电流一次值	备注
220kV 线路侧	220kV	5 次，0.612A	2 次，0.554A	合格

从测试数据分析，风电场电能质量各项指标满足国家标准。测试数据及录波图见 6.4.2 节。

6.4 电能质量测试数据及录波图

6.4.1 某风电场电能质量测试数据及录波图（一）

1. 110kV 侧电压测试数据及录波图

(1) 电压偏差及变动 电压变化曲线图，如图 6-2 所示；电压测试数据，见表 6-16。

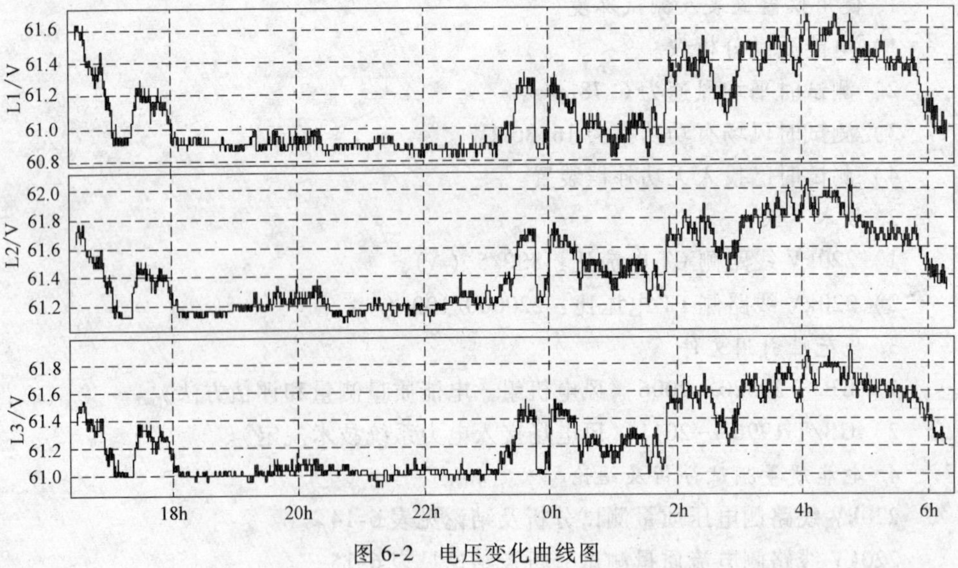

图 6-2 电压变化曲线图

表 6-16 电压测试数据

参数	A相			B相			C相		
	最大值	平均值	最小值	最大值	平均值	最小值	最大值	平均值	最小值
上偏差(%)	6.835	5.853	5.340	7.508	6.420	5.788	7.283	6.125	5.491
下偏差(%)	0.000	0.000	0.000	0.000	0.000	0.000	0.000	0.000	0.000

分析：从以上数据可以看出 110kV 侧三相电压最大上下偏差绝对值为 1.792%，小于10%的限值。

结论：110kV 侧电压偏差满足相关标准要求。

电压变动范围，见表 6-17。

表 6-17 电压变动范围

参数	A相			B相			C相		
	最大值	平均值	最小值	最大值	平均值	最小值	最大值	平均值	最小值
基波电压/kV	67.849	67.225	66.900	68.277	67.586	67.185	68.134	67.399	66.996

分析：从以上数据可以看出 110kV 侧电压变动最大值为 1.138kV。

结论：110kV 侧电压变动满足相关标准要求。

（2）谐波分析　电压谐波总畸变率，如图 6-3 所示。

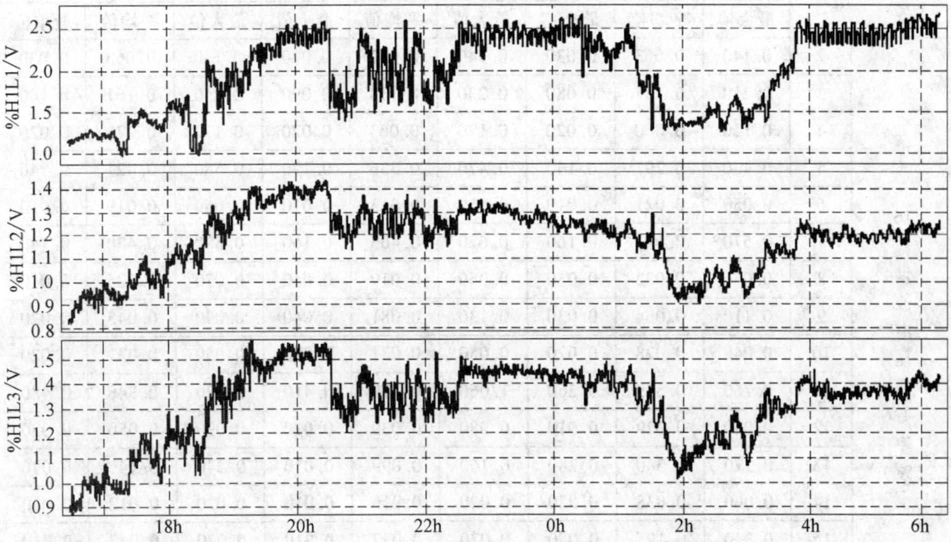

图 6-3 电压谐波总畸变率

各次谐波电压直方图，如图 6-4 所示。

由图 6-4 可见，5次、7次、11次谐波是谐波的主要组成部分。

各次谐波电压及电压总谐波畸变率，见表 6-18。

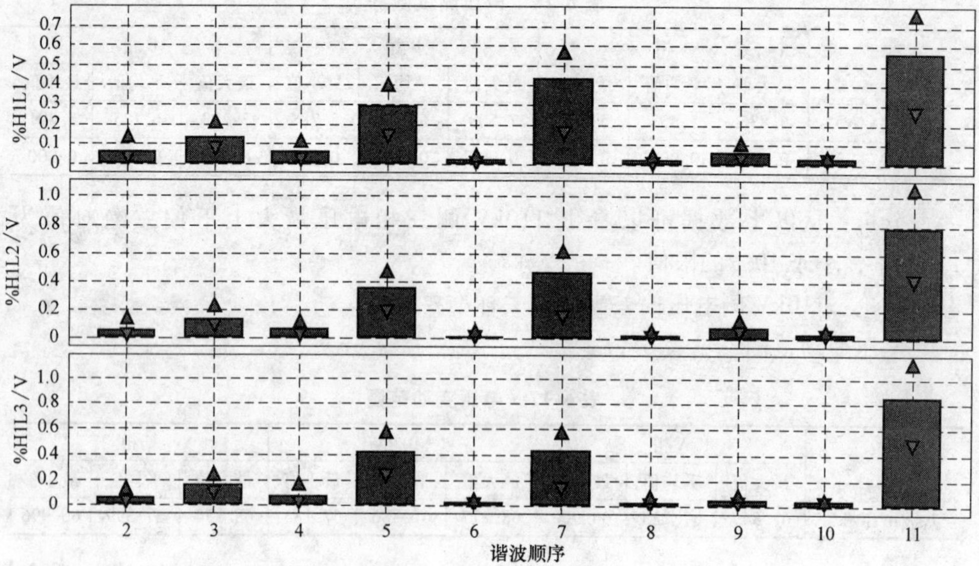

图 6-4　各次谐波电压直方图

表 6-18　各次谐波电压及电压总谐波畸变率

参数		A相			B相			C相		
		最大值	平均值	最小值	最大值	平均值	最小值	最大值	平均值	最小值
2~16次谐波电压含有率(%)	2	0.140	0.063	0.030	0.140	0.052	0.020	0.130	0.063	0.030
	3	0.210	0.137	0.080	0.230	0.138	0.090	0.250	0.161	0.100
	4	0.120	0.060	0.020	0.120	0.063	0.020	0.170	0.070	0.020
	5	0.400	0.291	0.140	0.470	0.356	0.190	0.580	0.421	0.240
	6	0.050	0.021	0.010	0.050	0.015	0.010	0.050	0.019	0.010
	7	0.570	0.437	0.160	0.620	0.465	0.160	0.580	0.430	0.140
	8	0.050	0.022	0.010	0.050	0.019	0.010	0.070	0.025	0.010
	9	0.110	0.064	0.030	0.130	0.081	0.040	0.090	0.045	0.020
	10	0.040	0.028	0.020	0.050	0.031	0.020	0.050	0.031	0.020
	11	0.760	0.559	0.260	1.060	0.779	0.410	1.120	0.848	0.480
	12	0.050	0.029	0.010	0.080	0.039	0.020	0.090	0.050	0.020
	13	0.770	0.580	0.280	0.160	0.099	0.010	0.240	0.149	0.040
	14	0.060	0.038	0.020	0.020	0.016	0.010	0.020	0.012	0.010
	15	0.340	0.197	0.050	0.070	0.037	0.010	0.070	0.042	0.010
	16	0.180	0.108	0.040	0.040	0.028	0.020	0.040	0.029	0.020
电压总畸变率(%)		2.690	2.002	0.970	1.440	1.183	0.820	1.580	1.318	0.870

分析：从以上数据可以看出 110kV 侧电压总谐波畸变率最大值为 A 相 2.690%，大于2%的限值。

结论：110kV 侧电压总畸变率不满足相关标准要求。

（3）电压闪变分析　电压短时间闪变曲线图，如图 6-5 所示；短时间闪变数据见表 6-19。

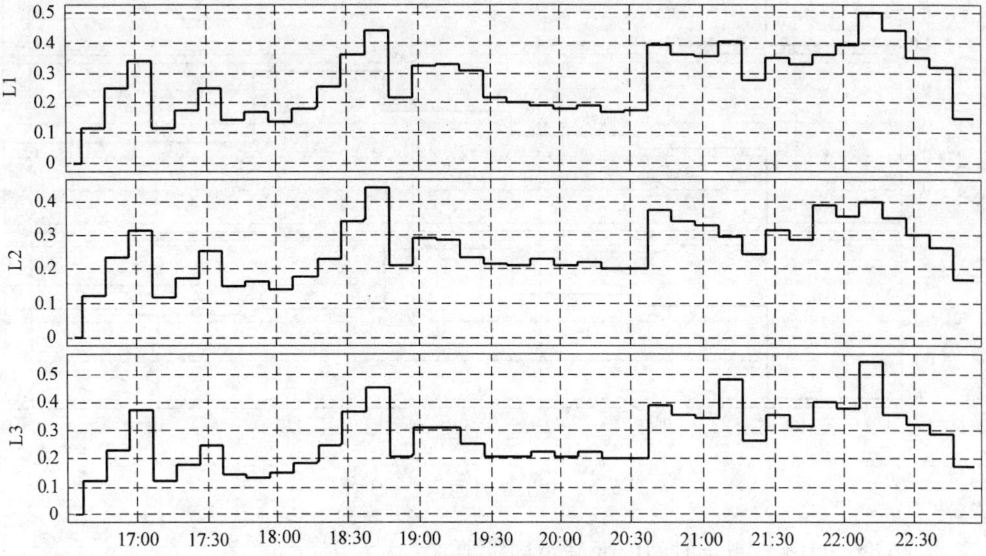

图 6-5　电压短时间闪变曲线图

表 6-19　短时间闪变

参　数		最大值	平均值	最小值
短时间闪变	A 相	0.501	0.265	0.000
	B 相	0.441	0.248	0.000
	C 相	0.546	0.265	0.000

分析：从以上数据可以看出 110kV 侧短时间闪变最大值为 C 相 0.546，小于 0.8 的限值。

结论：110kV 侧短时间闪变满足国标要求。

电压长时间闪变曲线图，如图 6-6 所示；长时间闪变数据见表 6-20。

表 6-20　长时间闪变

参　数		最大值	平均值	最小值
长时间闪变	A 相	0.516	0.264	0.000
	B 相	0.458	0.253	0.000
	C 相	0.390	0.228	0.000

分析：从以上数据可以看出 110kV 侧长时间闪变为 0.516，小于 0.6 的限值。

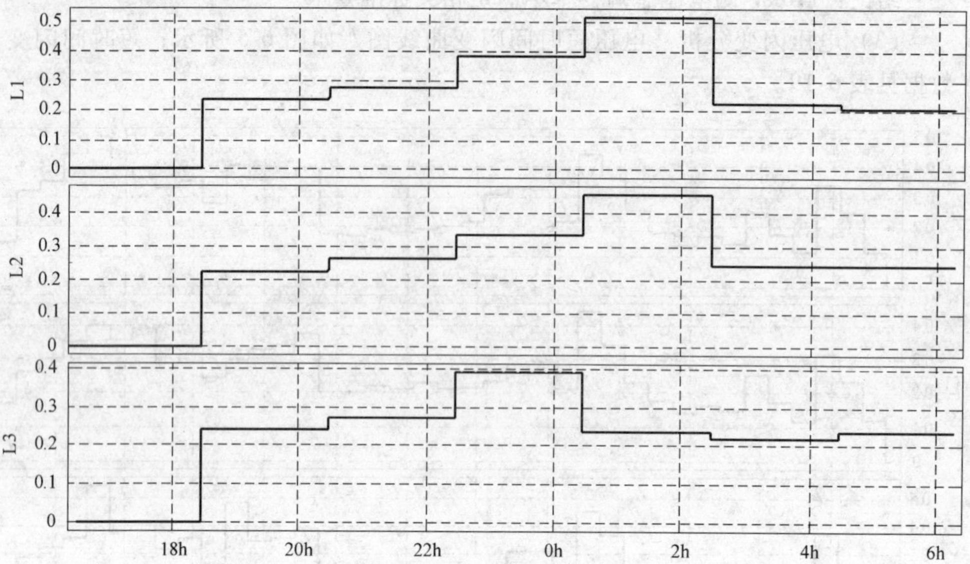

图 6-6 电压长时间闪变曲线图

结论：110kV 侧长时间闪变满足国标要求。

（4）电压不平衡 电压不平衡度变化曲线，如图 6-7 所示；三相电压不平衡度见表 6-21

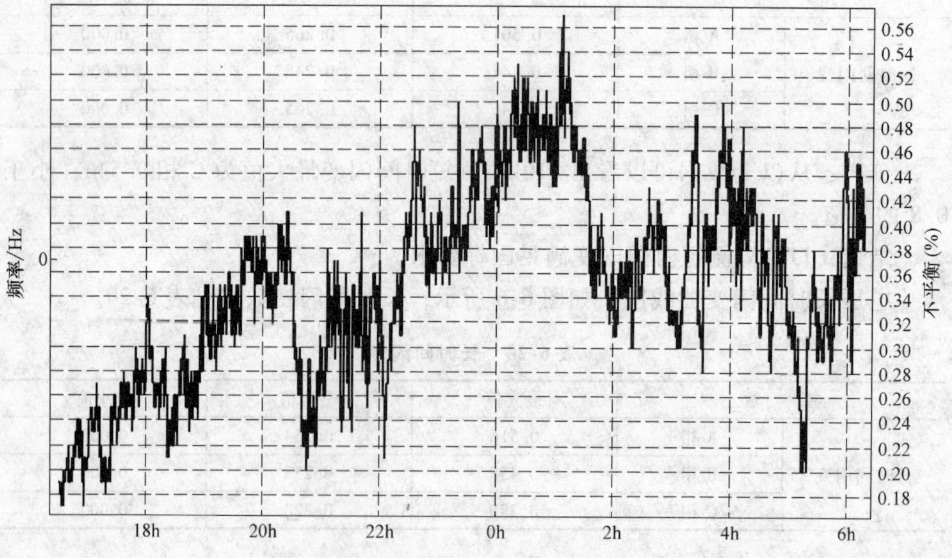

图 6-7 电压不平衡度变化曲线

表 6-21　三相电压不平衡度

参　　数	最大值	平均值	最小值
三相电压不平衡度(%)	0.570	0.349	0.170

分析：从以上数据可以看出 110kV 侧电压不平衡度最大值达到 0.57%，小于 2% 限值。

结论：110kV 侧电压不平衡度满足国标要求。

(5) 频率偏差　频率变化曲线图，如图 6-8 所示；频率数据见表 6-22。

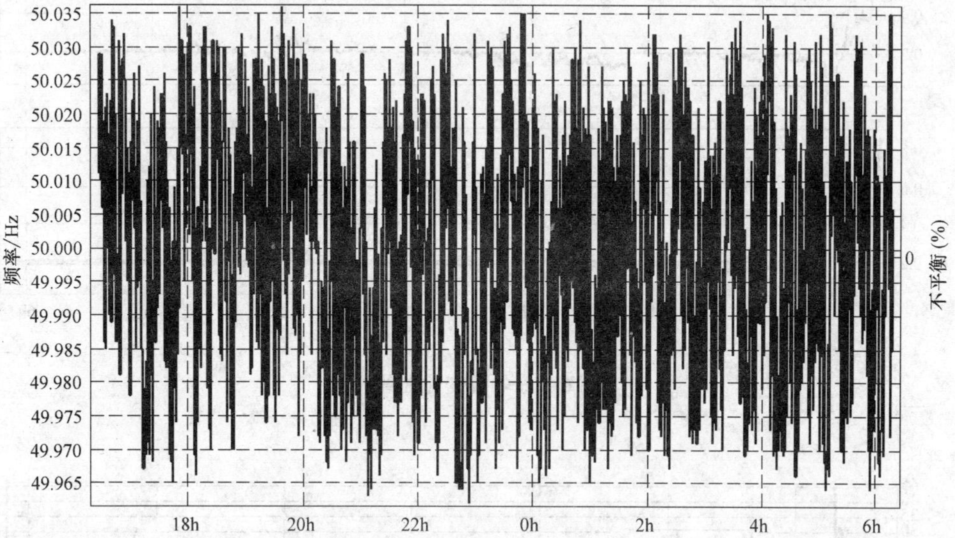

图 6-8　频率变化曲线图

表 6-22　频率数据

参　　数	最大值	平均值	最小值
频率/Hz	50.036	50.000	49.962

分析：从以上数据可以看出 110kV 侧频率偏差最大值为 0.074Hz，小于 ±0.2Hz的限值。

结论：110kV 侧频率偏差满足国标要求。

2. 110kV 侧电流测试数据及录波图

(1) 电流变化曲线图　电流变化曲线图如图 6-9 所示。

(2) 总谐波电流变化曲线图　电流谐波总畸变率如图 6-10 所示。

各次谐波电流直方图，如图 6-11 所示。

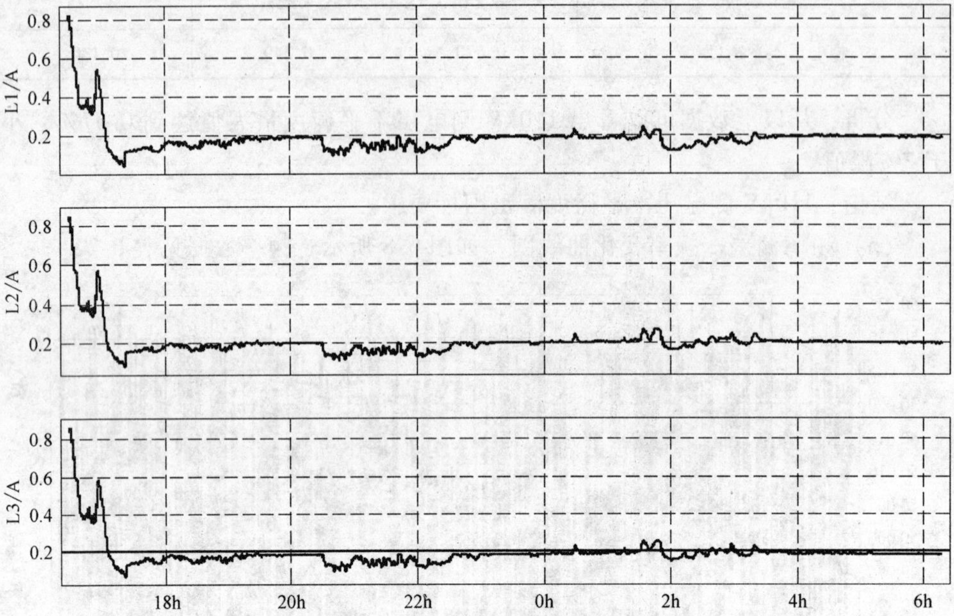

图 6-9 电流变化曲线图

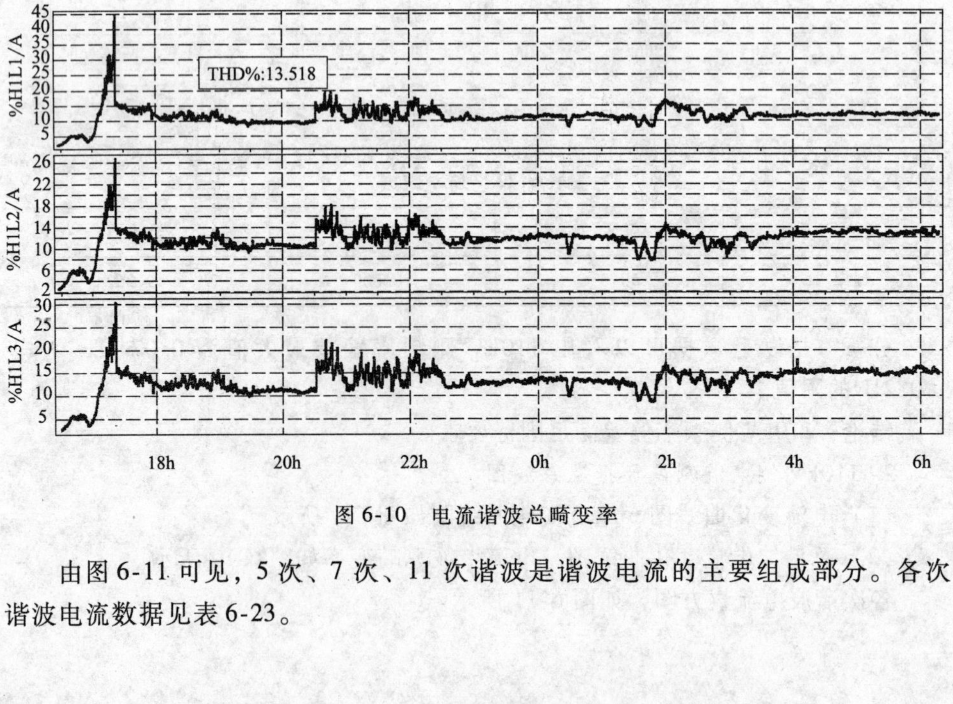

图 6-10 电流谐波总畸变率

由图 6-11 可见，5 次、7 次、11 次谐波是谐波电流的主要组成部分。各次谐波电流数据见表 6-23。

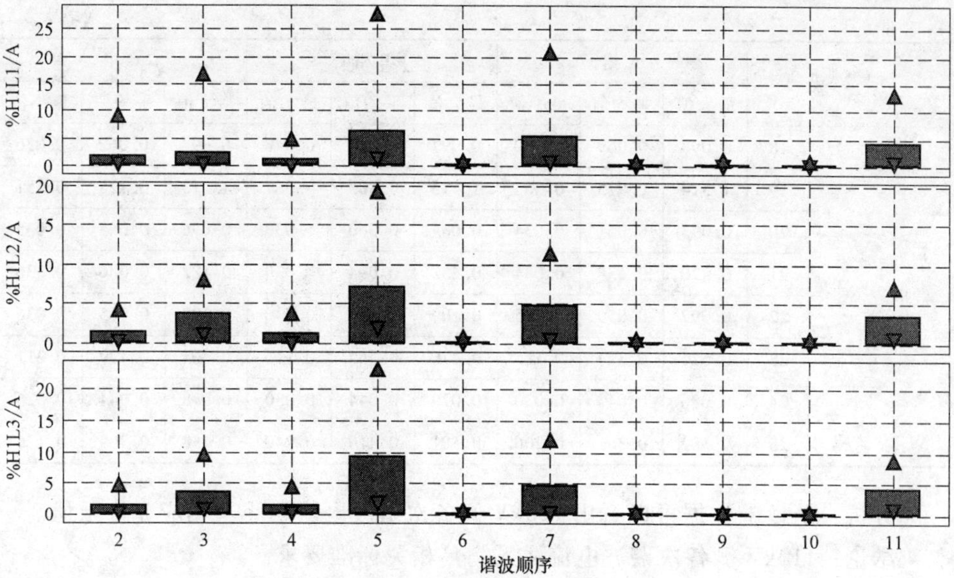

图6-11　各次谐波电流直方图

表6-23　各次谐波电流数据

参　数		A相			B相			C相		
		最大值	平均值	最小值	最大值	平均值	最小值	最大值	平均值	最小值
2~25次谐波电流含量/A	2	0.999	0.529	0.286	0.821	0.441	0.190	0.724	0.435	0.233
	3	1.243	0.625	0.217	1.865	1.187	0.845	1.675	1.081	0.753
	4	0.939	0.366	0.058	0.890	0.393	0.077	1.047	0.422	0.095
	5	2.833	1.806	0.814	3.077	2.245	0.884	4.121	2.682	1.360
	6	0.196	0.070	0.026	0.207	0.085	0.038	0.205	0.063	0.029
	7	2.060	1.524	0.254	2.054	1.483	0.177	1.884	1.294	0.077
	8	0.123	0.067	0.040	0.116	0.063	0.036	0.126	0.059	0.024
	9	0.132	0.066	0.022	0.162	0.088	0.032	0.145	0.065	0.029
	10	0.099	0.058	0.038	0.098	0.060	0.042	0.079	0.053	0.035
	11	1.587	1.162	0.806	1.548	1.134	0.724	1.586	1.200	0.793
	12	0.073	0.040	0.018	0.078	0.044	0.018	0.067	0.042	0.019
	13	0.818	0.645	0.313	0.912	0.718	0.372	0.764	0.602	0.323
	14	0.058	0.037	0.020	0.063	0.040	0.017	0.055	0.037	0.012
	15	0.193	0.115	0.025	0.139	0.061	0.014	0.135	0.061	0.018
	16	0.055	0.035	0.013	0.063	0.042	0.022	0.061	0.042	0.021
	17	0.568	0.387	0.065	0.599	0.420	0.074	0.688	0.477	0.096

（续）

参数		A相			B相			C相		
		最大值	平均值	最小值	最大值	平均值	最小值	最大值	平均值	最小值
2~25次谐波电流含量/A	18	0.094	0.069	0.050	0.097	0.067	0.048	0.094	0.062	0.036
	19	1.514	0.915	0.363	1.415	0.883	0.387	1.213	0.725	0.151
	20	0.093	0.061	0.034	0.085	0.060	0.033	0.096	0.065	0.035
	21	0.320	0.158	0.084	0.232	0.094	0.039	0.182	0.086	0.036
	22	0.097	0.059	0.035	0.109	0.063	0.036	0.122	0.065	0.036
	23	0.521	0.394	0.165	0.476	0.362	0.116	0.604	0.479	0.211
	24	0.086	0.043	0.030	0.079	0.044	0.030	0.078	0.044	0.026
	25	0.562	0.361	0.206	0.581	0.410	0.240	0.458	0.309	0.126

分析：从以上数据可以看出110kV侧各次谐波电流均小于相应允许限值。

结论：110kV侧各次谐波电流注入满足相关标准要求。

6.4.2 某风电场电能质量测试数据及录波图（二）

1. 220kV侧电压测试数据及录波图

（1）电压偏差及变动　电压变化曲线图，如图6-12所示；电压测试数据，见表6-24。

图6-12　电压变化曲线图

表 6-24 电压测试数据

参 数	A 相			B 相			C 相		
	最大值	平均值	最小值	最大值	平均值	最小值	最大值	平均值	最小值
上偏差(%)	5.340	4.419	2.724	5.265	4.365	3.022	4.967	4.091	2.948
下偏差(%)	0.000	0.000	0.000	0.000	0.000	0.000	0.000	0.000	0.000

分析：从以上数据可以看出 220kV 侧三相电压最大上偏差为 5.340%，小于 7% 的限值；最大下偏差为 0，小于 3% 的限值。

结论：220kV 侧电压偏差满足相关标准要求。

电压变动范围，见表 6-25。

表 6-25 电压变动范围

参 数	A 相			B 相			C 相		
	最大值	平均值	最小值	最大值	平均值	最小值	最大值	平均值	最小值
基波电压/kV	133.800	132.630	130.478	133.705	132.561	130.856	133.327	132.213	130.761

分析：从以上数据可以看出 220kV 侧电压变动最大值为 3.322kV。

结论：220kV 侧电压变动满足相关标准要求。

（2）谐波分析 电压谐波总畸变率，如图 6-13 所示。

各次谐波电压直方图，如图 6-14 所示。

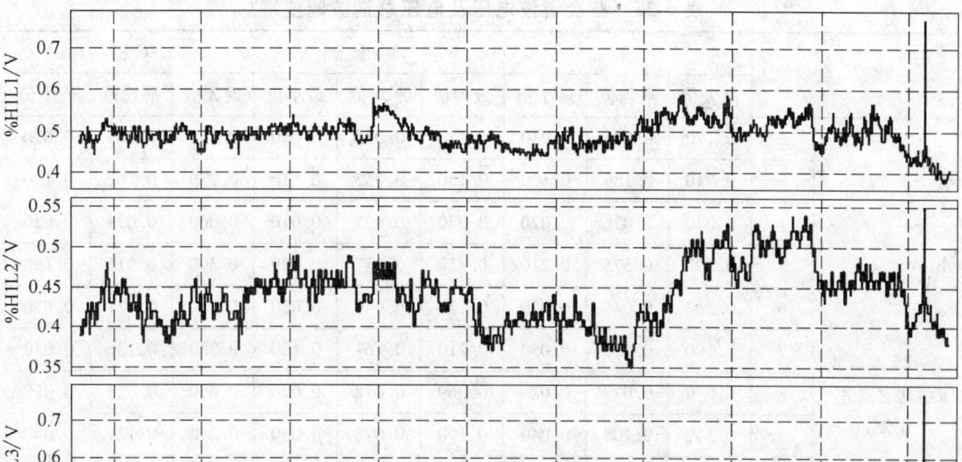

图 6-13 电压谐波总畸变率

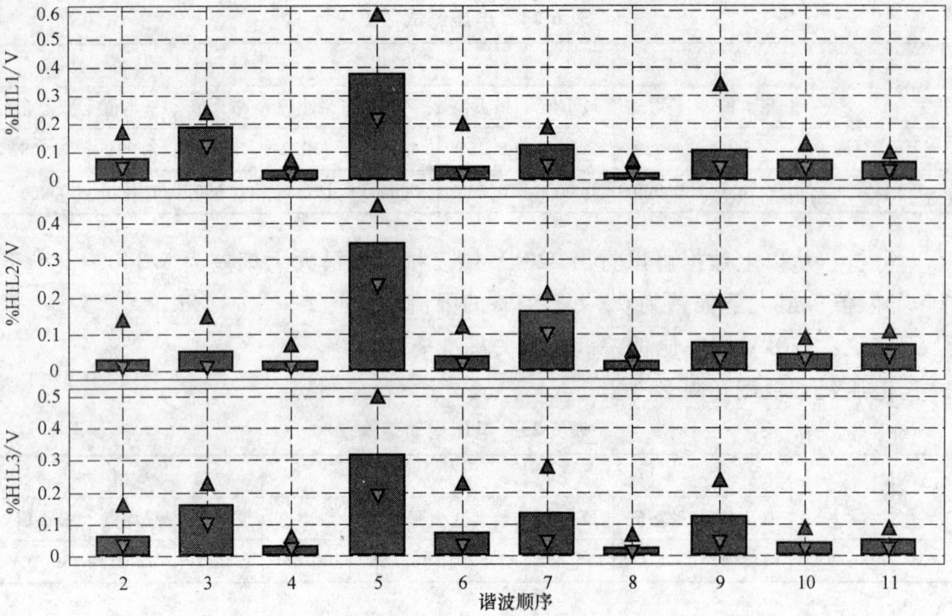

图 6-14　各次谐波电压直方图

由图 6-14 可见，3 次、5 次、7 次、9 次谐波是谐波的主要组成部分。各次谐波电压及电压总谐波畸变率，见表 6-26。

表 6-26　各次谐波电压及电压总谐波畸变率

参　数		A 相			B 相			C 相		
		最大值	平均值	最小值	最大值	平均值	最小值	最大值	平均值	最小值
2~25 次谐波电压含有率（%）	2	0.170	0.076	0.040	0.140	0.033	0.010	0.160	0.065	0.030
	3	0.240	0.189	0.120	0.150	0.053	0.010	0.230	0.162	0.100
	4	0.070	0.036	0.020	0.070	0.025	0.010	0.060	0.033	0.020
	5	0.590	0.375	0.210	0.450	0.347	0.230	0.500	0.315	0.190
	6	0.200	0.047	0.020	0.120	0.040	0.020	0.230	0.071	0.030
	7	0.190	0.122	0.050	0.210	0.161	0.100	0.280	0.136	0.040
	8	0.070	0.027	0.020	0.060	0.028	0.020	0.070	0.028	0.010
	9	0.340	0.108	0.040	0.190	0.078	0.030	0.240	0.124	0.040
	10	0.130	0.072	0.040	0.090	0.047	0.030	0.090	0.041	0.020
	11	0.100	0.065	0.030	0.110	0.071	0.040	0.090	0.051	0.020
	12	0.020	0.010	0.010	0.020	0.010	0.010	0.020	0.010	0.010
	13	0.030	0.015	0.010	0.020	0.011	0.010	0.030	0.019	0.010
	14	0.020	0.010	0.010	0.020	0.010	0.010	0.020	0.010	0.010

（续）

参　数		A 相			B 相			C 相		
		最大值	平均值	最小值	最大值	平均值	最小值	最大值	平均值	最小值
2～25 次谐波电压含有率（%）	15	0.020	0.014	0.010	0.020	0.012	0.010	0.030	0.018	0.010
	16	0.030	0.024	0.020	0.040	0.029	0.020	0.030	0.021	0.020
	17	0.070	0.054	0.030	0.130	0.100	0.070	0.150	0.109	0.080
	18	0.020	0.020	0.020	0.030	0.020	0.020	0.030	0.028	0.020
	19	0.080	0.061	0.050	0.080	0.063	0.050	0.050	0.044	0.030
	20	0.030	0.027	0.020	0.030	0.021	0.020	0.030	0.022	0.020
	21	0.020	0.019	0.010	0.020	0.020	0.020	0.030	0.020	0.020
	22	0.020	0.013	0.010	0.020	0.014	0.010	0.020	0.014	0.010
	23	0.060	0.050	0.040	0.060	0.051	0.040	0.060	0.053	0.040
	24	0.010	0.010	0.010	0.010	0.010	0.010	0.020	0.010	0.010
	25	0.040	0.030	0.020	0.040	0.033	0.030	0.040	0.036	0.030
电压总畸变率（%）		0.770	0.493	0.380	0.550	0.440	0.350	0.770	0.451	0.360

分析：从以上数据可以看出 220kV 侧电压总谐波畸变率最大值为 A 相 0.590%，小于 2% 的限值。

结论：220kV 侧电压总畸变率满足相关标准要求。

（3）电压闪变分析　电压短时间闪变曲线图，如图 6-15 所示；短时间闪变数据见表 6-27。

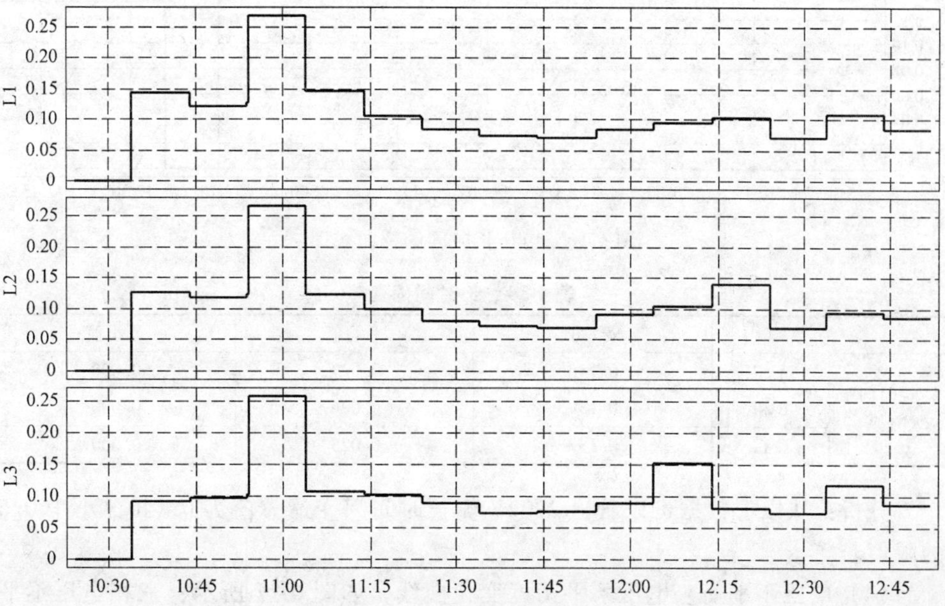

图 6-15　电压短时间闪变曲线图

表 6-27　短时间闪变

参数		最大值	平均值	最小值
短时间闪变	A 相	0.269	0.104	0.000
	B 相	0.267	0.103	0.000
	C 相	0.259	0.100	0.000

分析：从以上数据可以看出 220kV 侧短时间闪变最大值为 0.269，小于 0.8 的限值。

结论：220kV 侧短时间闪变满足国标要求。

电压长时间闪变曲线图，如图 6-16 所示；长时间闪变数据见表 6-28。

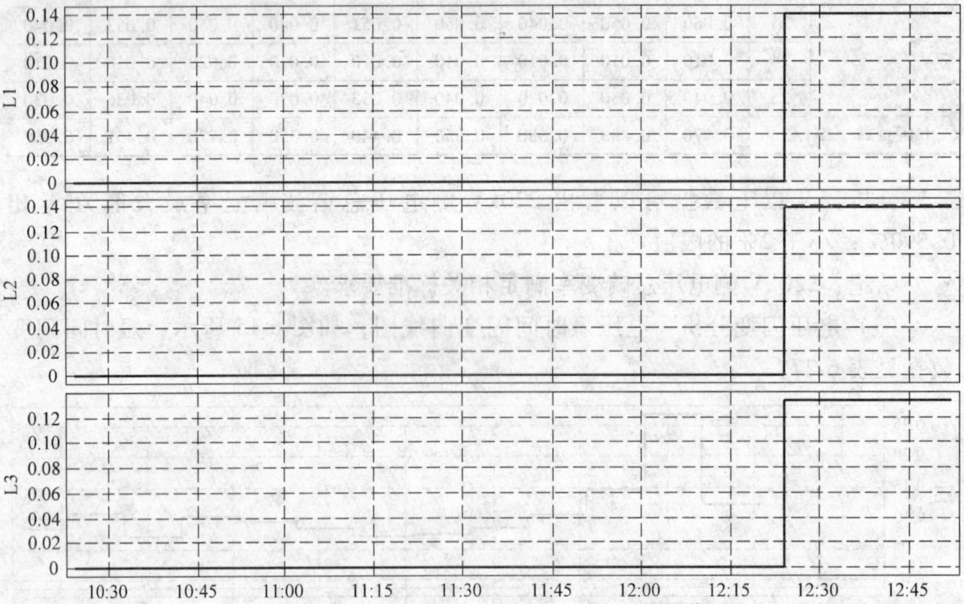

图 6-16　电压长时间闪变曲线图

表 6-28　长时间闪变

参数		最大值	平均值	最小值
长时间闪变	A 相	0.140	0.027	0.000
	B 相	0.139	0.026	0.000
	C 相	0.133	0.025	0.000

分析：从以上数据可以看出 220kV 侧长时间闪变最大值为 0.140，小于 0.6 的限值。

(4) 电压不平衡　电压不平衡度变化曲线，如图 6-17 所示；三相电压不平衡度见表 6-29。

图6-17　电压不平衡度变化曲线

表6-29　三相电压不平衡度

参　　数	最大值	平均值	最小值
三相电压不平衡度(%)	0.490	0.268	0.030

分析：从以上数据可以看出220kV侧电压不平衡度最大值达到0.490%，小于2%限值。

结论：220kV侧电压不平衡度满足国标要求。

（5）频率偏差　频率变化曲线图，如图6-18所示；频率数据见表6-30。

表6-30　频率数据

参　　数	最大值	平均值	最小值
频率/Hz	50.041	50.001	49.965

分析：从以上数据可以看出220kV侧频率偏差最大值为0.041Hz，小于±0.2Hz的限值。

结论：220kV侧频率偏差满足国标要求。

2. 220kV侧电流测试数据及录波图

（1）电流变化曲线图　电流变化曲线图，如图6-19所示。

（2）总谐波电流变化曲线图　电流谐波总畸变率，如图6-20所示。

各次谐波电流直方图，如图6-21所示。

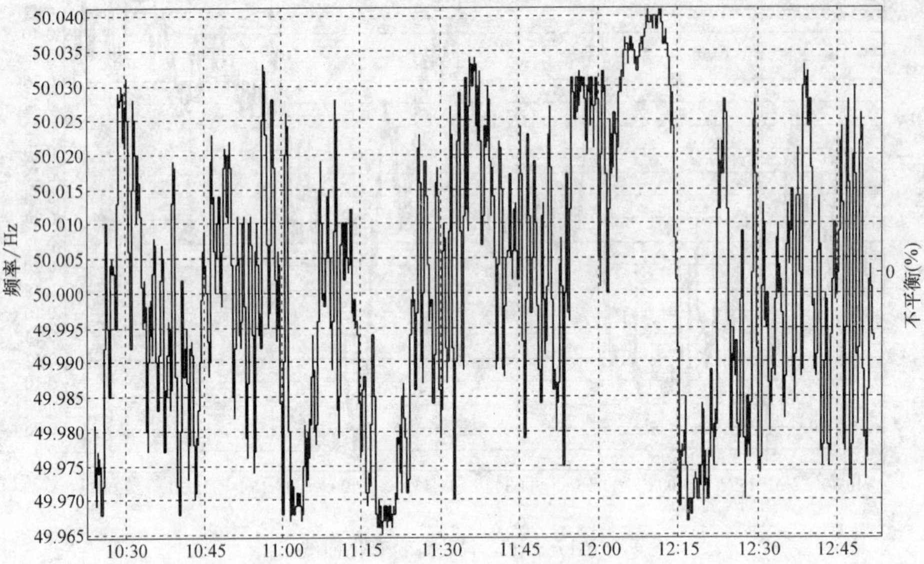

图 6-18　频率变化曲线图

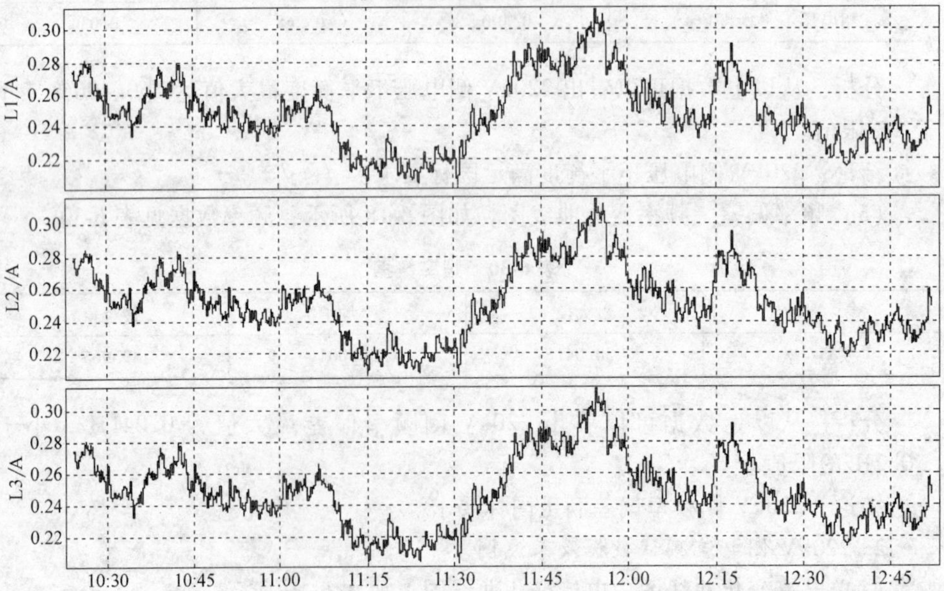

图 6-19　电流变化曲线图

图 6-20　电流谐波总畸变率

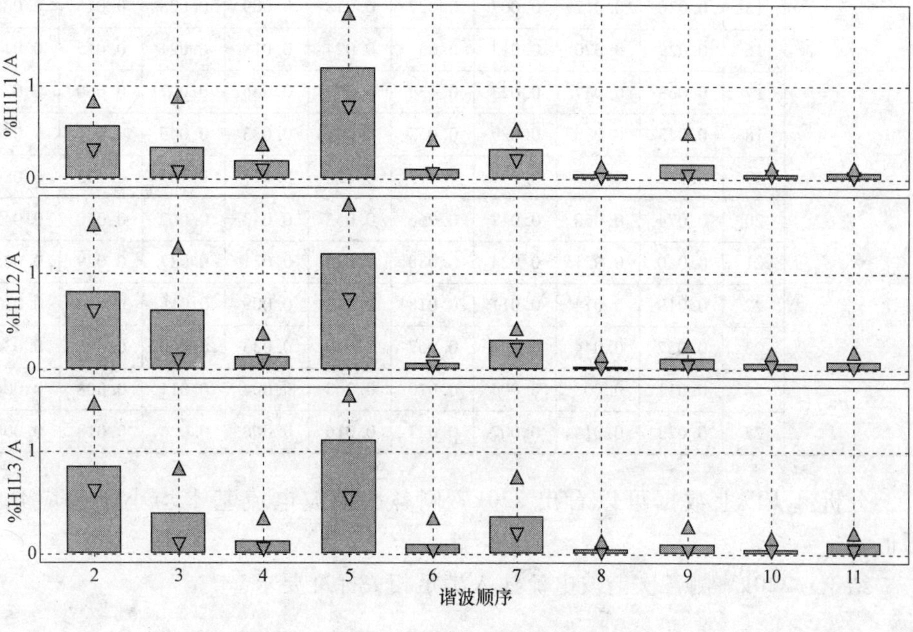

图 6-21　各次谐波电流直方图

由图 6-21 可见，2 次、3 次、5 次、7 次谐波是谐波电流的主要组成部分。各次谐波电流数据见表 6-31。

表 6-31 各次谐波电流数据

参数		A相			B相			C相		
		最大值	平均值	最小值	最大值	平均值	最小值	最大值	平均值	最小值
2~25次谐波电流含量/A	2	0.300	0.224	0.109	0.554	0.328	0.259	0.535	0.338	0.270
	3	0.349	0.131	0.029	0.506	0.250	0.044	0.341	0.160	0.034
	4	0.161	0.078	0.036	0.139	0.057	0.032	0.122	0.051	0.021
	5	0.612	0.466	0.292	0.583	0.485	0.333	0.547	0.439	0.259
	6	0.152	0.041	0.018	0.093	0.031	0.017	0.127	0.038	0.016
	7	0.192	0.123	0.070	0.161	0.124	0.093	0.275	0.145	0.080
	8	0.066	0.022	0.007	0.066	0.017	0.007	0.056	0.020	0.008
	9	0.174	0.062	0.013	0.106	0.045	0.012	0.105	0.042	0.011
	10	0.047	0.024	0.012	0.062	0.024	0.011	0.058	0.019	0.011
	11	0.051	0.027	0.007	0.071	0.036	0.008	0.080	0.047	0.015
	12	0.025	0.010	0.004	0.025	0.012	0.004	0.029	0.008	0.004
	13	0.051	0.033	0.015	0.042	0.029	0.014	0.052	0.026	0.008
	14	0.014	0.008	0.004	0.012	0.007	0.004	0.013	0.007	0.003
	15	0.020	0.012	0.007	0.027	0.018	0.009	0.023	0.015	0.008
	16	0.029	0.020	0.013	0.031	0.024	0.018	0.021	0.015	0.011
	17	0.063	0.037	0.023	0.134	0.093	0.056	0.097	0.060	0.033
	18	0.043	0.036	0.029	0.053	0.041	0.033	0.045	0.036	0.029
	19	0.212	0.163	0.119	0.173	0.120	0.077	0.165	0.125	0.080
	20	0.074	0.060	0.047	0.066	0.053	0.043	0.062	0.050	0.042
	21	0.040	0.031	0.024	0.038	0.028	0.021	0.037	0.029	0.022
	22	0.019	0.014	0.011	0.018	0.013	0.009	0.018	0.014	0.011
	23	0.057	0.044	0.034	0.057	0.046	0.033	0.060	0.048	0.036
	24	0.011	0.008	0.004	0.010	0.008	0.004	0.011	0.008	0.004
	25	0.023	0.014	0.007	0.027	0.016	0.008	0.026	0.018	0.008

分析：从以上数据可以看出220kV侧各次谐波电流基本均小于相应允许限值。

结论：220kV侧各次谐波电流注入满足相关标准要求。

第7章 双馈式风电机组的运行与故障维护

本章主要对双馈式风电机组的运行与故障维护进行介绍，并以华锐 FL1500 系列风电机组和东汽 FD70A/77A 型风电机组为例展开论述。

7.1 双馈式风电机组的运行与维护

变速恒频发电是从 20 世纪 70 年代发展起来的一种新型发电方式。它将先进的电力电子技术引入发电机控制之中，获得了一种全新的、高质量的电能获取方式。根据风轮的气动特性，风电机组采用变速运行，使风电机组风轮转速跟随风速的变化而变化，保持基本恒定的最佳叶尖速比，从而获得最大风能利用系数。

变速恒频发电技术的诸多优点受到了人们的广泛关注，使它越来越多地被应用到大型风电机组中。自 20 世纪 90 年代开始，国外新建的大型风电系统大多采用变速恒频方式，特别是兆瓦级以上的大容量风电机组。

目前广泛应用的是交流励磁变速恒频双馈式风电技术，采用双馈式异步发电机（DFIG），定子直接接到电网上，转子在三相变流器的控制下实现交流励磁，从而保证定子恒频恒压输出。

7.1.1 双馈式风电机组的自动运行（以东汽 FD77-1500kW 机组为例）

1. 起动过程

风电机组起动程序应用之前，计算机控制系统检查风电机组起动的所有必要条件以及安全系统的可操作性。此安全系统的功能测试指“自测试”。

1）风电机组起动前必须满足以下条件：

① 控制系统没有错误报警信息。

② 风速连续 120s 保持在大于 3.0m/s 的允许起动的范围内。

③ 风电机组轮毂已面向风力最强的方向待机。

2）当满足上述条件后，风电机组开始执行如下起动自检程序：

① 检测机械盘式制动器状态正常，在偏航制动钳闭合时检测安全制动电磁阀正常。

② 风轮叶片以2°/s的速度调整到倾角为70°。

③ 监测偏航制动能力是否满足转子转矩的需要，不能有滑动、制动钳松开现象。

④ 比较空转时的风电机组转速与风速信号，经预定运算规则判定转速与风速曲线是否满足并网条件。

3）如果起动条件满足，风电机组按以下程序起动：

经自动或手动起动风电机组，待风电机组起动条件满足后，控制装置自动执行自检程序，风电机组控制系统根据风速计算值、桨距设定值和发电机系统转矩的斜坡函数数值，计算出操作命令，向变桨控制器发出操作指令，逐渐将叶片过桨距调整到最佳迎风工作角度，发电机逐步达到同步加速。在发电机侧转速达到同步转速±6%的范围时，转速变频辅助起励回路开始工作，调节发电机系统转矩函数的数值与系统同期后风电机组主开关并网，连接到电网上输出电功率。此时起动程序全部完成后，风电机组处于稳定的工作状态。

如果风速突然降低导致这个过程不能完成，那么风电机组转速的提升将会终止。待风速满足条件后，自动重新进行。

由于风电机组是自动运行的，因此根据风电机组静止时所处的制动程序和叶片的位置，机组要通过不同的起动程序返回运行状态。

（1）起动方式A　当机组停机时叶片角度处于70°位置，且制动器不制动时，机组开始以转速曲线控制方式起动，并快速通过塔架的共振范围。如果风突然停止或产生共振，起动程序将中断、叶片重新回到70°位置。如果起动成功，异步发电机的转速达到1500r/min，允许的速度范围为1500r/min±250r/min，转速良好。变流器连接到电网，直流回路电容器充电，供励磁电压。此时，功率还是零，叶片角度设置成相应的限定值。

叶片角度逐渐向0°位置推进，转矩的设定值开始随之增加。利用设定的曲线来避免不必要的过头控制。起动完成，系统进入持续并网运行模式。如果风变小，转速将下降，如果风变大，系统将进入恒定1800r/min的控制。

（2）起动方式B　起动方式B和起动方式A唯一不同的是初始状态，起动方式B是在执行制动程序50或75后才开始起动的，起动过程与起动方式A的过程一样。

（3）起动方式C　在执行制动程序180、190或200停机后起动，与起动方式A和B截然不同的是，起动方式C需要执行自检。自检过程如下：风速传感器信号值正确与否检查；风向传感器信号检查；变桨驱动同步运行检查；蓄电池电量检查。

在检查的同时制动器已制动，通过磨损传感器检测到如果制动片已经磨损超过限定值，机组显示故障。如果没有，叶片向70°位置旋转。在该工程中制动器是不能滑动的。如果制动器有滑动，机组要停机。否则，到70°位置后，制动器是释放打开的。在变桨控制期间，起动所有的叶片角度的监视功能，以便一些可能的变桨控制故障被检测到。成功自检后，真正的起动程序开始。起动过程与起动方式A的过程一样。

2. 风电机组的正常运行

(1) 低于额定风速时的负荷特性　风电机组在低于额定风速并网运行时，风电机组变桨控制调节叶片桨距角度为恒定值（一般为0°倾角），风电机组转速随风速大小变化而变化。当风速较低时（3～5m/s），风电机组风轮叶片的角度为1°。依据发电机功率转矩-速度特性曲线，变流器调节发电机交流励磁电流频率，使发电机功率输出保持在最佳功率特性下。

(2) 高于额定风速时的负荷特性　风电机组在高于额定风速并网运行时，风电机组通过调整叶片的倾斜角度，不管风速如何变化，将转速保持恒定，使发电机在发电机功率转矩-速度特性曲线的额定功率区域工作。

3. 风电机组停机

风电机组从并网运行到静止，根据停止的方式会导致不同的制动程序，因而叶片会停在不同的位置并导致有不同的制动状态。包括以下制动程序：制动程序200、制动程序190、制动程序180、制动程序75、制动程序50。

有以下不同的停机程序，包括正常停机、快速停机Ⅰ、快速停机Ⅱ、紧急停机。

(1) 正常停机的条件　在满足下述一个或多个条件时，起动正常停机程序：

1) 风电机组连续负功率运行超过设定允许值时。

2) 发电机功率高于额定功率的20%。

3) 风速超过风电机组运行允许的范围。

4) 一个或多个风电机组部件的温度超过极限值。

5) 环境温度低于－20℃（材料可能变脆）。

6) 液压系统故障。

7) 齿轮箱的润滑油系统故障。

8) 控制系统检测到偏航控制系统的不正常运行。

9) 风速仪故障。

10) 风向标故障。

11) 风速和从转矩-速度曲线推导出的参考功率水平的比较不相匹配。

12) 风轮旋转方向故障。

13) 须进行解缆时。

14) 测量塔架和传动系统振动的振动传感器触发停机。

15) 齿轮箱高速轴和低速轴的速比和给定值不匹配触发停机。

16）变桨调节备用蓄电器的电压低于最低限值触发停机。

17）相同错误的连续不断发生通常会导致自动重启不能进行。

（2）正常停机过程　在对设备安全没有大影响，又不需要立即执行非主要故障时，执行正常停机。例如，超过额定功率1.2倍；发电机线圈、轴承温度、转子轴承温度、齿轮箱温度、齿轮箱轴承温度过高；压力不正常或泵泄漏（泵长时间在运行）；低速和高速齿轮轴之间的速比错误；油压异常；偏航控制故障；风速、风向传感器故障；环境温度低于-15℃；后备蓄电池电压低；变桨控制驱动单元电流不对称；变桨角度不同；塔架和传动装置振动检测超过限制范围。制动程序50，风轮叶片每秒近5°的速度旋转到90°的位置。变桨控制驱动装置由电网经由变频控制供电，并运行在可控制的方式下。根据发电机的转矩-转速曲线图，功率也相应地降低。在1200r/min时发电机将解列，叶片角度进一步调整到90°，主轴制动器不制动。在达到风电机组的切出转速时，也执行正常停机程序。如果相同的故障重复多次出现，风电机组装置将不能自动起动。

（3）快速停机Ⅰ的条件

当下列一个或多个条件被满足时，快速停机Ⅰ开始执行：

1）风电机组速度超过其运行速度的21%。

2）变流器故障或发电机转子超速。

（4）快速停机Ⅰ停机过程

1）发电机直接从电网脱离。

2）通过可控整流器的输出驱动变桨控制器。

3）桨距角以可控方式按照快速停机速度调整。

4）当叶片角度达到90°后，叶片停止运动，安全链不中断。

5）制动器保持松开状态。

（5）快速停机Ⅱ的条件

当满足下列一个或多个条件时，快速停机Ⅱ开始执行：

1）电网故障。

2）电压过低或电压过高。

3）频率过低或过高。

4）变流器出现电力故障。

5）变桨控制系统故障。

（6）快速停机Ⅱ停机过程

1）将发电机与电网直接解列。

2）后备蓄电池通过电流接触器直接连接到直流变桨驱动发电机上。

3）将叶片桨距控制器调节到最大速率（大约15°/s）。

4）当叶片到达顺桨位置时，由限位开关停止运转，安全链并未中断。

5）UPS（不间断电源）断电后最长可维持6min（电网故障时），如果断电时间超出这个界限，控制系统计算机将与UPS断开，安全链被打开（“自动故障防护”操作）。

6）电网恢复后，计算机控制系统校验电网数据。

7）如果安全链由于长时间断电而被打开，控制系统通过脉冲继电器将其复原。

8）如果风电机组没有任何问题，系统将自动起动。

上述过程结束后，风电机组保持风轮制动状态，只有在安全链复位后才能重新起动。

（7）紧急停机　引起紧急停机的原因有：功率超限，即超过额定功率的1.5倍；振动异常；主轴超速或齿轮箱高速轴转速超限，超过额定转速的1.2倍；按紧急停机按钮；制动故障；电源故障。

紧急停机安全链打开，将导致制动程序200，叶片以每秒15°的速度旋转，变桨控制驱动电源由后备蓄电池提供。直到叶片转到92°位置，限位开关动作。如果超过92°没有触发将发出故障信号，叶片还继续偏转到95°位置，限位开关动作。只适用于额定转矩制动，在设定的时间后，整个液压系统将断电，制动装置以2倍额定转矩来制动，发电机解列脱网，该过程不受主控制器的影响。

（8）手动停机　可以通过就地触摸屏或远程控制软件的停止按钮、手动制动开关、维护开关来手动停机。在并网运行过程中，通过限制转速控制器的输出信号来减少叶片角度。如果在强阵风条件下，转速控制器可以进一步减少输出信号。调整速度为5°/s，风轮转速降低，根据转矩-转速曲线图，功率也相应地降低。在接近1000r/min时，发电机将解列，叶片角度进一步调整到92°。手动停机时不采用制动。

7.1.2　双馈式风电机组检修维护的注意事项

1．风电机组定期维护前的须知

1）风电机组的运检人员必须对操作和风电机组的安全负责，不正确的操作会引起威胁人身和设备安全，因此工作前必须把各种危险和损害的危险点预控放在首要位置。

2）风电机组存在的任何设备缺陷，凡是影响机组正常运行的，不应投入运行。不得随意、擅自修改发电机的预设参数，并且各操作数据、安装、检测和保养均与厂家手册一致时才能够投入运行。

3）必须遵守所有发电机附属的或标明的安全警示和操作说明。所有的可能威胁安全的活动和工作方式都应该避免。

4）只有经授权的人员才能够出入风电机组的内部。塔架内部禁止吸烟，在风电机组附近必须戴安全帽。

5）在风电机组需要检查、修改参数时，只有运检人员才可以进行手工控制操作风电机组的起动、停止，从控制系统读取状态信息和操作数据等操作。

6）所有的风电机组安全和操作手册都必须存放在风电场，并且保持完善和便于阅读的状态。

7）风电机组设备未经授权，不得接近，塔架底部的门必须上锁。

8）在工作完成时，所有松动的螺栓和螺杆连接必须被重新拧紧。要求拧紧到规定扭矩的螺栓和螺杆连接时，必须使用校准工具进行拧紧。

9）如果工作在风电机组的安全设备上进行，那么完成工作后必须对安全设备的功能进行仔细的检查。

10）完成在风电机组上的作业之后，所有的设备必须彻底清理干净。所有的工具、替换的工具、易燃物品、碎屑和包装必须移走。必须依照相关的规定，小心地以合乎环境要求的方式安全处理操作原料、耗材和替换部件。

2. 风电机组防火安全注意事项

1）工作完成时，必须将所有垃圾、污染物、空的容器（尤其是盛有油的容器）以及其他易燃物废料运走。

2）当使用会产生热量的工具工作时，例如金属焊接等，工作场所必须保证没有多余的或溢出的机油或油脂，并且在工作场所附近应该提供合适的遮蔽物和保持适当的空气流通。在进行此类工作时，必须保证周围有马上可以取到的灭火器。

3）如果风电机组设备发生起火，或火势蔓延至风电机组设备周围，必须立即对风电机组设备火灾进行控制。

4）此时应通过电闸盒里的电源开关或变电站的开关尽快切断电源，如果火势太大无法进行这些操作，应立即通知相关电力公司的负责人，以便采取相应的措施切断电源。

5）操纵室和塔基里面备有灭火器以便随时灭火。CO_2 灭火器适用于对电器设备进行扑火，其他任何情况下则应使用 ABC 灭火器进行扑火。

6）如果火势不能及时扑灭，应立即封锁风电机组周围 500m 内的范围，同时立即报警，通知消防部门。

3. 塔架内的攀爬作业

1）在塔架内楼梯攀爬或者在风电机组设备上长时间工作的人员必须佩戴合格的防坠安全装置，包括：安全带、减振器、系索（两条装有安全扣的拖动系索）和绳圈。

2）在攀爬塔架之前，每一个人必须熟悉这些安全设备的使用。在使用防坠安全装置之前，使用者必须检查装置是否完好。绳圈中救生索的完好检查必须在地面进行。悬停检测也必须在地面进行，已确定安全带是否合身。

3）一次同时只能有一个人在一段塔架楼梯上进行攀爬作业。这就意味着在开始攀爬之前，必须确认前一个人已经离开楼梯到达顶部或者已经通过下一个平台的活门。

4）进入塔架或者攀爬楼梯必须穿戴安全鞋和安全帽。工具或者小件物品只允许由传送带进行传送。在人附近传送这些物品，或者在衣服、口袋中携带也是不允许的。

5）不论上升或者下降，在通过之后，平台的活门盖必须关闭。在到达防摔救生索的末端之后，如果顶端平台的活门盖没有关闭，那么安全系索就必须保持扣紧状态。

6）在楼梯结冰的时候一般禁止攀爬。

4. *在风电机组上维护和维修的注意事项*

1）在风电机组上工作的人员必须穿着安全帽、安全鞋和工作服。当风电机组进行维护和维修而需要停机时，必须要防止风电机组自动或意外的起动，造成对人员的伤害。

2）在风电机组工作的时候，必须有至少两人在现场。每一个人都必须清楚另一个人在风电机组中的具体位置。每一个人在离开或变换他自己的位置时，必须告诉另一个人，而且此信息在离开当前位置之前必须得到确认。不允许有人单独在风电机组设备上进行工作。

3）运行人员登塔要使用安全带、戴安全帽、穿安全鞋。零配件及工具必须单独放在工具袋内，工具袋必须与安全绳联结牢固，以防坠落。只有安全带和防摔绳索装备之后，才可以攀爬作业。在攀爬之前，风电机组必须停机，塔架的照明灯必须打开。

4）在风电机组设备中任何电源开关柜内或者对任何带电部件进行操作，设备必须停电，断开回路电源开关或者变压器的主开关，并悬挂“禁止合闸，有人工作”安全标示牌。

5）被断电的设备，工作前必须通过验明确无电压，然后把设备接地。如果附近的部件仍然在工作，则必须采取措施加以隔离。

6）正常运行时带有高压的设备的检修门必须保持关闭，并且上锁，确保安全。

7）工作中检查发现电缆接头有松动和损坏的必须马上校正和更换。

8）在进入风轮轮毂轴里工作前必须进行以下操作：

① 停止风电机组运行，按下风电机组紧急停机按钮使得风轮制动。

② 使用风电机组锁定销锁死风轮。

③ 分别断开变桨控制单元三个转换箱上蓄电池的电源开关和 400V 交流电源

开关。在风电机组重新投入工作前，开关必须重新合上。

5. 使用润滑剂和其他物质时的注意事项

1）润滑剂（机油、油脂等）的使用必须严格遵照材料使用厂家维护安全手册中规定的油品。

2）风电机组内使用的润滑剂或其他物质引起的任何污染和污染物，必须立即进行清除。

3）在每次进行攀爬前，应检查梯子、平台以及操纵室地板上是否黏附有机油、油脂或其他类似物质，黏附有这些物质的地方必须立刻清除干净，以免滑倒。

4）在打开任何有液压部件的子系统或者任何液压管道之前，必须先对子系统进行泄压处理，并且要进行压力测量，以免油泵自动开启。

5）当在液压系统下进行工作时，必须非常小心，注意清洁，避免水或其他脏物进入系统，造成损坏。

6）当用到机油、油脂或者其他化学物质时，必须时刻注意这些物质的温度。应按照使用这些物质的适用的安全规则进行。

6. 定期例行维护周期要求

1）维护工作包括塔架和机舱及所有与其相关的部件、叶片系统、风电机组的控制系统和风电机组远程监控系统以及其相关部件。

2）定期维护周期有四种不同的维护类型描述如下：

维护类型1：风电机组实际运转300~500工作小时。

维护类型2：年中维护（半年）。

维护类型3：年度主要维护（此维护包括年中维护）。

维护类型4：运转5年后的维护（此维护包括维护类型3）。

对整台风电机组以及单个部件，除了规定的定期维护检查外，也可以随时进行维护检查作为补充。

3）所有维护检查必须完整地写入维护检查报告，并将维护报告存档。在执行维护检查之前，必须仔细掌握维护内容，并了解风电机组的具体缺陷状态等信息。

4）定期例行维护的范围（具体见各厂家的维护手册）：常规检查维护、叶片的维护、变桨轴承的维护、变桨系统齿轮箱的维护、导流罩的维护、防雷元件的维护、中心润滑元件的维护、轮毂、主轴承和机舱底座的维护、齿轮箱的维护、主路滤油器的维护、旁路滤油器的维护、风轮制动的维护、集电环的维护、联轴器的维护、发电机的维护、起重机的检查、风速仪支架的维护、航空警示灯的维护、液压系统的维护、偏航系统齿轮箱的维护、偏航制动的维护、偏航轴承的维护、电缆的维护、塔架的维护、地基的维护、变流器的维护、清理风电机组、安全功能等。

7.2　华锐 FL1500 系列风电机组故障处理及维护维修

7.2.1　FL1500 系列风电机组的常见故障

7.2.1.1　FL1500 系列风电机组简介

1. FL1500 系列风电机组的组成

FL1500 系列风电机组技术成熟，具有变桨、变速恒频的功能，是特别为高效利用陆地风能而开发的机型，是当今世界风电最先进的技术代表，具有发电量大、发电品质高、结构紧凑等优点。机舱结构示意图如图 7-1 所示。

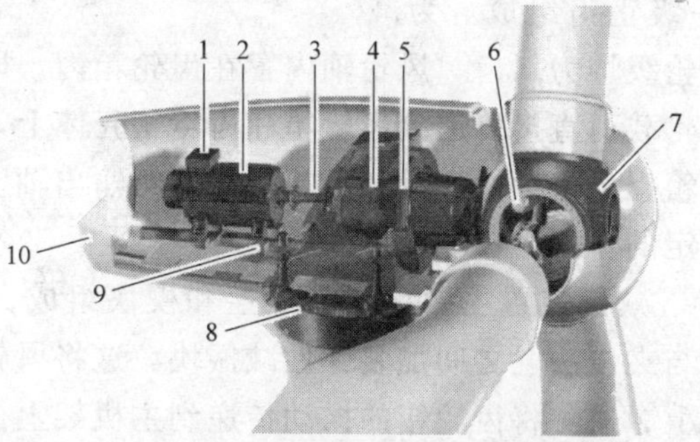

图 7-1　FL1500 系列风电机组机舱图

1—冷却系统　2—发电机　3—制动联接装置　4—齿轮箱　5—减噪装置　6—变桨系统　7—轮毂　8—偏航系统　9—主机架　10—机舱罩

（1）叶片　叶片为玻璃纤维/环氧树脂制成的多格的梁/壳体结构。叶片将风能转换为机械能并传递到轮毂上。每支叶片有内置的防雷电系统，包括一个位于叶尖的金属尖、一根沿着叶片翼梁布置的接地电缆和一根接到变桨轴承的接地电缆。

（2）轮毂　轮毂为铸造结构，用于将叶片载荷传递到齿轮箱上，如图 7-2 所示。

（3）变桨系统　变桨系统作为主要的制动系统使用，可以在额定功率范围内对风电机组速度进行控制。变桨系统包括变桨电机、齿轮箱和变桨轴承，可以实现对每个叶片单独调整。

从额定功率起，通过控制系统将叶片以精确的变桨角度向顺桨方向转动，实现风电机组的功率控制。

如果一个驱动器发生故障，另两个驱动器可以安全地使风电机组停机。风轮

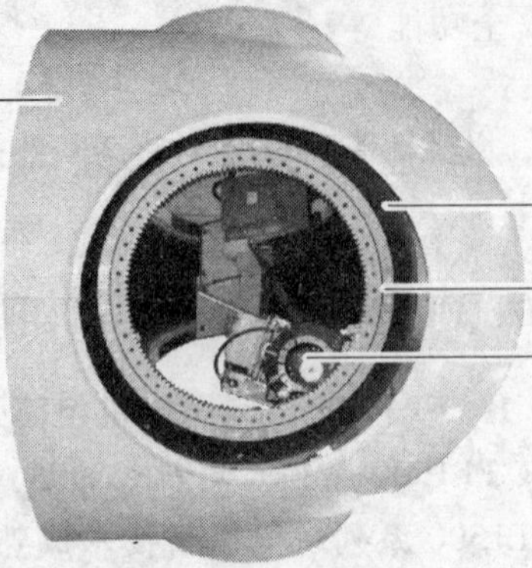

图7-2 轮毂
1—机舱罩 2—轮毂 3—变桨轴承 4—齿轮箱

叶片调整驱动器的供电为冗余形式，使每个叶片都可以作为独立的制动系统，使风电机组停止。

另外，在变桨轴承和叶片根部法兰之间装上特制斜垫，可以保证即使在3个变桨驱动器都发生故障的情况下，也能使叶片在自重和风的作用下，自动顺桨。

(4) 齿轮箱 齿轮箱安装在主机架上。风电机组通过一个多级齿轮箱将风轮转速提高到发电机转速。齿轮箱由两级行星和一级正齿组成。为减小噪声，所有的齿轮级均为斜齿。风轮轴内置在齿轮箱内，即轮毂直接与齿轮箱的传动轴连接，风轮载荷直接传递到齿轮箱和齿轮箱壳体上。提供一个冷却润滑装置，确保为齿轮箱提供持续的润滑和冷却。齿轮箱输出轴上的一个盘式制动器起到紧急制动和锁定的作用。

(5) 减噪装置 减噪装置主要由夹击法兰和楔块组成，并在主机架与齿轮箱之间以及齿轮箱与夹击法兰之间加装弹性减振块。这将风轮施加在齿轮箱上的载荷传递到主机架上，避免将齿轮箱的振动传递到主机架上。

(6) 主机架 主机架（见图7-3）将来自齿轮箱的力转移到塔架上。主机架是一个焊接结构，发电机安装在主机架的发电机支架上，主机架上还装有偏航驱动器，一台辅助吊车，变流器柜和电源柜，设备和电源的断路器，以及控制系统部件。

(7) 发电机 SL1500系列风电机组装有一台双馈式异步发电机。发电机装有一个全封闭式的集电环装置，确保低磨损。

为了避免潮湿损坏发电机，发电机安装有加热绕组。此外，在发电机内装有传感器用于监控温度。

(8) 偏航系统 偏航系统（见图7-4）由偏航齿圈、4台偏航驱动器和偏航轴承组成。偏航齿圈与塔架连接，偏航轴承和主机架连接。主机架和偏航齿圈之间以及偏航轴承和主机架之间嵌有滑动垫片。滑动垫片内含润滑油脂，无需维护。根据风向记录的信号，由安装在主机架上的偏航驱动器，使机舱旋转，在偏航齿圈上滑动。

(9) 制动联接装置 制动联接装置包括安装在齿轮箱输出轴上的一个液压盘式制动器，以及盘式制动器与发电机驱动轴之间的联轴器。

制动器用于工作时紧急停机，在非工作时作为锁定使用。制动器动作时需要

图7-3 主机架

1—发电机 2—制动联接装置 3—齿轮箱 4—减噪装置 5—风轮轴
6—冷却润滑装置 7—偏航驱动器 8—主机架

图7-4 偏航系统

1—偏航驱动器 2—偏航轴承 3—偏航齿圈

液压系统工作。起动制动器时，压力降低，制动闸瓦通过弹簧力压在制动盘上。液压系统重新加压时，制动器松开。制动器闸瓦的磨损情况经检测并在PC上显示。制动器闸瓦可以自动调整，永远保持在正确的位置。

联轴器将齿轮箱输出的力矩传递到发电机驱动轴上，如图7-5所示。联轴器电绝缘，防止漏电；可以补偿轴向和径向的位移和轴向旋转，阻断不利的峰值载荷传递到发电机上，同时也阻断发电机的反作用。另外联轴器为胀套式，内嵌铜套，在扭矩过大时打滑，防止对发电机轴和齿轮箱轴造成损坏。

(10) 冷却 齿轮箱的冷却润滑通过安装在机舱内的一台油-空气冷却器

图 7-5 制动联轴器

1—发电机驱动轴 2—联轴器

(见图 7-6）实现。在冷却环路中有一个热电旁路阀，当油温过低时将冷却器旁路，保证油温快速升高到工作温度。另外在温度极低时齿轮油会通过电气加热。齿轮箱油温终身持续检测。如果超过工作温度范围的上限，位于散热器上方的电机起动，带动风扇加速散热。这些措施可确保齿轮箱油温永远保持在最佳温度范围。

图 7-6 冷却

发电机和变流器的冷却用一台安装在机舱外的水-空气冷却器进行水冷。

(11) 风力数据记录器 风力数据测量通过安装在机舱外的一个风速仪实现。风速仪用于确定风向和风速。为防止受到风轮和塔架的影响，风速仪安装在机舱后上方的机舱罩上。根据测量结果，偏航系统旋转机舱，使风轮最佳对风。

(12) 玻璃钢罩 轮毂和机舱有玻璃钢罩，保护设备部件不受气候影响，并起到降低噪声排放和增强空气动力的作用。玻璃钢罩装有笼式防雷装置。

（13）塔架　有两种类型的塔架：一种是圆筒式钢制塔架，另一种是混合式塔架。

1）圆筒式钢制塔架。根据轮毂高度和风电机组的机型，钢制塔架分 3 段或 5 段。各段之间，塔架段与基础之间，以及塔架段与机舱之间为法兰接头，通过预紧螺栓连接。在每个连接法兰下方和顶部法兰下方设有安装平台。塔架内有带保护装置的梯子、休息平台和电缆桥架。

2）混合式塔架。混合式塔架是包括基础和分段钢制塔架的混凝土塔架。混凝土塔架段是现场混凝土施工，在外部预紧连接。塔架内的紧固钢筋将钢制塔架段和含基础的混凝土塔架段连接。钢制塔架段的结构与圆筒式钢制塔架的结构特点相同。在塔架内有梯子，带安全防护装置、休息平台和电缆桥架。在混凝土塔架段和钢制塔架段连接处下方，有一个安装平台，在那里从混凝土塔架的梯子换到钢制塔架的梯子。基础内还有一个地下室，那里可以测试钢筋，必要时可拉紧钢筋。

（14）防雷电系统　如果发生雷击，雷电从风轮叶片通过叶片接地装置传导到轮毂，经过齿轮箱轴到齿轮箱外壳和主机架。然后通过塔架及塔架接地和基础接地装置传导到地下。如果机舱外壳、轮毂外壳或风向标受到雷击，也以相同的路线传导。在风电机组转动部件（叶片-轮毂，齿轮箱轴-齿轮箱外壳）上安装有带碳纤维刷的不锈钢避雷器或者不锈弹簧钢集电环装置（主机架-齿圈），如图 7-7 所示。

间接防雷保护通过电压避雷器实现。

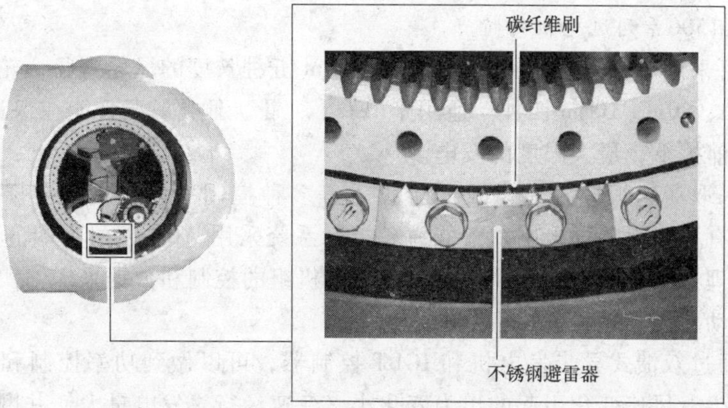

图 7-7　防雷电系统

（15）电气设备　风电机组有一台双馈式异步发电机，带变流器（IGBT 电压源变流器），实现变速运行。采用双馈式发电机实现变速运行，与其他方案相比有以下基本技术优势：电效率较高，谐波载荷降低。

功率输出和功率因数（cosφ）可以在整个功率范围内，根据外部的目标值进行逐级控制或采用一个固定值控制。发电机和变流器均装有多个温度传感器用于监测温度，还装有加热装置，防止发生冷凝。

1）控制系统。控制系统包括3台可编程序逻辑控制器（PLC），彼此之间通过以太网系统通信。这些单元布置在机舱内和塔架底部。每个单元独立负责相关的控制功能。

2）电网连接。发电机的控制动作类似于一个同步发电机。变流器在转子侧有两个独立的值是可调的，也就是力矩和励磁。励磁决定产生的无功功率，力矩决定风电机组的总发电量。在正常运行情况下，cosφ 为常数。力矩则根据转速进行调节。在正常工作情况下约有80%的有功功率来自定子，约20%来自发电机的转子。因此，与全部功率通过变流器传导的同步或异步发电机的变速设备相比，此发电机产生较少的谐波载荷。

① 闪变。风电机组的控制方式能够实现没有突然的载荷变化。所以，闪变载荷是可以忽略的。

② 谐振。IGBT 变流器的恒定切换频率约为3kHz。因此，由于切换频率高且恒定，滤波量很少，谐振比例很小（THD 约小于5%）。

③ 切换过程。只有在 DC 中间回路加载时才出现切换过程。DC 中间回路的电容通过一个电阻加载。产生的电流值最大为额定电流的1%。

④ 接入电网。发电机与电网实现平滑同步。同步后，力矩和功率缓慢地进行调节。

2. FL1500系列风电机的特点

1）可采用70m 、77m、82m、90m、93m 五种长度的风轮直径，轮毂高度有65m、70m、80m、100m 四种。适用于 IEC Ⅰ 、Ⅱ 、Ⅲ类风况，能在保证20年工作寿命的前提下，最大限度的发电。

2）采取变速恒频控制以及同步投入等多种控制手段，大幅度提高电能质量，并具有相当大的抗电网跌落能力。控制系统采用 ABB 公司高端的 CPUKT98 为中央处理器和多功能控制器完成整台风电机组的控制和数据采样，实现风电机组的全自动控制和远程监控。

3）通过双馈式异步发电机和 IGBT 控制器，可以做到功率控制和抑制冲击电流的发生，风速变化引起的出力变化小，变速运行，发电量大，并网时对于电网冲击电流小。

4）变速恒频及磁链解耦控制大幅延长了核心部件的使用寿命，同时显著提高发电量。IGBT 的可变速控制，可以按功率因数为1控制出力。而且，发电机也因为利用了 IGBT、在已励磁的状态下同步投入，可以防止突入电流，适合于弱的系统。

5）电动变桨具有更为快速的响应速度、更为准确地控制桨距，三个桨距系统互相独立，其中一个出故障，也能安全停机，电动变桨，没有漏油隐患，可靠性更强，维护量更少。内带蓄电池，在电网掉电的情况下仍能实现桨叶调节，保证了风电机组的安全。

6）偏航系统简单实用。在塔架上部法兰的上下及侧面布置滑动板，使机舱在此滑动板上滑动并旋转，能够用滑动板承受荷重。另外，偏航系统动作时也能承受荷重。滑动板具有摩擦力，可以省去油压偏航制动器。偏航系统采用变频调速实现机舱的准确对风。

7）风电机组主轴内置于齿轮箱内，与外伸主轴相比，机舱重心可以更加靠近塔架中心，大大减少了由于风载荷及设备自重对偏航系统、塔架基础的倾覆力矩，减少部件和整机的承载能力和机舱的体积。

8）叶片前端部采用金属结构，以保护叶尖不受损坏。在各可动部分都装设电刷，迅速泄放电流。机舱顶部还设置避雷针。

7.2.1.2　故障统计

表 7-1 为 FL1500 系列风电机组典型故障列表。

表 7-1　FL1500 系列风电机组典型故障列表

故障序号	故障名称	参数要求	故障描述
1	变流器检测到电网损耗	无	变流器通过线路看门狗监测电网损耗，当线路电压超出预定范围，一个信息发送到 PLC 快速任务中，变流器处于等待状态，PLC 产生故障代码。当线路重新恢复正常，变流器进入准备状态，故障在 PLC 侧复位
2	变流器复位超时	TimConOff(200)：变流器关断的监视时间，以 100ms 为单位	在 S_INIT 状态下，变流器关断，如果关断时间超时，故障代码置位
3	机舱零位置信号丢失	无	风电机组第一次起动时，机舱零位置信号没有找到，计时器运行，如果时间超时，故障代码置位
4	柜外 24V 熔断器	无	柜外 24V 电源熔丝反馈信号丢失
5	变流器检测出现错误	无	当变流器进入闭塞状态时，故障产生，有一个来源于变流器 CAN 故障序号，如果序号不为 0，则变流器处于闭塞状态

（续）

故障序号	故障名称	参数要求	故障描述
6	模拟量模块不在总线上	无	模拟量模块通过简单的存在位进行检测，如果该位置位，并且所有模拟量输入为零，则模拟量输入故障。如果该位置位，模拟量输入不合理，则风电机组在故障状态下停机
7	齿轮箱加热时间	TimGeaHea(4320000)：齿轮箱加热的最长时间，以5ms为单位	如果齿轮箱的加热时间超时，则故障代码置位
8	偏航时间	无	如果设定了自动偏航，当机舱不在指定位置时，偏航起动，偏航达到指定位置的最长时间被监视
9	轮毂速度继电器1或2线路切断	RotSpeWirCut(3277)：轮毂速度切断要求。3277等效于2mA	线路切断故障输入值小于4mA，此时，轮毂速度信号切断故障置位
10	高压变压器温度	TemTraHV_Fai(1550)：Modbus地址：410689高压变压器温度故障限值，以0.1℃为单位 TemTraHV_Fai(10s)：Modbus地址：420656高压变压器超温时间延迟	高压变压器所有的三个温度检测高于120℃，低于20℃，传感器是在短路及断路情况下检测
11	机舱电池电量极低或没有	无	电池电压低于330V的时间大于参数TimBatLow限定时间(大约20s)
12	机舱温度—高	TemNacHig(500)：Modbus地址：410617机舱高温故障限值，以0.1℃为单位	检测到机舱高温，限值存储在参数TemNacHig中
13	机舱温度—低	TemNacHig(−150)：Modbus地址：410618机舱低温故障限值，以0.1℃为单位	检测到机舱高温，限值存储在参数TemNacLow
14	变流器侧滤波器的熔丝	无	滤波器线路熔断器反馈信号丢失
15	偏航额定速度没有达到	YawMovTim(10s)：Modbus地址：420642偏航系统打开后偏航动作的最长时间，在低温情况下，时间加倍(环境温度<15℃)	如果偏航没有达到额定频率，故障代码产生。由于偏航系统在温度低的情况下需要更长的时间达到额定功率，所以温度低时时间加倍

（续）

故障序号	故障名称	参数要求	故障描述
16	偏航变流器熔丝	无	如果偏航熔断器断开，故障代码产生，风电机组不能起动
17	制动泵没有压力	TimBraFai（10s）：Modbus 地址：420644 制动泵故障操作的最长持续时间	液压泵被检测
18	安全链没有检测到关闭的制动器	无	正常运行时制动起动，故障产生
19	齿轮箱油温大于90℃	无	当齿轮箱油温高于90℃时，故障代码产生。该温度通过一个数字传感器进行测量（高位＝齿轮箱油温小于90℃，低位＝齿轮箱油温大于90℃）
20	机舱位置超出	无	如果偏航断路器断开并且终端位置开关信号为低位（机舱处于终端位置），此时软件不能移动机舱偏航。为了重新起动偏航，必须通过建立短路桥来移出终端位置，故障代码产生
21	直流电源的熔断器或接地电流保护	无	变桨及电池柜直流电源的熔断器或接地电流保护
22	齿轮箱泵高速运行时断路器	无	齿轮箱泵高速运行时断路器断开
23	转动锁定开关没有设定成自动模式	无	如果转动锁定开关没有设定成自动模式，故障产生，可以通过手动操作盒来锁定制动控制
24	制动阀故障	TimBraTOF（4s）：Modbus 地址：420645 制动脉冲的时间范围。如果制动泵频繁运行，故障代码产生 TimBraTOF（15s）：Modbus 地址：420646 两次制动泵运行的最小时间间隔	如果制动泵由于制动阀没有正确闭合而一直处于通和断状态，则故障产生
25	400V 电源中断	无	400V 电源中断，故障产生
26	风速仪测量错误	无	风速仪测量错误直接由风速仪发送。当错误测量超过10s，信号将发送给PLC。在故障产生前，信号延迟2min
27	轮毂速度过低	SpeDifMax：两者差异最大值：200r/min TimSpeDifDel：错误的发电机速度与轮毂速度差异持续时间：500ms	轮毂和发电机的速度差异被检测，轮毂速度过低

（续）

故障序号	故障名称	参数要求	故障描述
28	发电机转速过低	SpeDifMax：两者差异最大值:200r/min TimSpeDifDel：错误的发电机速度与轮毂速度差异持续时间:500ms	轮毂和发电机的速度差异被检测，发电机速度过低
29	高级别超速检测	SpeErrSaf：Modbus 地址:410620。安全链速度限制为 1980r/min。当达到这个限制值时，安全链通过 PLC 打开，故障 Err152 产生	高级别超速，利用所有速度信号的最大值检测，故障出现安全链将打开
30	低级别超速检测	SpeErrMax：Modbus 地址:410619。PLC 速度极限值为 1950r/min。当达到这个极限值时，故障 Err153 产生	当超速软件级别达到时，一个故障代码产生。这个故障不需要硬件检测（极限值在参数 SpeLimPlc 中）
31	电池检测电网掉电	无	电池检测电网掉电
32	变流器不同步	无	如果轮毂处于状态 3 并且速度高于参数 SpeConSynLim 值，变流器已经不同步。当同步进行时间超过参数 TimConSyn 值（大约 20s），故障被创建
33	电池温度过低	无	当电池温度过低时，故障产生
34	在备用或更新单元电池电压过低	无	如果在备用或更新单元电池电压过低，则故障产生
35	功率消耗 > 30kW	无	如果 1min 内功率过滤值在 30kW 以下（应该从不发生这种情况），一个故障输出
36	230V 偏航制动器熔丝	无	偏航制动器的线路保护器被检测，如果熔丝断，则风电机组停机并产生故障代码
37	水泵的断路器	无	当水泵断路器打开，故障代码产生
38	变频柜入水口水压阀断路器	无	当变频柜入水口水压阀断路器打开，故障代码产生
39	230V 变桨制动器熔丝	无	变桨制动器的线路保护器被检测，如果熔丝断，则风电机组停机并产生故障代码
40	安全检查时制动器没有关闭	无	当安全检查时制动器是闭合的，制动器位置传感器在制动器闭合时信号不是低的

（续）

故障序号	故障名称	参数要求	故障描述
41	安全检查时制动器压力	无	当安全检查时制动器是闭合的，制动器压力在其闭合时不是低的
42	柜风扇熔断器	无	如果柜子风扇开关反馈有问题，则故障代码产生
43	230V 电源接口继电器熔丝	无	如果熔断器给 230V 电源线路的电流接触器反馈有问题，则故障代码产生
44	温控加热器熔丝	无	如果温控加热器熔丝有问题，则故障代码产生
45	制动泵电流接触器	TimCot：电流接触器输出和反馈之间的时间最大值为 500ms	制动泵电流接触器输出和反馈必须相同
46	齿轮箱风扇电流接触器	TimCot：电流接触器输出和反馈之间的时间最大值为 500ms	齿轮箱风扇电流接触器输出和反馈必须相同
47	水泵电流接触器	TimCot：电流接触器输出和反馈之间的时间最大值为 500ms	水泵电流接触器输出和反馈必须相同
48	机舱烟雾探测	无	当机舱从站连接到以太网上，而且从烟雾探测器发出的输入信号低，则故障产生
49	600s 内机舱摆动警告 3 次	无	如果 600s 内机舱摆动警告 3 次，那么故障信号产生
50	塔基烟雾检测	无	当塔基连接到以太网上，而且烟雾探测器的输入信号低，则故障产生

7.2.2　FL1500 系列风电机组的维护及维修

7.2.2.1　变桨系统

变桨系统：变桨系统是安装在轮毂内作为气动制动系统或在额定功率范围内通过改变叶片角度从而对风电机组运行功率进行控制。

变桨功能：从额定功率起，通过控制系统将叶片以精细的变桨角度向顺桨方向转动，实现风电机组的功率控制。

制动功能：理论上三个叶片中的一个转动到顺桨位置，就可以实现气动制动，可以安全地使风电机组停机。变桨系统采用了独立同步的三套控制系统，具有很高的可靠性。

维护和检修：在进行维护和检修工作时，必须携带《检修卡［变桨系统］》。

《检修卡［变桨系统］》上的每项内容必须严格进行检修与记录。

如果环境温度低于－20℃，不得进行维护和检修工作。低温型风电机组，如果环境温度低于－30℃，不得进行维护和检修工作。

1. 变桨轴承检查

防腐检查：检查变桨轴承表面的防腐涂层是否有脱落现象，如果有，按《涂漆规范》及时补上。

检查变桨轴承表面清洁度：由于风电机组长时间工作，变桨轴承表面可能因灰尘、油气或其他物质而导致污染，影响正常工作。首先检查表面污染物质和污染程度，然后用无纤维抹布和清洗剂清理干净。

变桨轴承密封检测：检查变桨轴承（内圈、外圈）密封是否完好。

检查变桨轴承齿面：检查齿面是否有点蚀、断齿、腐蚀等现象，发现问题立即修补或更换新的变桨轴承。

检查变桨轴承噪声：检查变桨轴承是否有异常噪声。如果有异常的噪声，查找噪声的来源，判断原因进行修补。

2. 变桨轴承润滑

1）必须清理干净加油嘴及附近。

2）每个轴承需要润滑脂1600克，润滑脂型号为MOBIL SCH 460。

3）在润滑过程中应小幅度旋转轴承。

4）加润滑脂工作完成后应立即清理干净泄漏的润滑脂。

5）工具：黄油枪、抹布、清洁剂。

3. 变桨电机检查

1）检查变桨电机表面的防腐涂层。防腐涂层是否有脱落现象，脱落后，可按《涂漆规范》及时补上。

2）检查变桨电机表面清洁度。检查变桨电机表面是否有污物，如果有，用无纤维抹布和清洗剂清理干净。清理时尽量保持抹布的干燥，防止水滴流进电机内部，造成绕组短路等。

3）检查变桨电机振动及噪声情况。检查变桨电机是否有异常声音或剧烈振动。如果有，关闭电源后再进行如下检查：

① 检查变桨电机轴承：是否润滑脂过多/过少/失效；轴承是否磨损，轴是否弯曲变形；是否承受额外轴/径向力等。

② 检查变桨电机转子系统是否达到动平衡；转子笼条是否有断裂、开焊；安装是否紧固；是否有共振等。

4）检查变桨电机是否有过热。如果过热，关闭电源后再检查变桨电机绝缘电阻和变桨电机轴承。

5）检查变桨电机接线情况，如果松动，关闭电源后再清除导线和端子上的氧化物并重新接线牢固。

4. 变桨齿轮箱与变桨小齿轮检查

1）检查变桨齿轮箱表面的防腐涂层。防腐涂层是否有脱落现象，脱落后可按《涂漆规范》及时补上。

2）检查变桨齿轮箱表面清洁度。表面如果有污物，用无纤维抹布和清洗剂清理干净。

3）检查变桨齿轮箱润滑油油位是否正常。如果不正常，检查变桨齿轮箱是否漏油，修复工作和加油工作完成后，将齿轮箱用无纤维抹布和清洗剂清理干净。

4）检查变桨齿轮箱的噪声情况。检查变桨齿轮箱是否存在异常声音。如果有，检查变桨小齿轮与变桨轴承的配合情况。

5）检查变桨小齿轮与变桨齿圈的啮合间隙。正常啮合间隙为0.2～0.5mm。

6）检查齿轮表面锈蚀、磨损。齿面磨损是由于细微裂纹逐步扩展、过大的接触剪应力和应力循环次数作用造成的。仔细检查齿轮的表面情况，如果发现轮齿严重锈蚀或磨损、齿面出现点蚀裂纹等，应及时更换或采取补救措施。

5. 加润滑油

变桨齿轮箱加润滑油要求如下：

1）必须清理干净加油嘴及附近。

2）根据实际缺少情况加油。

3）加油工作完成后应立即清理干净泄漏的润滑脂。

4）工具：黄油枪、抹布、清洁剂。

变桨小齿轮与变桨大齿圈之间润滑要求如下：

1）清理旧润滑脂。

2）将油脂均匀涂抹在每个齿上。

3）在润滑过程中应小幅度旋转轴承。

4）加润滑脂工作完成后应立即清理干净泄漏的润滑脂。

5）检查回收的废润滑油脂，查看里面是否有过多的杂质或金属颗粒。以此来判断轴承磨损情况。

7.2.2.2　发电机

1. 发电机概述

图7-8是华锐FL1500系列风电机组实物图。

风电机组是把旋转的机械能转换为电能。在风电机组中采用了双馈式异步发电机的形式。发电机的定子直接连接到三相电源上，转子和变流器相连。它包括两个受控的IGBT桥，用一个直流电压连接。

发电机的转速范围是1000～2000r/min，同步转速是1500r/min。电压频率和

图 7-8 FL1500 系列风电机组实物图

转子电流与转速差（实际和同步发电机的转速）相对应。这个差值称为转差率，通常以同步转速的百分比的形式给出。

定子电压等于电网电压。转子电压与转差频率成正比，取决于定转子的匝数比。当发电机以同步转速转动时，转差率为零，这就意味着转子的电压为零。

2. 发电机参数（见表 7-2）

表 7-2 双馈式异步发电机的技术参数

额定输出	1810r/min 时为 1520kW
极数	4 极
速度范围	1000 ~ 2000r/min
功率因数	从 $\cos\varphi = 0.9$ 电感型到 $\cos\varphi = 0.9$ 电容型
定子电压	AC 690(1 ± 10%) V
最高定子电流	1300A(转子短接)
定子连接	D

（续）

转子连接	Y
堵转转子电压	大约 AC 2000V
最高转子电流	470A
频率	50Hz
效率	≥97%（在功率变流器模式，1810r/min，额定电压，没有辅助设备的情况下）
安装位置	内陆和海岸地区
场所	在最低限度通风的机舱内
户外的气候	腐蚀、含盐的气候、流沙
相对湿度	5% ~95%（+40℃）
冷却	水冷：冷却水的凝结点为 -30℃
水压	≤5bar⊖
入口水温度	≤ +50℃
最大发电机损耗	≤45kW
水流通过速度	大约 60L/min
保护等级	≥IP54
周围条件	（-30℃）-15 ~ +45℃
机舱内的温度	（-30℃）-15 ~ +55℃
最大电压变化率	尖峰电压时 2.5kV/μs，10% ~90% 的尖峰电压时 2.0kV/μs
转子回路的最大尖峰电压	2kV（相-相，相-地）
超速测试速度	2160r/min，t≥2min 2300r/min，t≥10s
旋转的方向	向驱动轴方向看是逆时针
发电机重量	大约 5300kg
惯性旋转转矩	大约 78kg/m^2
平衡性能	G2.5（DIN ISO 1940 Part 1，Mechanical Vibration；Balance Quality Requirements for Rotors）
操作方式	S1：适合与亚同步和超同步串级操作
制造标准	EN　60034/95
绝缘等级	H 等级
保修期	5 年，包括轴承和涂漆
轴承润滑方法	自动的轴承润滑系统，寿命≥3 年

⊖ 1bar = 10^5Pa。

（续）

推荐的润滑剂	MOBILITH SHC100，如果使用不同的润滑剂，必须证明与推荐的润滑剂具有相容性
维修周期	集电环系统寿命≥3 年，集电环系统的维修周期≥6 月
集电环	集电环不变形≥10 年，如必要，集电环必须是可替换的

3. 发电机水冷系统

（1）维护清洗机器的冷却管道　为了能够持续保证冷却水的理想冷却效果，我们建议，以相应的时间间隔清理机器的冷却管道。对开式冷却循环的机器：≥1 年；对封闭冷却循环的机器：≥5 年。水硬度（石灰含量）越高，越要极早地考虑冷却管道的杂质。

悬浮物含量高低取决于运行的情况：持续运行（没有停车时间）；间歇运行（有停车时间）。

机器的持续运行。冷却水的悬浮含量在这里基本上是较大的，而停车（例如检修）机器的冷却管道要完全放空并且被冲洗。表面上的沉积物必须有序地去掉，特别是排风和冷凝水排放口的螺栓必须没有沉积物。所有 O 形密封环必须检验或者需要时予以更新。

机器有停车时间的间歇运行并且冷却水流通也因此停止，冷却水的悬浮物含量保持很低即最佳值：最大 10ppm。这是很必要的，因为在停车时悬浮物对水中形成的离子和分布极细的碳酸钙微粒，像一种吸收剂一样起作用。离子和微粒固定在悬浮物上，它们成长并且能够在冷却系统之内形成较小的截面。另外值得推荐的是作为一种防腐材料掺到冷却水中（例如 Henkel 厂的磷酸亚铁）。

在长时间停车时（>1 个月），我们建议把机器的冷却管道完全放空并用一种防腐材料冲洗或者充填。

（2）用锅垢或水垢溶解液进行清洗的过程　如果机器管道产生不允许的杂质，那我们建议起动下述清洗过程。

1）化学清洗只允许受过相应训练的人员来进行。保护措施可以从为所用产品附的安全数据页中取得并予以遵守。要用的锅垢溶解器的型号由结垢（积垢沉淀）和在冷却循环中与溶剂接触能分离出的材料的组分来决定。机器要完全放空并冷却到至少 40℃。

2）从机器的进水和排水接头到适宜的容器之间的循环是用泵来完成的。容器的大小必须考虑冷却管道的容量。冷却管道清洗使用的相应比例的锅垢溶解剂用水来稀释，并且将这样得到的溶液每小时用泵循环 2～3min 左右。作用时间要根据要溶解积垢的量和成分来确定。最长 12～14h 后积垢应该能被溶解。因为在溶解积垢时有大量的碳酸气体出现，所以应在系统的最高点制造排出的可能性

（排气）。成功清洗之后，冷却管道要用水冲洗1h左右。

4. 发电机常见故障

风电机组常见的故障有绝缘电阻低，振动噪声大，轴承过热失效，绕组断路、短路接地等。表7-3所示为FL1500系列风电机组常见故障及原因。

表7-3　FL1500系列风电机组常见故障及原因

故　障	原　因
绝缘电阻低	发电机温度过高、机械性能损伤、潮湿、灰尘、导电微粒或其他污染物污染侵蚀发电机绕组等
振动、噪声大	转子系统动不平衡、转子笼条有断裂、开焊、假焊、缩孔，轴径不圆、轴变形、弯曲，齿轮箱与发电机系统轴线未校准、安装不紧固、基础不好或有共振、转子与定子相擦等
轴承过热、失效	不适合的润滑油、润滑脂过多、过少或失效、有异物、轴电流电蚀滚道、轴承磨损、轴弯曲、变形、轴承套不圆或变形、发电机底脚平面与相应的安装基础支撑平面不是自然完全接触、发电机承受额外轴向力和径向力、齿轮箱与发电机的系统轴线未对准、轴的热膨胀不能释放、轴承跑外圈、轴承跑内圈等
绕组断路、短路接地	绕组机械性拉断、损伤、极间连接线焊接不良、电缆绝缘破损、接线头脱落、匝间短路、潮湿、灰尘、导电颗粒或其他污染物污染、侵蚀绕组、相序反、长时间过载导致发电机过热、绝缘老化开裂、其他电气元器件短路、过电压、过电流引起的绕组局部绝缘损坏、短路、雷击损坏等。

5. 发电机的基本维护

正确、准确的安装、良好的维护很大程度上决定了发电机投入运行后性能的满意度，可以避免意外故障和损坏。因此安装前必须认真仔细阅读发电机制造商提供的使用维护说明书。

（1）发电机的安装　发电机安装前必须仔细做好相关的准备工作，在基础上确定位置标记，以便找出机组的中心线及基础面的标高，按发电机的外形图核对基础以确定电缆、电缆管道等布置位置，核对发电机底脚孔与安装基础的尺寸、位置、准备足够的有多种不同厚度的底脚安装调节垫片，最薄的垫片厚度应为0.10mm的紫铜垫片，垫片的尺寸比发电机底脚平面的尺寸略大，在高度方向调整对准以前，任一个底脚与钢基础面之间有间隙存在时，则用塞尺测量此间隙并精确到最薄的塞片或精确到0.05mm以内，记录间隙值、位置及塞片从每只底脚外边插入的深度，按以上测得所需的垫片厚度，初步制作一套垫片。

（2）电气连接及空载运转　发电机的电力线路、控制线路、保护及接地应按规范操作。在电源线与发电机连接之前，应测量发电机绕组的绝缘电阻，以确认发电机可以投入运行，其次是把发电机当成电动机，让其空运转1～2h，此时要调整好发电机的转向与相序的关系（双速发电机的两个转速的转向相序必须正确），注意发电机有无异声，运转是否自如，是否有什么东西碰擦，是否有意外短路或接地，检查发电机轴承发热是否正常，发电机振动是否良好，要注意三相空载电流是否平衡，与制造厂提供的数值是否吻合。确认发电机空载运转无异常后才能把发电机与齿轮箱机械连接起来，然后投入发电机工况运行；在发电机工况运行时，要特别注意发电机不能长时间过载以免绕组过热而损坏。

(3) 保护整定值　为了保证发电机长期、安全、可靠的运行，必须对发电机设置有关的保护，如过电压保护、过电流保护、过热保护等。过电压保护、过电流保护的整定值，可依据保护元件的不同而作相应的设定。

(4) 绝缘电阻　发电机绕组的绝缘电阻定义为绝缘对于直流电压的电阻，此电压导致产生通过绝缘体及表面的泄漏电流。绕组的绝缘电阻提供了绕组的吸潮情况及表面灰尘积聚程度的信息，即使绝缘电阻值没有达到最低值，也要采取措施干燥发电机或清洁发电机。测量绝缘电阻是把一个直流电压加在绕组被测部分与接地的机壳之间，在电压施加了1min后读取其电阻值，绕组其他不测量部分或双速发电机的另一套绕组和测温元件等均应接地。测量结束后必须把被测部分绕组接地放电。对于690V及以下的发电机，用500V的绝缘电阻表，定子绕组三相整体测量（20℃时）的绝缘电阻值R_{INSU}不应低于$3(1+U_n)$MΩ，U_n为发电机的额定线电压，以kV计。按照经验，温度每增加12℃，绝缘电阻约降一半，反之亦然。当绝缘电阻低于最低许可值时，可以把发电机的转子堵住，通以约10%额定电压堵转电流加热绕组，允许逐渐增加电流直到定子绕组温度达到90℃，不超过这一温度时，不允许增大电压使发电机转子转起来。开始时慢慢地加热是很重要的，这样可使潮气能自然地通过绝缘层而逸出，快速加热很可能会使潮气强行穿过绝缘层而逸出，这样会使绝缘层遭到永久性损伤。

(5) 发电机拆装　一般情况下，不需要拆开发电机进行维护保养，如无特殊原因，不需要将转子抽离定子。若必须抽转子，则在抽和塞转子过程中必须注意不要碰伤定子绕组，若需要更换轴承，只需要拉下联轴器、拆开端盖、轴承盖和轴承套等。重新装配后的发电机同样也要先在空载状态下运转1~2h，然后再投入带负载运行。

(6) 轴承　滚动轴承是有一定寿命的、可以更换的标准件。可以根据制造商提供的轴承维护铭牌或发电机外形图或其他随机资料上提供的轴承型号、润滑脂牌号、润滑脂加脂量和换脂加脂时间进行轴承的更换和维护。特别要注意环境温度对润滑脂润滑性能的影响，对于冬季严寒的地区，冬季使用的润滑脂与夏季使用的不同。这要风电场维护人员特别注意，而发电机制造商却没有考虑这些，他们是按环境温度的工况来选取润滑脂牌号。

(7) 发电机的通风、冷却　风力发电机一般为全封闭式发电机，其散热条件比起动式发电机要差许多，因此在设计机舱时必须考虑冷却通风系统的合理性。冷却空气要进得来，热空气要排得出去，发电机表面积灰必须及时清除。

7.2.2.3　电气控制系统

华锐 SL1500 系列风电机组的电控系统包含正常运行控制、运行状态监测和安全保护三个方面的职能。

1. 电控系统组成

电气控制系统由电源系统、变速恒频控制系统、偏航控制系统、变桨控制系统和 PLC 控制系统组成。

电源系统：风电机组的主配电系统，连接发电机与电网，为风电机组中的各执行机构提供电源，同时也是各执行机构的强电控制回路。

变速恒频控制系统：变速恒频控制系统是风电机组充分利用风能的主要控制系统，它是在风速超过额定风速之后保持持续发电的系统。

偏航控制系统：主要根据风向风速检测装置反馈信号来实现机舱的对风功能，它采用一台变流器来驱动四台变流器的驱动方式，在变流器的一端接入输出电抗器，变流器配有制动单元和制动电阻。

变桨控制系统：可单独对每个叶片的角度进行调整，在其中一个变桨系统出现故障时可保证风电机组安全停机，变桨系统完成的功能如下：

1）当风速超过额定风速时，通过控制叶片的角度来控制风电机组的速度和功率。

2）当安全链被打开时，叶片作为空气动力制动装置安全停机（安全运行）。

3）当风速低于额定风速时，通过调整叶片角度最大可能地从风中吸收功率。

4）通过衰减风旋转交互作用引起的振动使风电机组上机械荷载极小化。

PLC 控制系统：PLC 控制系统由三个带输入输出（I/O）口的处理器单元构成，所有这些单元依靠串行接口通信，其中主站 CPU 通过 CAN 总线连接控制偏航变流器和变桨变流器，主从站两个单元都安装在机舱外，且都能独立控制各自相关功能。塔基处设立一个微处理器模块通过光缆与机舱进行通信，通过光纤与中央监控系统通信。

2. 控制程序

机箱布置情况如图 7-9 所示。

控制系统排布如图 7-10 所示。

单机控制面板如图 7-11 所示，可以查看以下参数信息：风电机组所处的状态，例如，运行、停机、故障；查看即时的故障信息，例如，故障代码、简单描述；各个设备的即时参数，例如，温度、电压、角度；各个设备所处的状态，例如，起动、停止；信息的记录，例如，发电量、发电时间、耗电量。

登录操作面板，先按“登录”按钮，然后在数字小键盘处输入密码 0-8-1-5。

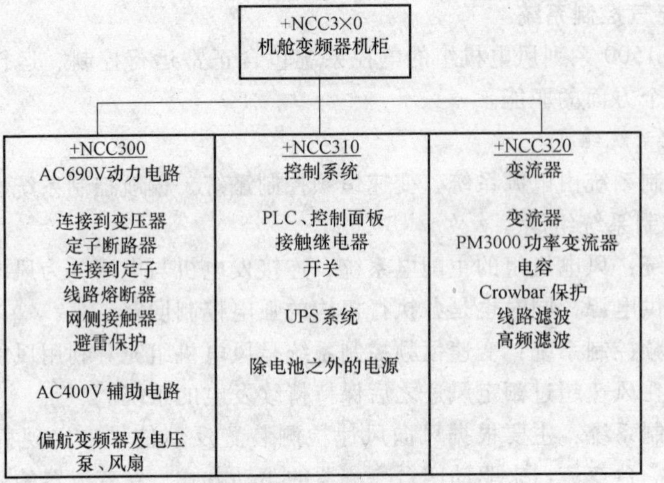

图 7-9 机箱布置情况图

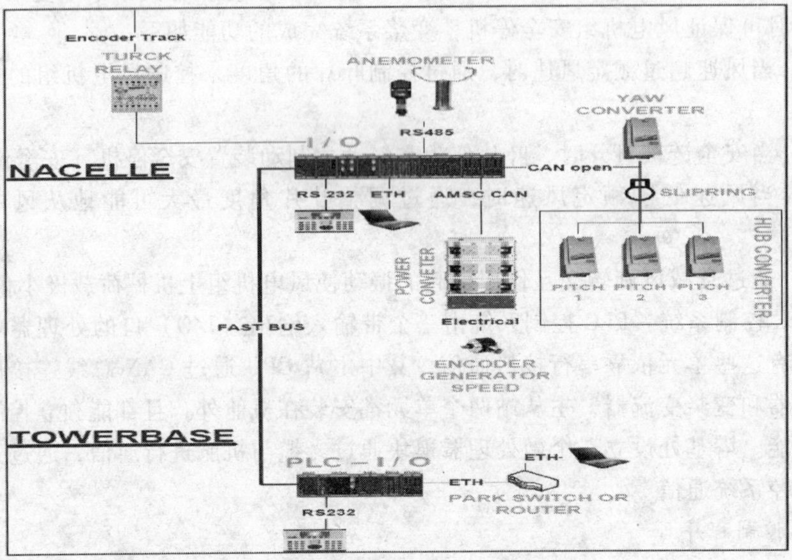

图 7-10 控制系统排布图

机舱面板操作的优先级要比塔基面板操作的优先级高，因此当登录机舱面板操作时，在塔基则不能登录。退出登录时，先按“登录”按钮，然后按方向导航键中的确定按钮。

远程的 WPM（风电场管理）操作由 Server、Local 组成：Server 用于整个风电场的管理；Local 用于单个风电机组的管理。其操作方法和使用控制面板基本一致。远程监控画面如图 7-12 所示。

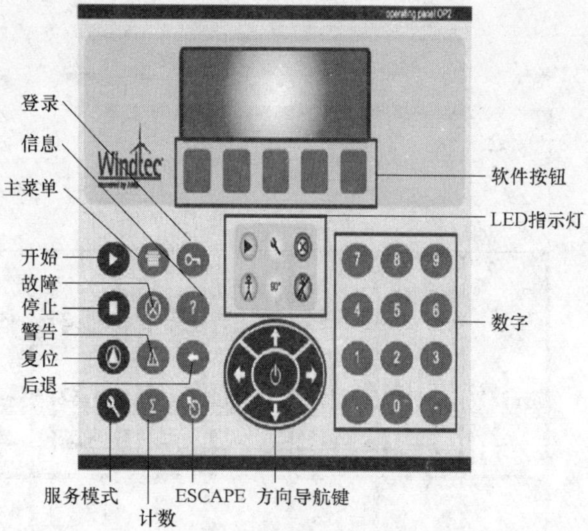

图 7-11　单机控制面板

3. 并网

软起动控制器采用三对反并联的晶闸管串接于风力发电机的三相供电线路上，采用限流软起动控制模式，利用晶闸管的电子开关特性，通过控制其触发延迟角的大小来改变晶闸管的开通程度，由此改变发电机输入电压的大小，以达到限制发电机起动电流的特性，原理图和流程图如图 7-13 所示。

在该控制模式下，风电机组以设定的电流为限幅值起动，当风电机组起动过程完成后，使旁路接触器闭合，发电机与电网直联运行，旁路闭合后停止软起动，因此晶闸管只是短时工作，不需要强制散热。

4. 风电机组各部件的运行

（1）发电机加热　发电机温度低于设定值，起动发电机加热器，发电机在运行状态下，发电机加热器不允许工作。

（2）自动对风　风电机组对风的测量是由风速风向仪来实现的，风向标安装在机舱尾部，风向标的风标总是指向风向，风电机组根据风向标的方向与机舱方向的夹角决定是否偏航。

（3）液压泵　风电机组液压系统没有故障，系统压力低于起动液压泵压力设置值时，起动液压泵。系统压力高于停止液压泵压力设置值时，液压泵停止工作。

（4）齿轮油泵　当控制器检测到发电机转速大于起动齿轮油泵的转速设置值时，齿轮油泵起动；当齿轮油加热工作时，齿轮油泵也将投入运行；当发电机转速低于齿轮油泵的转速设置值时，齿轮油泵间歇性地工作，每隔 10min 工作 1min。

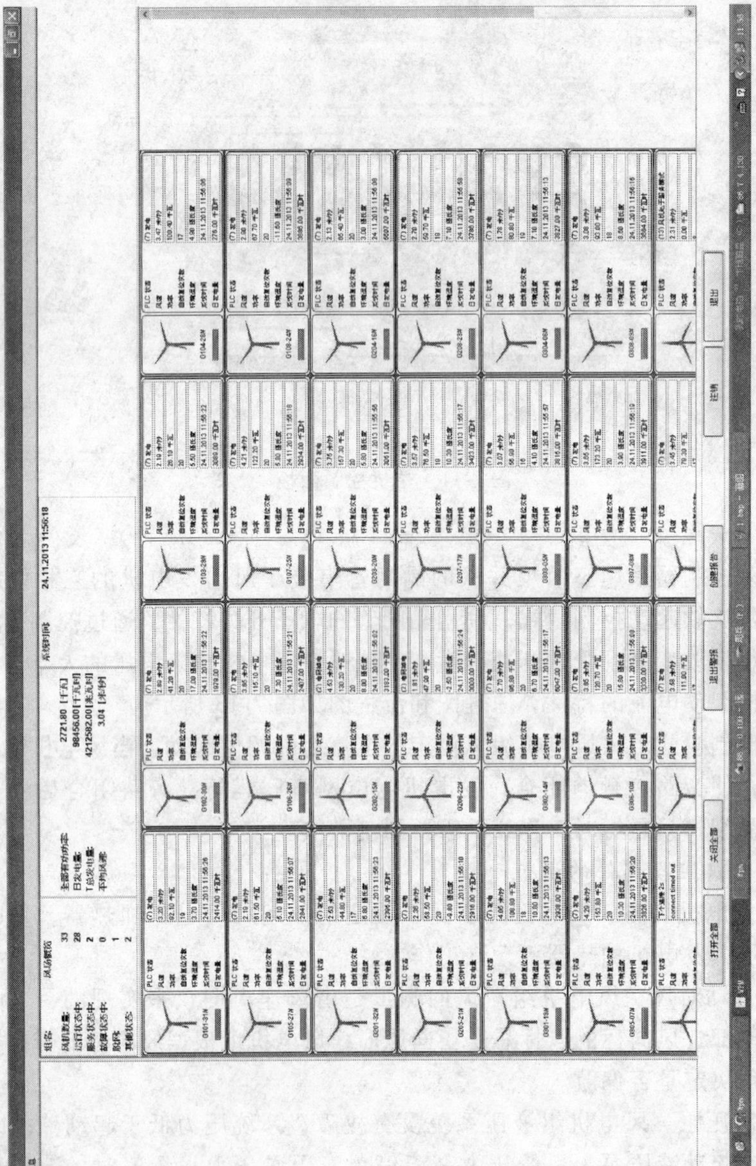

图 7-12 远程监控画面

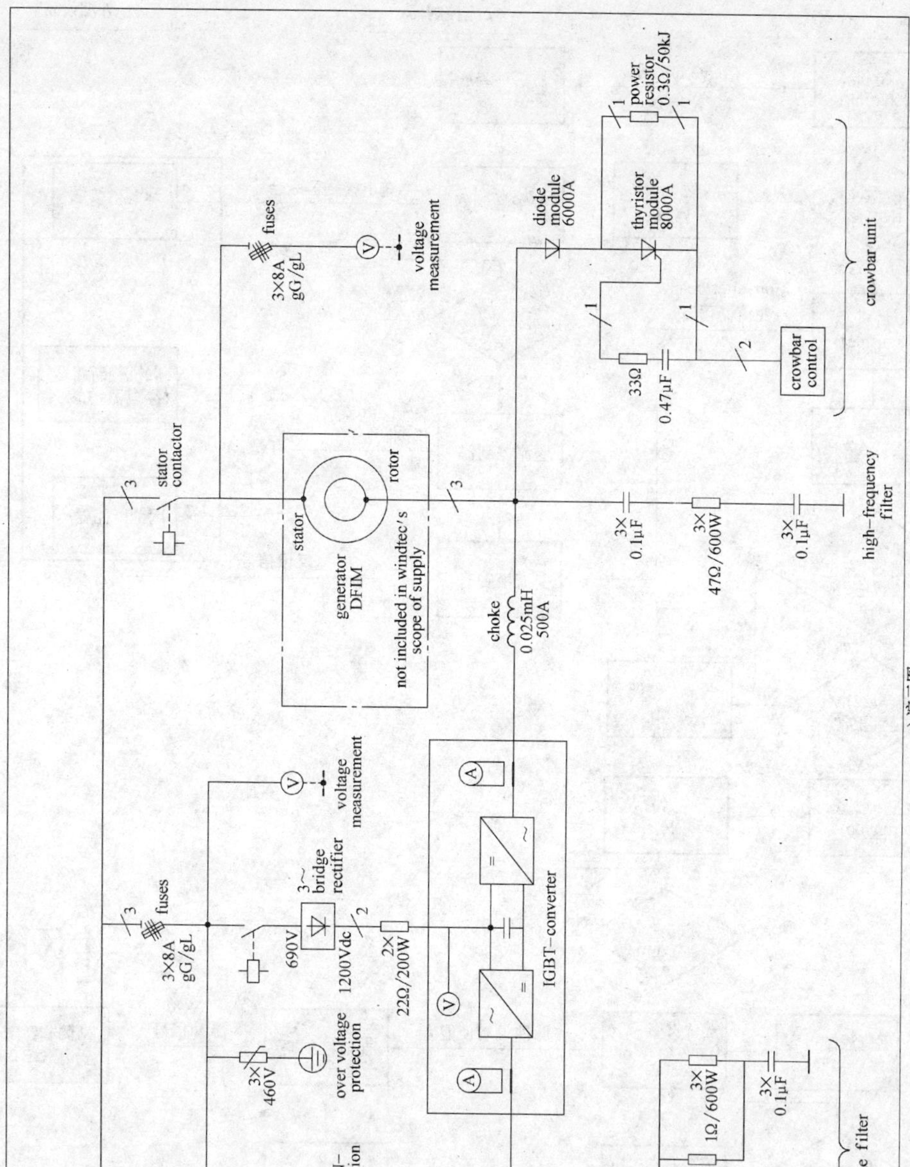

a) 演示图

图 7-13　并网过程演示图和流程图

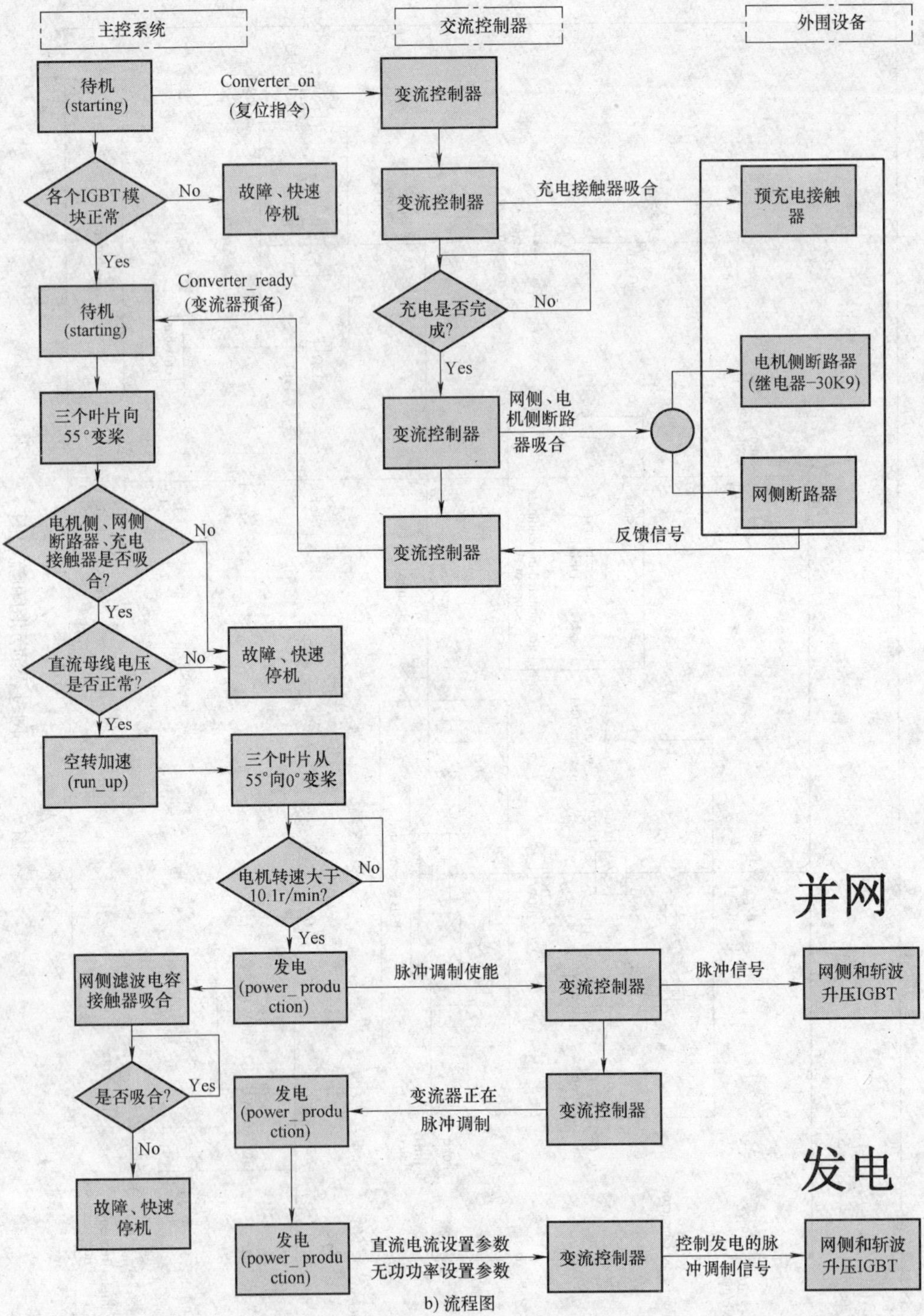

b) 流程图

图 7-13 并网过程演示图和流程图（续）

（5）齿轮油冷却和加热　齿轮箱的冷却采用风扇冷却，油冷风扇的起动是通过系统 PLC 控制的，PLC 的设定值（可变的）通常为60℃，当系统接收到油温温度传感器的温度达到60℃时油冷风扇的起动。

齿轮油温度范围在 -15 ~45℃之间。当齿轮油的温度低于 -15℃时，风电机组起动前开启加热系统，直至齿轮油的温度达到 -15℃；在 -15 ~45℃之间时，通过系统 PLC 控制，采用低速泵，保证 40L/min 的油流量。此时齿轮油不经过冷却器单元。

（6）解缆　偏航接近开关安装在风电机组的偏航齿圈处。当风电机组偏航超过一定角度时，风电机组停机并进行反方向偏航解缆，直到偏航角度在 ±20°范围内，停止解缆。

（7）风电机组制动　风电机组的制动系统包括液压制动和空气制动（叶片）。风电机组停机有三种制动方式：正常制动、安全制动和紧急制动。

5. 正常停机

风轮叶片以 9°/s 或 2.6°/s 的速度转回到顺桨位置，速度取决于发电机的状态和发电机的速度。当发电机断开和电网的连接并且发电机的实际速度超过1750r/min 时，变桨速度为 9°/s，当发电机的实际速度低于 1200r/min 并且功率小于 30kW 或者发电机的速度小于 1000r/min 时，发电机断开和电网连接。

6. 数据检测

（1）温度监测　在风电机组运行过程中，PLC 通过温度传感器持续监测风电机组的主要零部件的温度。

温度监测主要用于控制开启和关停泵类负荷、风扇、加热器、发电机轴、齿轮箱等。这些温度值也用于故障检测，也就是说，如果任何一个被监测到的温度值超出上限值或低于下限值，PLC 控制模块将停止风电机组运行。此类故障都属于能够自动复位的故障，当温度达到复位限值范围内，PLC 控制模块自动复位该故障并执行自动起动。

（2）转速数据　风轮转速和发电机转速是由安装在风电机组的低速轴和高速轴的转速传感器采集，控制器把传感器发出的脉冲信号转换成转速值。风轮和发电机转速被实时监测，一旦出现过速，风电机组将停止运行。

（3）电网监测　电网数据由电量采集模块检测，由控制器进行监控。电网数据检测分为五方面：

电压：三相电压始终连续检测，电压值用于监视过电压和低电压。

电流：三相电流始终连续检测，电流值用来监视发电机切入电网过程。在并网过程中，电流检测同时用于监视发电机或晶闸管是否发生短路。在发电机并网后的运行期间，连续检测电流值以监视三相负荷是否平衡。如果三相电流不对称程度过高，风电机组将停机。电流检测值也用于监视一相或几相电流是否有故障。

频率：连续检测电网频率，一旦检测到频率值超过或低于规定值，风电机组会立即停止。

（4）振动保护　振动传感器接收风电机组各部振动信号值，当振动值大于设定值时，振动传感器向 PLC 控制器发出振动信号。

7. 安全链

安全链回路 SL1500 系列风电机组安全系统采用 12 级的安全链。控制柜有一个组合式紧急停止按钮/安全继电器。当按下紧急停止按钮时，所有相关的接触器和断路器立即断开。安全继电器可以通过一个只能手动操作的按钮复位。变流器控制器控制一个超速继电器，当超过可调节的超速参数时动作。PLC 监控所有的控制元器件，并将故障信息报告给控制系统和监视系统。

12 级安全链：①急停按钮；②转子过速；③3 个变桨叶片驱动故障；④制动器故障；⑤发电机过速；⑥振动开关动作；⑦轮毂过速；⑧看门狗；⑨制动器工作位置；⑩叶片工作位置；⑪轮毂驱动故障（轮毂部分急停）；⑫存储继电器故障。

自动复位方法：由紧急停止开关触发安全链时，只能手动复位。由其他方式触发安全链时，可以通过操作系统复位。

7.2.2.4　偏航系统

1. 偏航系统结构（见图 7-14）

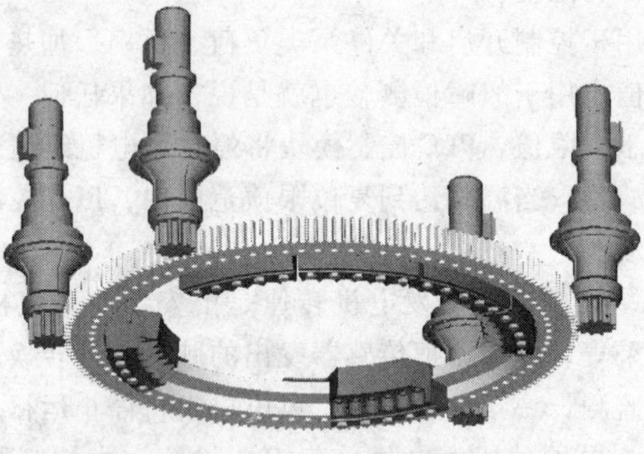

图 7-14　偏航系统结构图

2. 主要组成部件

1）侧面轴承：共 6 个（前侧 2 个，后侧 4 个）。有 5 个沉孔，用于放置定位销、圆弹簧和压板。

2）滑动衬垫：是特殊材料制作的圆形垫片，具有自润滑的功能，在滑动过程中滑动垫片产生润滑物质，无需加注润滑油。

3）圆弹簧：放在定位销上的，每个定位销共有 8 个圆弹簧，分两组背靠背放置。

4）滑垫保持装置：后侧有四个滑垫保持装置，前侧有两个滑垫保持装置，凹槽用于粘结滑动垫片。

5）偏航驱动装置：共 4 个，结构如下：

① 偏航电机：内部有温度传感器，控制绕组温度。

② 偏航齿轮箱：行星式减速机。

③ 偏航小齿轮。

6）超声波风速仪：通过超声波风速仪来测量风速和风向，如图 7-15 所示。

7）凸轮计数器（见图 7-16）。

图 7-15　风速仪图

图 7-16　凸轮计数器

3. 检查项目

1）检查外表面。

2）检查电缆接线。

3）检查齿轮箱的油位计。

4）检查齿轮箱是否漏油。

5）检查齿轮箱运行是否噪声过大。

6）风电机组偏航时检查是否有异常噪声，是否能精确对准风向。

7）检查侧面轴承和齿圈外表是否有污物，检查涂漆外表面是否油漆脱落。

8）驱动装置齿轮箱的润滑油是否渗漏。

9）检查电缆缠绕情况、绝缘皮磨损情况。

10）检查啮合齿轮副的侧隙。

11）检查轮齿齿面的腐蚀、破坏情况。

12）要定期检查滑动衬垫的磨损情况，当磨损量超过 4mm 时应予以更换。

7.2.2.5 齿轮箱

1. 齿轮箱的概况

齿轮箱的连接如图 7-17 所示。

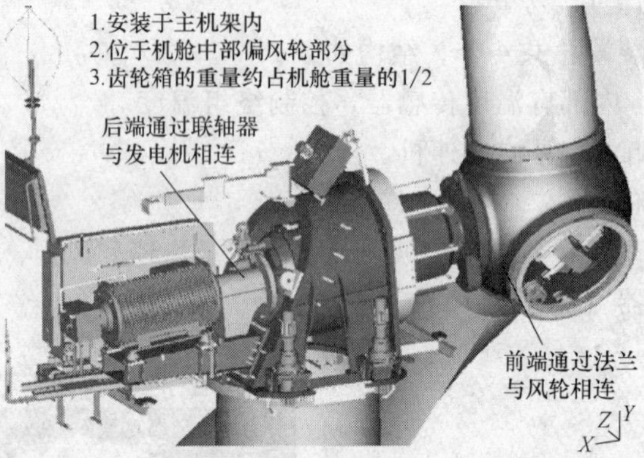

图 7-17 齿轮箱连接图

(1) 齿轮箱的基本参数（见表 7-4）

表 7-4 齿轮箱基本参数表

型号	SL1500/60	SL1500/70	SL1500/77	SL1500/82
主要结构	二级行星，一级平行轴			
传动比	≈90	≈90	≈104	≈104
额定驱动功率 /kW	1700			
额定转矩（在额定速度时）/kNm	810	810	933	933
主轴旋转方向	顺时针			
空转/(r/min)	0～3			
润滑方式	飞溅润滑＋压力润滑			

(2) 风电机组中齿轮箱的工作概况　环境条件恶劣：风大、砂尘、盐雾、潮湿、高温、严寒。工作条件复杂：风速风向多变、强阵风、高空无人值守。要求高可靠性、高效率、高安全性。要求工作寿命长：20 年（175200h）。输入输出速比大，加工制造要求高。

2. 齿轮箱的结构原理

齿轮箱的结构如图 7-18 所示。

(1) 风电机组中齿轮箱的载荷　齿轮箱作为传递动力的部件，在运行期间同时承受动、静载荷。其动载荷部分取决于风轮、发电机的特性和传动轴、联轴器的质量、刚度、阻尼值以及发电机的外部工作条件。

阻尼：在机械物理学中，指系统的能量的减小。

摩擦阻尼：摩擦阻力生热使系统的机械能减小。

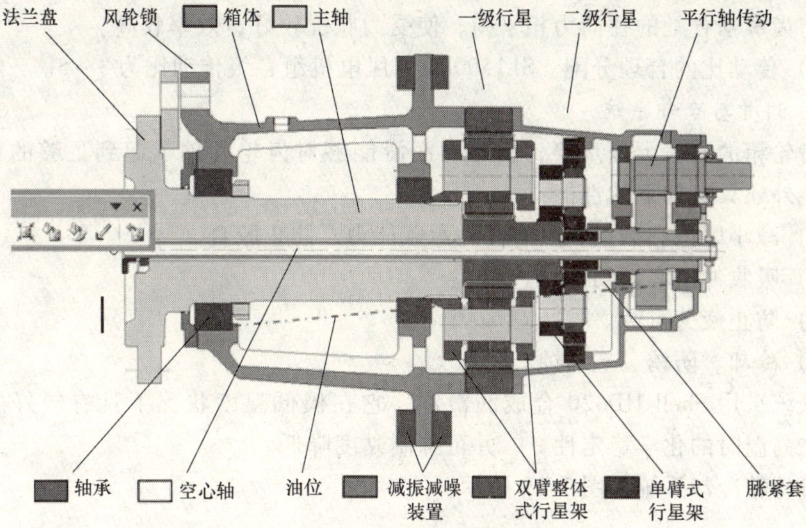

图 7-18　齿轮箱的结构原理图

辐射阻尼：周围质点的振动，能量逐渐向四周辐射。

刚度：受外力作用的材料、构件或结构抵抗变形的能力。

（2）齿轮箱主轴

1）用来支持旋转零件，既承受转矩又承受弯矩。

2）风轮通过法兰盘与主轴相连，风轮将风能转变为大扭矩、低转速的动能，主轴是这一动能的承载体。

3）在设计的过程中要着重考虑主轴的受力、弯矩、扭矩，从而考虑其材料要求，选择合适的轴承。

4）通过对轴的强度、刚度计算以及使用寿命的要求得到相应的轴的尺寸。

（3）齿轮箱轴承　轴承是用来支承轴及轴上零件、保持轴的旋转精度和减少转轴与支承之间的摩擦和磨损。

风电机组有一轴间角，轴承在承受重力的同时还受到径向力的作用，所以选择合适的轴承至关重要。

（4）齿轮副

1）齿轮箱增速部分由三级组成，两级行星齿轮和一级平行轴齿轮。

2）行星轮系和平行轴齿轮都采用斜齿轮传动：传动平稳，噪声小，重合度比直齿轮大。

3）采用内啮合以便充分利用空间，而且输入轴和输出轴共线，所以机构尺寸非常紧凑。

4）轮系中均匀分布的几个行星轮共同承受载荷，行星轮公转产生的离心惯性力与齿廓啮合处的径向力相平衡，使受力状况较好，效率较高。

5）传动比的合理分配。SL1500 系列风电机组各级传动比为 3 ~5。

3. 润滑与冷却系统

齿轮箱的润滑十分重要，良好的润滑能够对齿轮和轴承起到足够的保护作用。此外还具有如下的性能：

1）减小摩擦和磨损，具有高的承载能力，防止胶合。

2）吸收冲击和振动。

3）防止疲劳点蚀。

4）冷却、防锈、抗腐蚀。

系统采用 Shell HD320 合成润滑油，它在极低温度状况下具有较好的流动性；在高温时的化学稳定性好，并可抑制黏度降低。

齿轮箱冷却系统如图 7-19 所示。

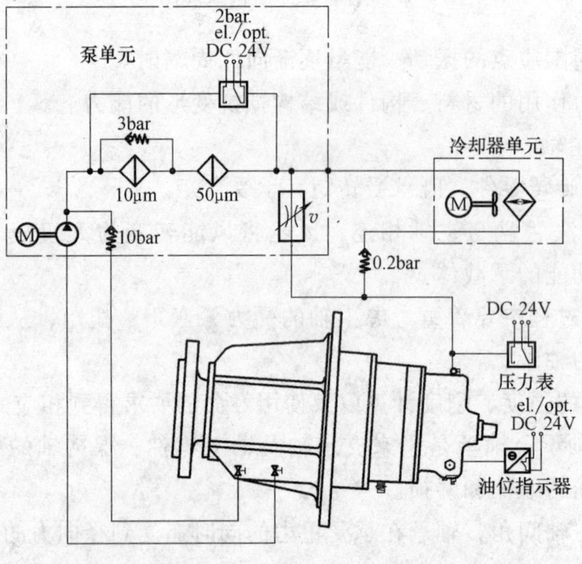

图 7-19　齿轮箱冷却系统图

第 8 章　直驱式风电机组的运行与故障维护

本章主要对直驱式风电机组的运行与故障维护进行介绍，并以金风科技 GW1500 系列风电机组常见故障及维护维修为例展开论述。

8.1　直驱式风电机组的运行与维护（以金风科技 GW1500 系列风电机组为例）

由于兆瓦级机组中损坏率较高的齿轮箱的存在，使得国内外开始研制无齿轮箱的直驱式风电机组，这种机组由于采用了发电机转子与风电机组风轮直接连接进行驱动的方式，免去齿轮箱这一故障率较高部件，兼具低噪声、提高机组寿命、减小机组体积、降低运行维护成本、低风速时效率高等多种优点，在今后风电机组发展中将会有很大的发展空间。

直驱式风电机组功率控制方式采用变速变桨距控制，每一个叶片上有一个变桨轴承，变桨轴承连接叶片和铸铁结构的轮毂。在额定风速以下采用变速调节，额定风速以上叶片桨距角可根据风速和功率输出情况自动调节。发电机采用多极外转子永磁同步发电机，采用直驱方式，风轮直接同发电机转子连接。发电机自然风冷，无需电网励磁，发电机低速运转（9～19r/min）。变速恒频系统采用 AC-DC-AC 变流方式，将发电机发出的低频交流电经整流转变为脉动直流电（AC-DC），经斩波升压输出为稳定的直流电压，再经 DC-AC 逆变器变为与电网同频率、同幅值、同相位的交流电，最后经变压器并入电网，完成向电网输送电能的任务。可适应 50Hz、60Hz 电网，优异的并网特性及低电压穿越能力，无功调节范围宽（感性 0.95～容性 0.95）。

相对于双馈式风电机组，直驱式风电机组中，风轮和永磁发电机的转子是直接耦合的，省去了沉重的增速齿轮箱。永磁发电机发出的电能经定子绕组送出，因风速的变化，机端输出的电能是幅值和频率不稳定的，需要经过全功率变流器得到恒压恒频的电能，然后馈入电网。

相对于传统的双馈式异步发电机组，直驱式风电机组有以下优点：

1）省去了增速齿轮箱，降低了维修成本，提高了机组运行的可靠性和利用率，降低了噪声。

2）永磁发电机的低速特性及变速恒频技术的使用，提高了机组效率。

直驱式风电机组的缺点有：

1）适用于直驱的永磁发电机必是低速发电机，低速特性要求发电机的极对数较多，所以发电机的体积比较大，也给发电机的设计制造带来困难，且制造成本较高。

2）定子绕组绝缘等级要求较高。

3）因为系统要采用全功率变流器，所以增加了系统在功率变换设备上的投资。

8.1.1 直驱式风电机组的运行规程

8.1.1.1 风电机组系统技术数据（见表8-1）

表8-1 风电机组系统技术参数

机组型号	GW66/1500	GW70/1500	GW77/1500	GW82/1500	GW87/1500
安全等级	IEC Ⅰ A	IEC Ⅰ A/IEC Ⅱ A	IEC Ⅱ A/IEC Ⅲ A	IEC Ⅲ A	IEC Ⅲ B
额定功率	1500kW	1500kW	1500kW	1500kW	1500kW
上网逆变输出电压	690V	690V	690V	690V	690V
风轮直径	66m	70.34m	77m	82.84m	86.6～88.34m
扫掠面积	3421m^2	3885.9m^2	4637.3m^2	5324.9m^2	5874～6112m^2
轮毂高度	65m	65m	65/85m	70/85m	70/75/85m
风轮转速范围	10.6～20.5r/min	10.2～19r/min	9～17.3r/min	9～17.3r/min	9～17.3r/min(Freqcon) 9～16.6r/min(Switch)
额定转速	20.5r/min	19r/min	17.3r/min	17.3r/min	17.3/16.6r/min
额定风速	12.5m/s	11.7m/s	11m/s	10.3m/s	9.9m/s
切入风速	3m/s	3m/s	3m/s	3m/s	3m/s
切出风速	27m/s	25m/s	22m/s	22m/s	22m/s
最高安全风速(3s)	78m/s	70m/s	59.5m/s	52.5m/s	52.5m/s
运行温度范围	-20～40℃	-20～40℃	-20～40℃	-20～40℃	-20～40℃
机组生存温度	-30～50℃	-30～50℃	-30～50℃	-30～50℃	-30～50℃
设计使用寿命	≥20年	≥20年	≥20年	≥20年	≥20年

8.1.1.2 运行系统介绍

1. 整机系统介绍

金风科技GW1500系列机组主要由风轮、发电机、机舱、塔架、电控系统等组成，如图8-1所示。

2. 运行状态

金风科技GW 1500系列机组具有自动运行功能，整个运行过程由控制系统控制。它能根据外部条件的变化自动做出反应，控制系统通过传感器获取外部所有的信息（风速、风向等），并获取有关的风电机组数据（功率、速度等），根据这些信息，控制系统调整风电机组的运行，保证风电机组一直在优化的、安全的环境里运行。运行系统有不同的逻辑状态，状态的选择取决于外部条件、风电

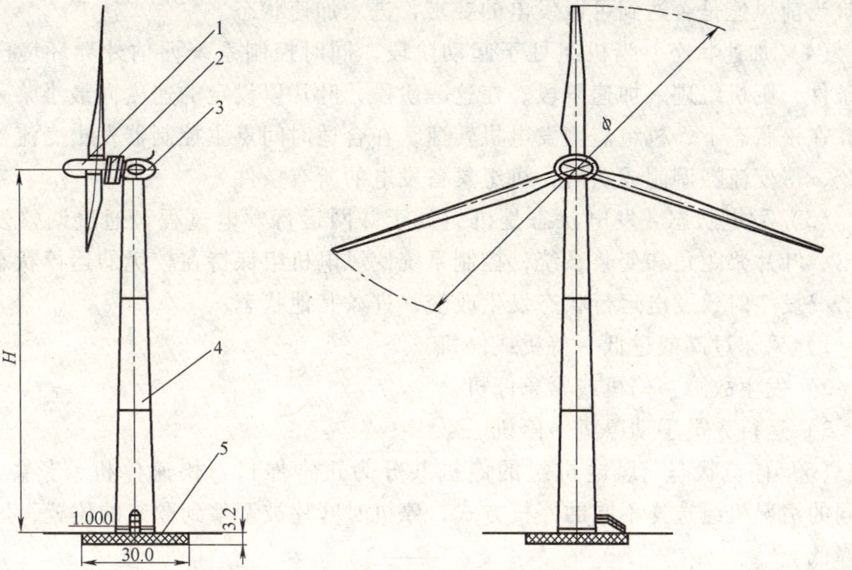

图 8-1　整机系统

1—风轮（ϕ 为直径）　2—发电机　3—机舱　4—塔架　5—基础

机组运行的工况和系统自身的当前状况。风电机组状态共有 7 种，分别如下：

（1）初始化状态　PLC 上电后，PLC 掉电系统重新起动，需要进行初始化工作，PLC 首先获取 CF 卡上的数据，这些数据包含风电机组最基本的控制参数，如有故障，进入"停机"状态，如无故障，进入"待机"状态。

（2）待机状态　待机是无故障时风电机组慢速运转无功率输出的状态，叶片在顺桨位置，风轮空转。在这种状态下，控制系统直接采集外围传感器数据，同时读取变流器及变桨系统数据，对以上数据进行逻辑判断比较，检测设备是否存在故障及警告。如果风电机组在正常待机状态中，则必须满足下列条件：

1）没有故障存在。

2）安全链正常。

3）没有暴风警告信号。

4）没有解缆信号。

5）没有手动变桨信号。

（3）起动状态　当机组处于正常待机状态时，机组通过内部程序判断符合运行条件时自动触发起动指令，则机组执行发电机侧、网侧断路器合闸动作，同时执行变流器预充电，当主控制器接收到充电完成反馈信号后，如果满足机组起动的起动风速，立即发出桨距调节指令，变桨系统将使叶片的桨距角变桨到预先设定角度，控制系统在此阶段需要评估机组是否应该执行下一步动作，意义在于评价当前风速是否达到可以发电的要求，进入加速状态。

(4) 加速状态　当机组处于起动阶段，同时控制系统评估外界环境已经满足条件，则机组进入加速阶段，在这一阶段，叶片以设定的速度向最小桨距角变桨，在该状态下，机组监测发电机转速，在合适时间点主控制器发出变流器调制指令，待变流器调制成功后，机组具备发电的所有条件。

(5) 发电状态　发电状态是机组处于并网运行发电过程，通过调整发电机输出、叶片桨距角和变桨系统，控制系统使风电机组保持在较优的运行状态。以下情况发生时，发电运行状态发生改变，进入其他状态：

1）风速过高或过低→待机或停机。

2）发生故障→停机或紧急停机。

3）运行人员手动停机→停机。

(6) 停机状态　风电机组的停机共分为正常停机、快速停机、紧急停机。不同的情况机组选择不同的停机方式，停机时叶片被调整到顺桨的位置，风轮转速降低。

(7) 维护状态　机组处于停机状态，此时如果触发手动维护开关，机组直接进入维护状态；风电机组处于运行状态（起动、加速、发电等三个状态）时，如果触发手动维护开关，则机组执行正常停机过程，而后进入维护状态。维护状态允许以下操作：

1）手动偏航。

2）手动变桨。

3）维护制动。

3. 安全保护系统

风电机组是全天候自动运行的设备，其整个运行过程都处于严密控制之中。安全保护系统可以分为三层结构：计算机系统，独立于计算机的安全链，器件本身的保护措施。在机组发生超常振动、过速，以及出现极限风速等故障时，保护机组。独立于计算机系统的安全链，将可能对风电机组造成致命伤害的故障节点串联成一个回路，其中任何一个节点被触发后也会引发系统紧急停机。安全保护措施是让系统执行紧急停机的动作，即让变桨系统以7°/s的速度向90°顺桨。

4. 风电机组运行的控制

风电机组的运行控制系统能够优化输出功率，并能限制设备的机械应力达到比较小的值。由于风电机组可以变速运行，因此就能保证设备在大多数时间里保持较好的效率值。风电机组的运行控制系统是依据功率曲线执行的，并保证风电机组在对应风速段内有较佳的输出功率。同时，该系统根据风速采取了以下不同的控制方式：

（1）部分负荷　风速低于额定风速时，风电机组的输出功率低于额定功率。风电机组的控制主要为功率调节控制。通过增减输出功率，保证风轮转速在规定的速度曲线数据范围内。

（2）满负荷　风速高于额定风速时，输出功率会超过额定功率。为防止该现象的发生，要限制风轮吸收风能的能力。为保持发电机输出额定功率，调整叶片桨距角使输出功率保持在额定功率点上。

8.1.2 机组运行维护安全规范

8.1.2.1 运行维护安全要求

安全是一切工作的根本，为了保证安全操作风电机组设备，所有维护人员必须认真阅读并遵守相关安全规范。任何错误的操作和违反安全的行为都可能导致严重的设备损坏或危及维修人员的安全。所有在风电机组附近工作的人员都要认真阅读、正确理解和使用安全规范。

8.1.2.2 环境与安全概述

1）未经授权，不允许爬风电机组。根据安全规范要求接受必要的安全、电气和机械方面的培训课程，并且考核合格者才允许对机组进行相应的操作，且操作者需遵守国家、行业、当地的环境与安全的相关法规。

2）操作人员必须理解人身防护装备说明书并正确使用，且在其使用之前和之后都进行检查。对安全设备的检查，必须由经授权的维修公司进行，并且必须记录在设备的维护记录中。不要使用任何有磨损或撕裂痕迹的设备或者超过制造商建议的使用寿命的设备。

3）在风电机组附近或进入风电机组，任何时候必须戴安全帽、穿安全鞋。登高或高处作业时，应使用人身防护装备（Personal Protective Equipment，PPE）。不允许独自进入风电机组。除此之外，建议随身携带通信设备，以备在紧急情况下使用。

4）当在风电机组上工作时，操作人员附近必须有紧急逃生设备，以使他们可以快速撤离到安全地带。操作人员必须对设备及其使用非常熟悉，以备在紧急撤离时使用。在任何时候，紧急逃生设备的使用说明书都必须与设备放在一起，且在不打开设备的情况下就可以查看说明书。

5）在进入风电机组执行任何操作之前，必须告知主管人员或现场经理风电机组的准确位置以及将要执行的操作类型和范围。主管人员或现场经理根据情况决定准许或者拒绝要执行的工作。

6）在开展任何工作之前，操作人员必须知道当地的紧急联系电话以备用。

7）如果必须从地面上检查一台正在运行的风电机组，不允许站在叶片所在的旋转平面内，而应站在风电机组的前方安全距离外。

8）工作人员进入风电机组维护操作时，应先使风电机组处于维护状态。具体操作步骤为：如图8-2所示，先按下红色按钮“stop”停机键，使风电机组停机，如果蓝灯“ready”灯亮，则停机程序完成；然后将主控柜正面的“操作钥匙”开关旋至“repair”位置，进入维护状态；当维护完毕后，先按下黑色按钮“reset”复位键，然后将“操作钥匙”开关旋至“operation”运行位置，最后按下“start”起动键，起动风电机组，进入运行状态，待风电机组正常运行后，工作人员方可离开。

注意，机组可远程操作，可能给风电机组内工作人员或是在风电机组附近的人员带来潜在的危险，因此对维护人员来说，让风电机组停机并断开远程控制功能特别重要。

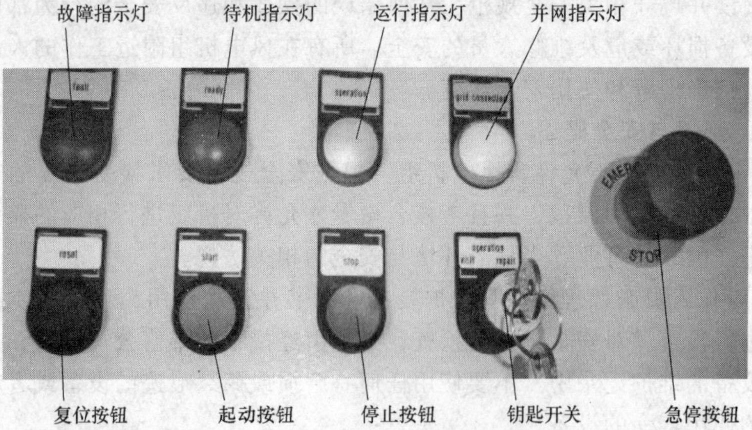

图8-2 主控柜操作按钮图

9）注意查看风电机组或设备上的各类警示牌。

10）禁止在大风雪、龙卷风、有雷击危险的暴风雨以及洪水等极端天气情况下接近风电机组。

11）严禁在服用酒精或其他有类似作用的药品后执行有关任务或者在现场驾驶。

12）进入风电机组执行任何操作时，建议不要佩戴个人饰品，如项链、珠宝等。

13）在现场禁止焚烧任何东西。所有的废品、废物应放在垃圾箱或容器内。

14）在进行任何带有火花的工作之前，如焊接等，必须得到现场管理人员或经理的授权并采取相应的预防措施。

15）任何时候在机组上工作都要保证至少有2人。

16）风速≥11m/s时（10min平均风速），禁止锁定风轮及在风轮内作业。

17）风速≥12m/s时（10min平均风速），禁止在机舱外工作。

18）风速≥15m/s时（10min平均风速），禁止在机舱内工作。

19）进行维护作业前，必须落实防止工具坠落的措施，保证人身和工具的安全。

20）当在塔架底部工作需要将门打开时，应将塔架门固定，以防止因风吹而出现撞击事故。

21）所有任务完成后，应将塔架门锁住，以防止非工作人员进入风电机组，造成人身或设备损坏。

8.1.2.3　人身防护装备

1）使用人身防护装备主要是减少在工作场所的危险。所有在风电机组现场使用的人身防护装备必须符合下列规定：

① 具有“CE”、“LA”标志。

② 在有效期内使用。

③ 若有破损，应立即更换防护装备。

④ 人身防护装备标准应符合现行的标准、规范以及使用说明书的规定。

2）人身防护装备包括：安全帽、安全带（见图8-3）、带挂钩的安全绳和防坠落的机械安全锁扣（见图8-4），并且这些安全设备必须要符合安全设备标准。

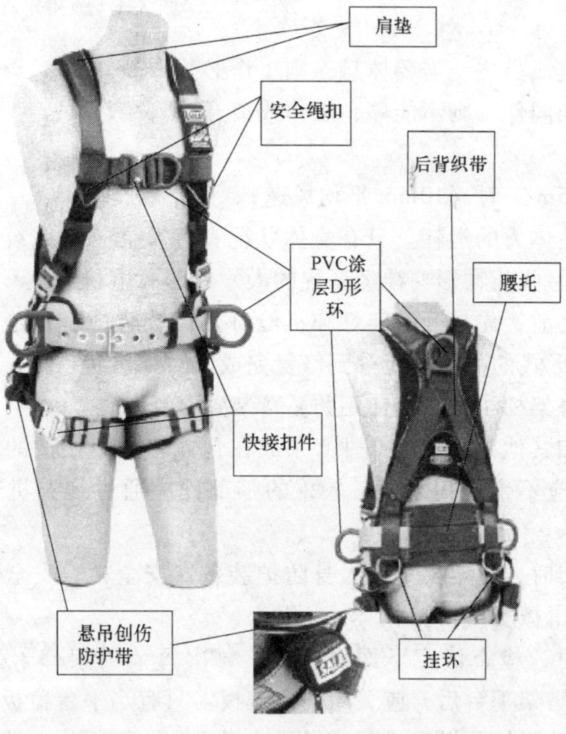

图8-3　安全带

3）安全设备除以上提到的，下列项目也应包括：

① 紧急下降设备。

② 灭火器。

③ 移动电话或对讲机。

④ 耳塞，适当的听力保护措施。

⑤ 护目镜，特殊工作时需要。

⑥ 工作手套，适合手或手臂的防护，以免手握带棱或不平表面的物体而受伤。

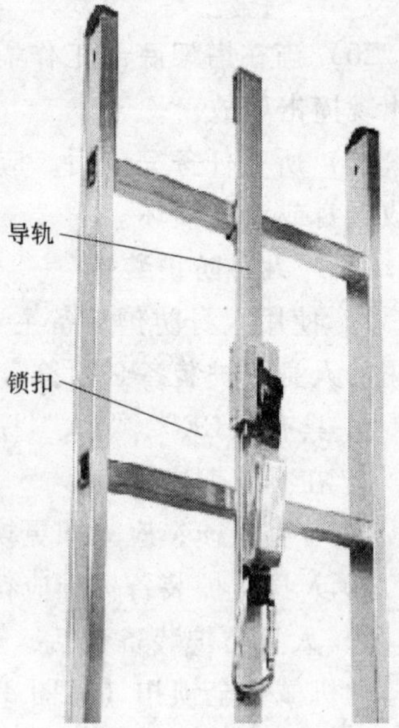

图 8-4 锁扣导轨（防坠落制动器）

8.1.2.4 安全指导

1. 工作小组成员规定

1）一般情况下，在风电机组中一项工作应有两个或两个以上的人来完成。

2）应做好工作计划，禁止或尽量减少相互隔离（如超出视力或听力范围）。如果两人位置彼此超出听力范围，必须使用对讲机或移动电话来保持通信以保证相互安全，并带上电量充足的电池。

3）如果小组成员之一需要休息，则工作必须中断。

4）若没通知同伴，则不能停止工作或离开。

2. 攀爬塔架

1）风速≥15m/s 时（10min 平均风速），禁止攀爬塔架。

2）不要低估体力的消耗。只有身体状况良好，无神经系统方面问题——没有受到酒精或是一些药物影响神经系统的人才能爬风电机组。

3）爬塔架之前，先打开塔架灯和机舱灯。检查防护装备是否完整，若发现防护装备有任何形式的故障，应等到修复完成之后才可爬塔架。

4）当上下塔架梯子时，应使用防坠落装置。

5）小工具和其他松散的零部件必须放在包或箱中，松散的小件不可放在衣服口袋中且手上应不带任何东西。较重的零部件应通过提升机运输，不可人工搬运。

6）上下塔架时，一定要穿戴人身防护装备：安全帽、安全带、带挂钩的安全绳和防坠落的机械安全锁扣。

7）爬塔架时，检查确定下面没有人。每次每节塔架梯子上，只允许一人爬。当到达某一塔架平台后，应关闭平台盖板。只有当平台盖板关闭且关闭安全后，下一个人才可开始往上爬或下梯子。这样可防止下面的人被上面掉落的小零件、工具砸伤。到达梯子顶端时，在卸掉防坠落装置之前，必须用减振绳与一安全挂点连接来保证人身安全。

8）没携带任何工具或物品的人员，应先上后下。

9）每次在爬塔架时，要检查梯子梯步、塔架各段平台，机舱内外平台是否有油、油脂或其他危险物品。若有，必须将污染区域清洗干净，以免滑倒发生危险。

10）下塔架时，应使用安全绳。只有防坠落装置与安全带连接安全后，才可取掉安全绳，开始下梯子。

3. 机舱中工作

1）打开后舱门工作前，必须通过绳索与一可靠挂点连接。

2）当须到机舱外去工作时，应系安全绳以确保安全。

3）下塔架前，必须关上天窗、机舱后盖门，并检查所有工具和废弃物品是否收集好。

4）清洁所有油脂，以避免滑倒。

4. 重物提升

1）用提升机将物体提升到机舱，应使用导向绳稳定吊物，以免吊物与塔壁碰撞，造成物体和塔架防腐的损伤。同时确保此期间无人在塔架周围，以避免坠物伤人。

2）当维护人员到机舱后部的平台下去开、关舱门时，应穿全身安全带并系安全绳，并和机舱中的安全挂点固定好。

3）提升机的最大提升重量不得大于350kg，严禁超重或载人。在风速较大的情况下提升重物时，风电机组要偏航侧风90°后，方可用提升机提升重物。

注意，提升机使用前，机组必须处于维护状态。

8.1.2.5　人身安全

下面描述了在风电机组里或在其周围可能发生的一些危险。

1）偏航驱动（小齿轮）引起的危险。机舱通过偏航轴承与塔架相连，在机舱底座下部，有3个偏航电动机，它可以根据风向调整机舱方向。偏航小齿轮与偏航齿圈啮合，在此区域，塔架与机舱的相对运动可能引起危险。即使风电机组手动停机，偏航系统仍然是激活的。因此，当机舱运动时，不要在偏航齿轮附近逗留，以免被偏航小齿夹伤。

2）底座下的梯子引起的危险。在塔架顶部，有一通往机舱的爬梯，此爬梯与机舱固定，并随机舱的运动而运动，因此，不要站在机舱爬梯和塔架顶部爬梯之间，以免偏航时被夹伤。

3）偏航制动系统引起的危险。偏航制动闸安装在机舱底座下部，闸片贴着偏航制动盘运动。不要接触偏航制动系统的内部，以免被偏航制动夹伤。

4）发电机进口。发电机上有两个进口，上面进口由门固定，下面进口上安装了推拉式的带安全锁扣的门。此处两门只能在转子锁定的时候才能打开，未经许可，不得擅自操作转子锁定装置。只有经过特殊培训的人员方可操作转子锁定。如果误操作，可能会带来严重的设备损坏或人身伤害。只有接受过厂家培训的人员才允许进入发电机。

5）紧急出口。在紧急情况下，风电机组可以通过两个出口离开，并在30min 内逃离。塔架门是一逃生门，如果不可能通过塔架门安全逃离，可以使用机舱中的逃生装置（高空速降器）。利用此装置，可从机舱逃生。要求每个人穿安全带，逃离步骤如下：

① 打开逃生装置，取出高空速降器。

② 将速降器主挂钩连接到固定挂点。

③ 速降器近端挂钩与人员安全带连接。

④ 将安全绳与人员安全带连接。

⑤ 打开吊物孔盖板及舱门。

⑥ 将速降器远端绳索通过舱门扔到地面。

⑦ 松开安全绳，人员由舱门出去，通过速降器绳索均匀下滑到达地面。

⑧ 到达地面后，将速降器挂钩从安全带上取下，并保持挂钩仍在速降器的绳子上。

⑨ 拉速降器绳子另一端直到挂钩到达机舱，下一个人才可和逃生装置连接。

8.1.3 风电机组的保护措施

8.1.3.1 主动保护

1）风电机组的监控是由运行控制系统实现的。该系统检查所有的传感器信号和风电机组的运行参数，参数如下：①转速；②功率；③温度；④塔架振动；⑤风速；⑥桨距角；⑦机舱位置。

2）安全保护系统独立于运行控制系统，其检查的参数有：①过速；②振动开关；③急停开关；④控制系统故障；⑤变桨驱动。

3）如果上述中的任何一个开关报告故障，安全链断开，风电机组立即紧急停机。

8.1.3.2 被动保护

1）被动保护系统能保护风电机组免受外部环境的影响，如雷电、过载荷等。叶片里安装有雷电感应器，内部的导电系统可以防止叶片受到雷击。另外，变桨系统可以一直保持正常工作，即便是在风电机组受到雷击的情况下。

2）顺桨制动时，风轮的自由运转产生的扭矩很小，因此，风电机组受到的载荷也很小，这就是不锁定风轮（即便是紧急停机时）的原因。

8.1.3.3 制动系统

金风科技 GW1500 系列机组每只叶片都有自己的独立变桨机构，通过变桨机构调整叶片桨距角到顺桨（90°）位置，使风电机组完全能够在气动制动的作用下停下来，从而实现机组的正常和紧急停机。

8.1.3.4　风电机组的防雷接地系统

1. 防雷系统

金风科技 GW1500 系列机组的防雷系统，根据相应的标准并充分考虑雷电的特点，将风电系统的内外部分成多个电磁兼容性防雷保护区。其中，在叶片、机舱、塔身和主控室内外可以分为 LPZ0、LPZ1 和 LPZ2 三个区，如图 8-5 所示。针对不同防雷区域采取有效的防护手段，主要包括雷电接受和传导系统、过电压保护和等电位联结、电控系统防雷等措施，这些都充分考虑了雷电的特点而设计，实践证明这一方法简单而有效。

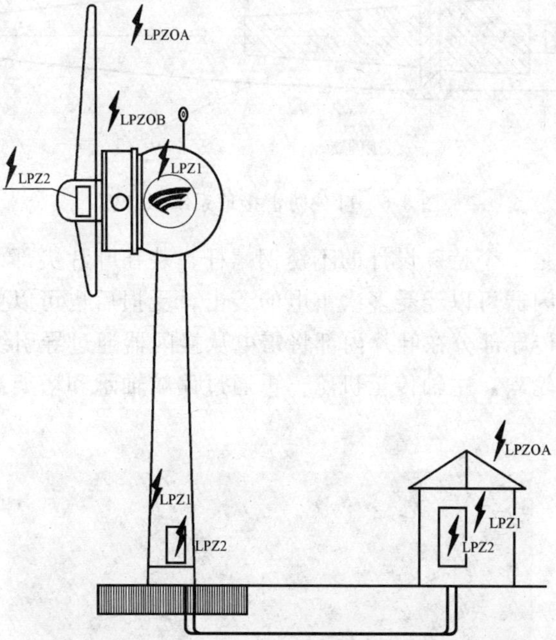

图 8-5　防雷保护区划分示意图

2. 雷电接受和传导途径

雷电由在叶片表面接闪电极引导，由雷电引下线传到叶片根部，通过叶片根部传给叶片法兰，通过叶片法兰和变桨轴承传到轮毂，通过轮毂和主轴承传到主轴，通过主轴和底座传到偏航轴承，通过偏航轴承和塔架最终导入接地网。

8.1.3.5　叶片部分防雷接地

叶片作为风电机组中位置最高的部件，是雷电袭击的首要目标；同时叶片又是风电机组中最昂贵的部件之一，因此叶片的防雷保护至关重要。雷击造成叶片损坏的机理是，雷电释放巨大能量，使叶片结构温度急剧升高，分解气体高温膨胀，压力上升造成爆裂破坏。叶片防雷系统的主要目标是避免雷电直击叶片本体而导致叶片损害。研究表明：不管叶片是用木头或玻璃纤维制成，或是叶片包导电体，雷电导致损害的范围取决于叶片的形式。叶片全绝缘并不减少被雷击的危险，而且会增加损害的次数。多数情况下被雷击的区域在叶尖背面（或称吸力面）。根据以上研究结果，GW1500 系列机组的叶片应用了专用防雷系统，此系统由雷电接闪器和雷电传导部分组成，如图 8-6 所示。在叶尖装有接闪器捕捉雷电，再通过敷设在叶片内腔连接到叶片根部的导引线使雷电导入大地，约束雷电，保护叶片。

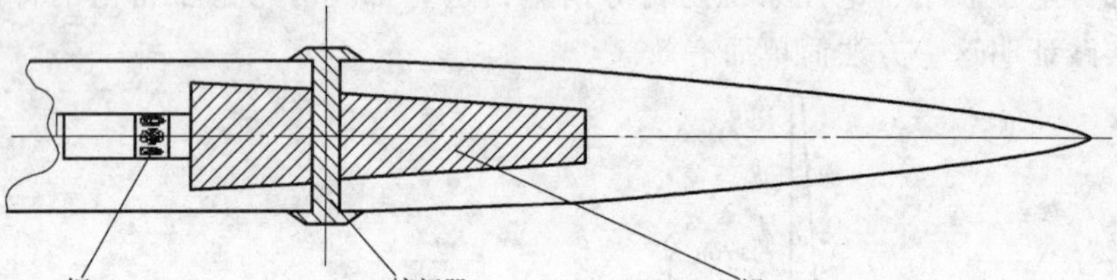

图 8-6　叶尖防雷接地系统示意图

雷电接闪器是一个特殊设计的不锈钢螺杆，装在叶片尖部，即叶片最可能被袭击的部位，接闪器可以经受多次雷电的袭击，受损后也可以更换，如图 8-7 的 A 点所示。雷电传导部分在叶片内部将雷电从接闪器通过导引线导入叶片根部的金属法兰，通过轮毂、主轴传至机舱，再通过偏航轴承和塔架最终导入接地网。

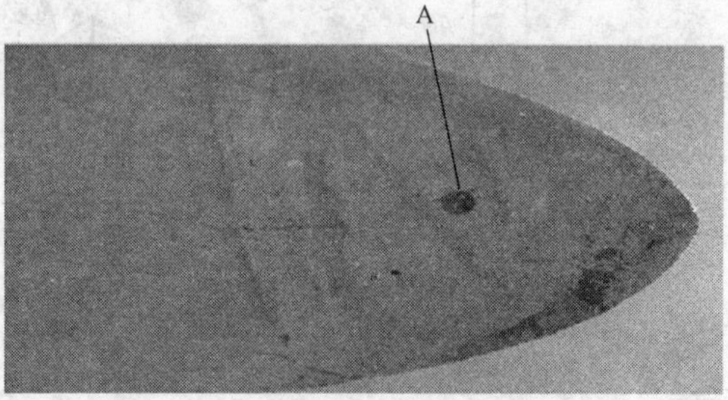

图 8-7　叶尖雷电接闪器示意图

8.1.3.6　机舱部分防雷接地

1）在机舱顶部装有一个避雷针，避雷针用作保护风速仪和风向标免受雷击，在遭受雷击的情况下将雷电流通过接地电缆传到机舱上层平台，避免雷电流沿传动系统传导，如图 8-8 的 A 处所示。

2）机舱上层平台为钢结构件，机舱内的零部件都通过接地线与之相连，接地线尽可能的短直，如图 8-8 的 B 处所示。

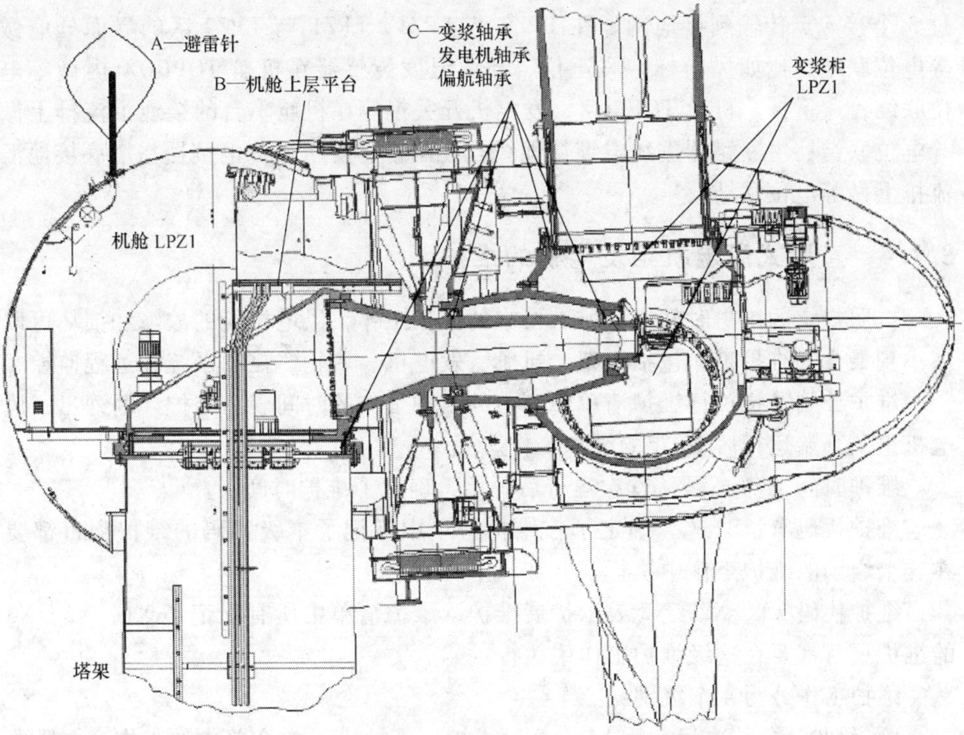

图 8-8 机舱接地示意图

8.1.3.7 机组基础防雷接地

机组基础的接地设计符合 IEC 62305 或 GB 50057—2010 的规定，采用环形接地体，包围面积的平均半径≥10m，单台机组的接地电阻≤4Ω，使雷电流迅速流散入大地而不产生危险的过电压。

8.1.3.8 过电压保护和等电位联结

1）金风科技 GW 1500 系列风电机组防雷系统中所采取的过电压保护和等电位联结措施符合 IEC 62305、IEC 61312、IEC 61400-24 和 GB 50057—2010 的相关规定，在不同的保护区的交界处，通过电涌保护器对有源线路（包括电源线、数据线、测控线等）进行防雷保护。其中在 LPZ0 区和 LPZ1 区的交界处，采用通过Ⅰ类测试的 B 级电涌保护器，将通过电流、电感和电容耦合三种耦合方式侵入到系统内部的大能量雷电流泄放，并将残压控制在 2.5kV 以内。对于 LPZ1 区与 LPZ2 区的交界处，采用通过Ⅱ类测试的 C 级电涌保护器，并将残压控制在 1.5kV 以内。

2）为了预防雷电感应，对处在机舱内的金属设备，如金属构架、金属装置、电气装置、通信装置和外来的导体进行等电位联结，连接母线与接地装置。

汇集到机舱底座的雷电流，传送到塔架，由塔架本体将雷电流传输到底部，并通过 3 个接入点传输到接地网。在 LPZ0 与 LPZ1、LPZ1 与 LPZ2 区的界面处应做等电位联结，比如风向标、风速仪、环境温度传感器在机舱 TOPBOX 内做等电位联结；避雷针、机舱 TOPBOX、发电机开关柜等在机舱平台的接地汇流排上做等电位联结；主断路器进线电缆接地线与控制柜、变压器、电抗器在塔底接地汇流排上做等电位联结。

8.1.4 直驱式风电机组发电机的维护

按照规定的维护时间完成所有要求的维护工作，风电机组的故障和损坏可以减小到最少。维护工作包括塔架、机舱、发电机、风轮、控制系统和远程监控。

维护计划是指执行维护清单中列出的维护工作的时间表。维护计划列出了风电机组从开始运行后 20 年的维护工作。

维护时间（年）是从首次运行后开始，确定了维护时间表。

维护代码 A、B、C，确定了在维护清单中标记了本级代码的维护项目都要在这个级别的维护工作中执行。

维护代码 X1、X2、X3 表示扩展维护，维护清单中所有标记了 X1、X2、X3 的维护项目都要在这级维护工作中执行。

维护工作分为 4 个级别：

1）维护 A：首次运行后 1~3 个月维护，维护 A 是一个单次的工作，在风电机组的维护计划中只执行一次。维护 A 执行的时间误差是 ±1 个月。

2）维护 B：半年维护。维护 B 执行的时间误差是 ±1 个月。

3）维护 C：一年维护。维护 C 执行的时间误差是 ±1 个月。

4）维护 X：扩展维护。扩展维护 X1：两年的扩展维护；扩展维护 X2：三年的扩展维护；扩展维护 X3：五年的扩展维护。扩展维护 X1、X2、X3 执行的时间误差是 ±1 个月。

除了维护计划外，可以在任何有必要的时候检查风电机组或单个的零部件。

所有的维护操作和检查都必须完整地记录在维护记录中。

进行维护和检查工作前，应查阅维护记录，可以了解风电机组当前的状态和一些特殊的情况。

维护清单（见表 8-2 ~ 表 8-5）列出了风电机组的所有维护工作。第一列是维护工作名称，第二列至第五列是维护级别代码。最后一列是维护工作的执行情况记录。√表示本项维护工作按要求完成。R 表示本项维护工作有问题需要记录。×表示本项维护工作因某种原因没有执行。

每一项维护工作出现了问题或做了调整（设备的状态超出了规定的要求），都必须记录在维护记录中。维护记录的内容将记录在维护报告中。

表 8-2　总体、塔架部分维护清单

检查内容		A	B	C	X	结果
总体检查						
1	检查防腐、裂纹、破损、渗漏情况	A	B	C		
2	检查运行噪声	A	B	C		
3	检查防坠落装置、灭火器、警告标志	A	B	C		
塔架和基础						
1	检查塔架、基础外观——裂纹、防腐、破损	A	B	C		
2	检查塔架和基础的连接有无防腐破损，有无进水	A	B	C		
3	检查塔架门的百叶窗、门、门框和密封圈是否损坏，门锁的性能(开、闭、锁)	A		C		
4	检查基础内支架的紧固，有无电缆烧焦，基础内有无进水、昆虫并清洁	A		C		
5	检查塔架内梯子、平台是否损坏，防腐是否破损并清洁	A	B	C		
6	检查塔架内电缆和接地线是否完好	A	B	C		
7	紧固梯子、平台的连接螺栓	A		C		
8	检查螺栓力矩，底法兰：4500N · m	A		C		
9	检查螺栓力矩，中下法兰：4500N · m	A		C		
10	检查螺栓力矩，中上法兰：4500N · m	A		C		

表 8-3　机舱部分维护清单

检查内容		A	B	C	X	结果
偏航系统——偏航减速器						
1	检查偏航减速器——泄漏	A	B	C		
2	检查偏航减速器——油位，在油窗的 1/2 处	A	B	C		
3	首次运行 6 个月后更换润滑油，润滑油型号：Shell Omala HD 320，以后每 5 年更换一次					
4	化验偏航减速器润滑油，不合格则更换				X3	
5	检查螺栓力矩，偏航减速器——底座：340N · m	A		C		
偏航系统——偏航电动机						
1	制动器气隙的检查与调整	A	B	C		
2	摩擦片的检查与更换	A	B	C		
3	检查电动机绝缘电阻	A	B	C		
4	检查接地装置	A	B	C		
5	检查电动机接线盒电缆连接	A	B	C		
偏航系统——偏航轴承						
1	检查偏航轴承密封圈的密封性，擦去泄漏的油脂及灰尘	A	B	C		
2	检查螺栓力矩，偏航轴承——底座：1640N · m	A		C		
3	检查螺栓力矩，偏航轴承——塔架上法兰：1640 N · m	A		C		
4	检查偏航小齿轮——磨损，裂纹，润滑	A	B	C		

（续）

检查内容		A	B	C	X	结果
5	检查偏航轴承齿轮——磨损，裂纹，润滑	A	B	C		
6	检查偏航齿轮间隙 0.4 ~ 0.9mm（在 3 个作绿色标记的齿处）			C		
偏航系统——偏航制动						
1	检查液压接头是否紧固和有无渗漏	A	B	C		
2	检查偏航制动盘有无裂纹、划痕或损坏，制动盘不允许有油脂，如有则用丙酮清洁	A	B	C		
3	检查偏航制动片，制动片厚度≤2mm 时更换	A	B	C		
4	检查螺栓力矩，偏航制动器——偏航制动盘：1200N · m	A		C		
液压系统						
1	检查油位	A	B	C		
2	检查过滤器，必要时更换	A	B	C		
3	检查接头有无泄漏	A	B	C		
4	检查油管有无泄漏和表面裂纹、脆化	A	B	C		
5	连接测压表，检查下列参数：制动压力 150 ~ 160bar，偏航余压 20 ~ 30bar	A	B	C		
6	化验液压油，不合格则更换液压油				X2	
自动润滑系统						
1	检查油位，补加油脂 FUCHS Gleitmo 585K					
2	检查接头有无泄漏，过电压保护单元是否起动	A	B	C		
3	检查油管有无泄漏和表面裂纹、脆化	A	B	C		
4	检查泵单元是否工作正常，偏航轴承、润滑小齿轮各润滑点是否出油	A	B	C		
机舱						
1	检查机舱罩外观——裂纹、损伤、腐蚀	A	B	C		
2	检查机舱、天窗的密封性	A	B	C		
3	检查梯子、平台的连接螺栓并清洁	A		C		
4	紧固机舱体与舱底的连接螺栓	A		C		
5	紧固螺栓，机舱体——下平台总成：575N · m	A		C		
底座						
1	检查底座裂纹、损坏及防腐层，补刷破损的部分	A	B	C		
2	检查螺栓力矩，底座与底座骨架：475N · m	A		C		
电控						
1	紧固所有电控柜固定和连接螺栓	A		C		
2	紧固接线端子	A		C		
3	检查电缆——裂纹，破损	A	B	C		
4	检查照明系统	A	B	C		
5	清洁电控柜通风滤网	A	B	C		
提升机						
1	检查提升机的状态、链条、链盒和提升机的固定支撑	A		C		
2	检查护栏及电缆的固定连接情况	A		C		

（续）

检查内容		A	B	C	X	结果
风向标、风速仪						
1	检查测风支架是否有腐蚀现象	A	B	C		
2	紧固测风支架与机舱的固定螺栓	A		C		
3	检查风向标、风速仪工作是否正常	A	B	C		
4	检查温度传感器和接地电缆有无破损及连接	A	B	C		

表 8-4　发电机部分维护清单

检查内容		A	B	C	X	结果
定、转子						
1	发电机定子的外观检查，检查有无损坏	A	B	C		
2	发电机转子的外观检查，检查焊缝和漆面	A	B	C		
转动轴						
1	转动轴的外观检查，有无裂纹、损坏和漆面	A	B	C		
2	紧固螺栓，转动轴——转子支架：1640N · m	A		C		
3	紧固螺栓，转轴止定圈——转轴：243N · m	A		C		
定子轴						
1	检查定子轴裂纹、损坏及防腐层，补刷破损的部分	A	B	C		
2	紧固螺栓，定轴——发电机定子支架：1640N · m	A		C		
3	紧固螺栓，定轴——底座：2850N · m	A		C		
4	紧固螺栓，定轴止定圈——定轴：243N · m	A		C		
5	紧固螺栓，轴承端盖——轴承：243N · m	A		C		
前轴承（小轴承）						
1	检查密封圈的密封并清洁，擦去多余油脂	A		C		
2	润滑，油脂量：300g，油脂型号：SKF LGEP2，每个油嘴均匀地加注油脂，加注时打开放油口	A		C		
3	排出旧油脂，加注新油脂				X3	
后轴承（大轴承）						
1	检查密封圈密封并清洁，擦去多余的油脂	A		C		
2	油脂量：200g，油脂型号：SKF LGEP 2，每个油嘴均匀地加注油脂，加注时打开放油口	A		C		
3	排出旧油脂，加注新油脂				X3	
转子锁定						
1	螺栓是否有裂纹、变形	A	B	C		
2	检查接近传感器的间距：3 ~ 5mm	A	B	C		
3	检查转子锁定装置转动是否灵活，手轮与螺栓必要时涂润滑脂	A		C		
4	检查转子上锁定槽是否完好	A		C		
转子制动器						
1	检查液压油管有无破损及接头的密封性	A	B	C		
2	检查制动片有无裂纹、划痕或损坏，制动片厚度≤2mm 时更换	A	B	C		
3	检查螺栓力矩，转子制动器——定子：1200N · m	A		C		

表 8-5 风轮部分维护清单

	检查内容	A	B	C	X	结果
叶片						
1	检查叶片外观——裂纹、变形、破损和清洁	A	B	C		
2	检查叶片毛刷的密封情况	A		C		
3	检查防雷保护的连接是否完好	A	B	C		
4	检查螺栓力矩,叶片——变桨轴承:1640N·m	A		C		
轮毂						
1	检查轮毂防腐层,补刷破损的部分	A	B	C		
2	检查轮毂外观——裂纹、破损	A	B	C		
3	检查螺栓力矩,轮毂——转动轴:2850N·m	A		C		
4	检查螺栓力矩,轮毂——变桨轴承:1640N·m	A		C		
变桨轴承						
1	检查变桨轴承密封圈的密封,除去灰尘及泄漏出的油脂	A		C		
2	润滑变桨轴承滚道,补加油脂 FUCHS Gleitmo 585K		B	C		
3	检查变桨轴承防腐层,补刷破损的部分	A	B	C		
4	变桨轴承油脂采样			C		
5	油脂量:1250g/半年/轴承,每个油嘴均匀地加注油脂,加注时打开放油口,排出旧油脂,加注新油脂		B	C		
变桨减速器						
1	检查变桨减速器——泄漏和油位	A	B	C		
2	运行变桨驱动,检查有无异常噪声	A	B	C		
3	换油:首次运行 6 个月更换润滑油,以后每 5 年更换一次					
4	化验变桨减速器润滑油,不合格则更换				X3	
5	紧固螺栓,变桨减速器——调节滑板:160N·m	A		C		
6	紧固螺栓,变桨减速器——变桨驱动齿轮(天津卓轮):70N·m	A		C		
7	紧固螺栓,变桨减速器——变桨驱动齿轮(邦飞利):110N·m	A		C		
变桨驱动支架						
1	外观检查,腐蚀以及漆面和焊缝的完好度	A	B	C		
2	紧固螺栓,顶板——变桨驱动支架:243N·m	A		C		
3	紧固螺栓,调节滑板——变桨驱动支架:243N·m	A		C		
4	紧固螺栓,轮毂——变桨驱动支架:475N·m	A		C		
变桨盘						
1	检查变桨盘破损、裂缝、腐蚀及变形情况	A	B	C		
2	检查齿形带的连接螺栓	A		C		
3	检查风轮锁定的连接螺栓	A		C		
张紧轮						
1	检查破损、裂缝、腐蚀和密封	A	B	C		
2	检查张紧轮与齿形带轮的平行,平行度为 2mm	A	B	C		
3	加脂,油脂型号:SKF LGEP2,排出旧油脂并清洁	A		C		

（续）

	检查内容	A	B	C	X	结果
齿形带						
1	检查是否有损坏和裂缝，检查齿形带齿并清洁	A	B	C		
2	用张力测量仪 WF-MT2 测量齿形带的振动频率，频率：85～95Hz	A		C		
3	在顺桨和工作状态分别检查齿形带的位置，距中心 ±5mm	A	B	C		
4	检查齿形带压紧板与变桨盘的连接螺栓	A		C		
限位开关传感器支架						
1	检查限位开关的紧固螺栓	A		C		
变桨柜						
1	检查变桨柜支架固定及电缆固定	A	B	C		
2	紧固螺栓，变桨柜支架——变桨轴承，力矩值：1640N·m	A		C		
导流罩						
1	外观检查，有无裂纹、损坏，梯步的状况，以及与发电机的密封间隙	A	B	C		
2	检查导流罩连接螺栓	A		C		
3	检查导流罩前、后支架有无裂纹、损坏和漆面	A	B	C		
4	检查导流罩前、后支架及连接螺栓	A		C		
清洁风电机组						
1	清洁，补涂破损防腐	A	B	C		

注：A级维护要求重新紧固所有的螺栓；C级维护要求按照力矩表要求的数量紧固螺栓并作标记，以使下次检查时不会重复，如果发现有松动的螺栓，则紧固该项所有的螺栓并作记录。

维护工具见表8-6。

表8-6　维护工具

序号	名称	规格型号	单位	数量	备注
1	活扳手	最大开口35mm	个	1	
2	双开口扳手	13件套	套	1	
3	公制组套工具	58件套12.5	套	1	
4	双开口扳手	41-46	个	1	
5	双开口扳手	50-55	个	1	
6	双开口扳手	60-65	个	2	
7	公制球形内六角扳手	9件套	套	1	
8	公制球形内六角扳手	12,14,17	个	1	
9	液压扭力扳手	HYTORC3mxta	个	1	
10	扭力扳手	340N·m(12.5)	个	2	
11	扭力扳手	500N·m(19)	个	2	
12	套筒头　(20)	30mm	个	4	
13	套筒头　(25)	41mm	个	2	
14	套筒头　(25)	46mm(薄壁加长)	个	2	
15	套筒头　(25)	55mm	个	2	
16	套筒头　(25)	65mm	个	2	

（续）

序号	名 称	规格型号	单位	数量	备注
17	一字形螺钉旋具	125×3	个	2	
18	一字形螺钉旋具	125×6	个	2	
19	十字形螺钉旋具	125×3	个	2	
20	十字形螺钉旋具	125×6	个	2	
21	钢卷尺	5m	个	1	
22	数显游标卡尺	150mm	个	1	
23	塞尺	200(14片)	个	1	
24	数字万用表	电压量程750V以上	个	1	
25	数字钳形表	电压量程750V以上	个	1	
26	相序表	XZ-1	个	1	
27	张紧力测量仪	WF-MT2	个	1	
28	小木锤		个	1	
29	工具包		个	6	
30	对讲机		对	2	
31	望远镜		个	1	
32	多用插线板		个	1	
33	红外测温枪	AZ8859	个	2	
34	绝缘电阻表	ZC25-4 1000V	个	2	
35	测压表及接头	0～200bar	套	2	
36	排气管、带接头	3m	套	4	
37	手摇油泵	刮板式	个	2	
38	软管漏斗	中	个	2	
39	油脂加注枪		个	3	

油脂和耗品清单见表8-7。

表8-7 油脂和耗品清单

序号	名称	规格型号	说明	A	B	C	X
1	发电机前轴承润滑油脂	SKF,LGEP2	加脂周期4000h，加脂量每次300g	A	B	C	
2	发电机后轴承润滑油脂	SKF,LGEP2	加脂周期4000h，加脂量每次200g	A	B	C	
3	偏航（变桨）减速器润滑油	Shell Omala HD 320	观察窗1/2位置	A	B	C	
4	润滑泵（偏航轴承油脂及齿面润滑脂）	FUCHS Gleitmo 585K	最大量3kg				
5	变桨轴承油脂	FUCHS Gleitmo 585K	每个油嘴约100g 总计约1250g/半年/轴承		B	C	
6	液压油	道达尔Total EQUIVIS XV32（低温地区）	见油位	A	B	C	
7	螺纹锁固胶	可赛新1277 50mL		A	B	C	

（续）

序号	名称	规格型号	说明	A	B	C	X
8	清洗剂	洗洁精		A	B	C	
9	机械密封胶	山泉 AM-120C 300mL		A	B	C	
10	偏航制动摩擦片						X1
11	转子制动摩擦片						X1

8.2　金风科技 GW1500 系列风电机组常见故障及维护维修

8.2.1　GW1500 系列风电机组简介

8.2.1.1　GW1500 系列风电机组组成

金风科技 GW 1500 系列机组采用水平轴、三叶片、上风向、变桨距调节、直接驱动，永磁同步发电机并网的总体设计方案，额定功率为 1500kW。主要机型有 GW70/1500、GW77/1500、GW82/1500、GW87/1500。

金风科技 GW1500 系列风电机组的主要零部件如图 8-9 所示。

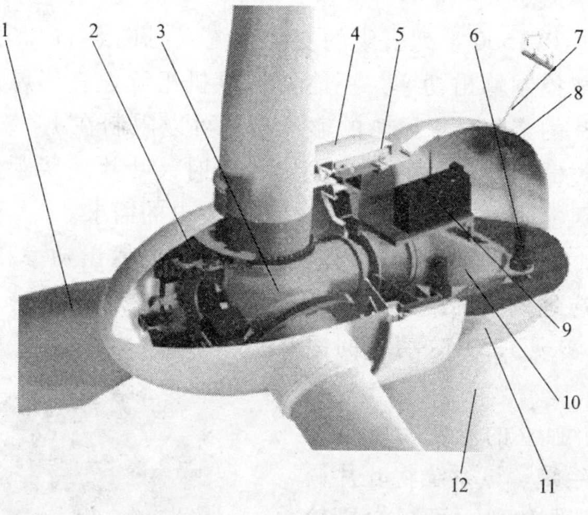

图 8-9　金风科技 GW1500 系列风电机组主要零部件

1—叶片　2—变桨系统　3—轮毂　4—发电机转子　5—发电机定子　6—偏航系统　7—测风系统　8—辅助提升机　9—顶舱控制柜　10—底座　11—机舱罩　12—塔架

8.2.1.2　叶片

金风科技 GW1500 系列机组采用 3 叶片（见图 8-10），各带有一套变桨系统，叶片的主要材料有树脂、玻璃纤维布、胶粘剂、夹芯材料四大主材。按照所用原料树脂可以分为 2 个体系，分别为聚酯体系（惠腾与 LM）和环氧体系（中材科技与天和）；聚酯与环氧的最简单的区别就是，在叶片内聚酯味道很大，并且很刺鼻；环氧材料味道很小，基本无味。

图 8-10 叶片

叶片配备雷电保护系统，当遭遇雷击时，通过叶片直击雷防护系统将叶片上的雷电流经轮毂、主轴、机舱底座、塔架，最后导入接地系统。

8.2.1.3 轮毂与变桨系统

1. 轮毂概述

1）轮毂采用球形结构，该结构铸造性好。

2）轮毂材料为 QT400-18AL，强度较高。

2. 变桨系统概述

1）金风科技 GW1500 系列机组的变桨系统（见图 8-11），能使叶片绕其中心轴转动。它既能控制输出功率，还能使风电机组降速。当风速超过额定风速时，通过调整叶片的桨距角，风轮的输入功率可以限制在 1.5MW，从而防止发电机和变流系统过载；当风速达不到额定风速时，叶片的桨距角处在最小的位置，吸收最大的风能，增大风轮的出力，满足发电的需求。

2）运行控制系统可连续记录并监测风电机组的输出功率和叶片的桨距角，同时根据风速相应地调整桨距角，结合变速控制，可以实现 1.5MW 功率的恒定输出。

3）机组 3 个独立的变桨系统也是风电机组的制动系统。该系统将叶片调整到顺桨（90°）的位置，可减少风轮的出力。顺桨后，风电机组的转速下降，直到风电机组停机。

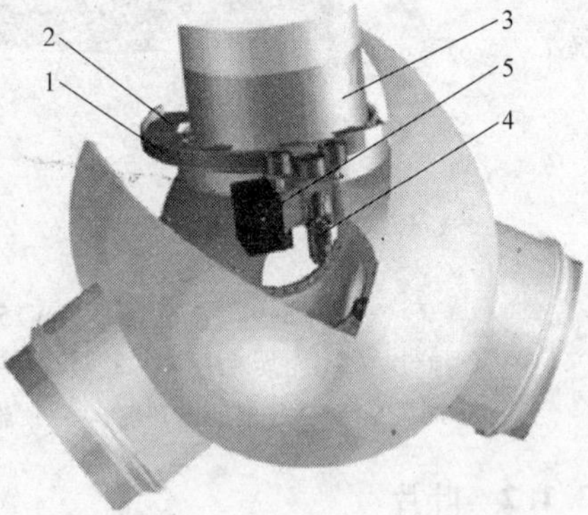

图 8-11 变桨系统

1—齿形带 2—变桨盘 3—叶片

4—变桨驱动 5—电容和控制系统

8.2.1.4 发电机

1. 发电机说明

发电机采用多极永磁同步发电机，永磁励磁方式结构简单，发电机是将风轮转动的机械动能转换为电能的部件。

发电机由定子、转子、动定轴和其他附件构成。发电机定子由定子支架、铁心和绕组以及其他附件组成，转子由转子支架和永磁磁极组成。发电机为六相输出，定子采用了分数槽，能更好地消除发电机的谐波影响，在转子磁极上精心设计的独特排列方式使其振动、噪声更低。定子绕组材料全部采用F级以上等级的绝缘材料，温升按照B级考核。定子绕组使用高性能聚酯亚胺绝缘树脂真空浸渍，优良的浸漆环境充分地保证了定子绕组的绝缘性能。在发电机的定子、转子上设计制造有两个方便维护人员穿越的舱门和相应的人孔，并配有双重的机械、电气安全保障措施。

2. 发电机定子概述

1）发电机定子由定子支架、铁心和绕组以及其他附件组成。

2）定子支架是焊接结构，通过定子主轴固定在底座上，它是铁心叠片和三相绕组的支撑部件。

3）发电机的冷却系统是自然风冷式，冷空气通过风道直接吹到叠片上，如图8-12、图8-13所示。风速增加，风电机组的输出功率增加，温度随之升高。而同时，风道内冷空气的流速也会增加，冷却效果好。

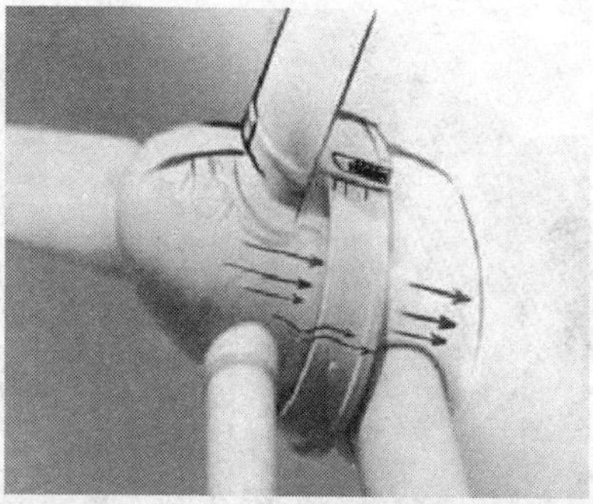

图8-12　发电机外转子

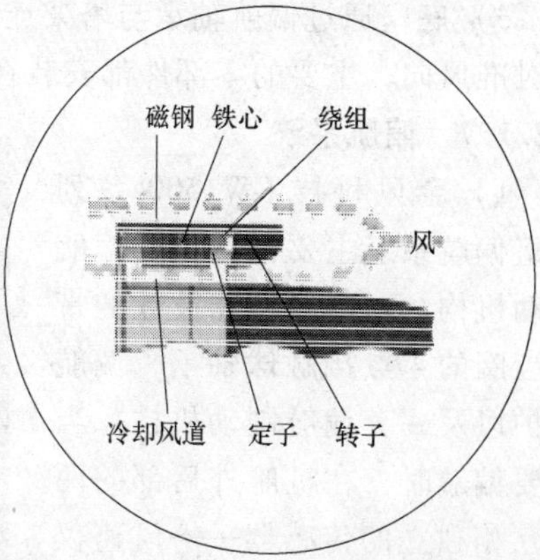

图8-13　发电机冷却系统

3. 发电机转子概述

1）发电机转子由转子支架和永磁磁极组成。

2）发电机转子支架是焊接结构，它是一个外转子，发电机转子通过螺栓固定在转动轴上，转动轴直接与轮毂连接并由风轮驱动。

3）永磁材料粘贴在转子支架内壁上，产生磁场。

8.2.1.5　集电环

集电环是用来将系统中的动力电流和电信号从静止端（定子）传输到旋转端（转子）的部件，主要由定子、转子和轴承组成。集电环的主要功能是实现电信号、电流、液压或气压等介质以及光信号的传输。集电环示意图如图 8-14 所示。金风科技 GW1500 系列机组所用的集电环有 SCHLEIFRING 、LTN (SC105-10/05-K01 、SC105-10/05-K02、SC105-10/05-K03)。

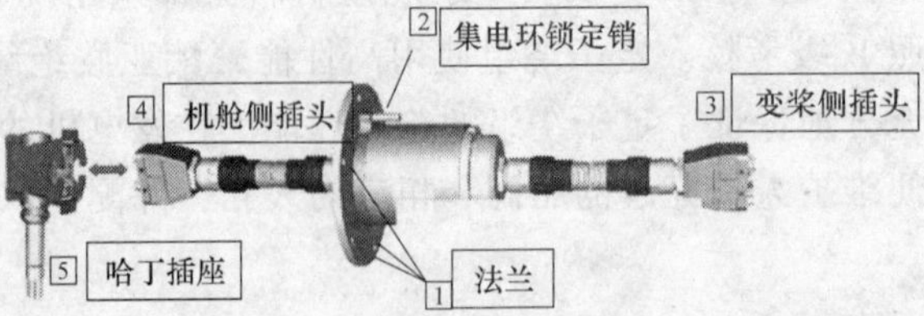

图 8-14 集电环示意图

8.2.1.6 底座

底座概述如下:

1) 底座材料为 QT400-18AL，强度较高。

2) 底座（见图 8-15）通过连接螺栓和发电机定子主轴法兰连接，传递所有的来自风轮、发电机或塔架的静态和动态载荷。

3) 底座通过偏航轴承与塔架连接，这样机舱在偏航机构的驱动下使风轮主动对准风向，主要的零部件都安装在底座上。

8.2.1.7 偏航系统

1) 金风科技 GW1500 系列机组偏航系统主要包括 3 个偏航驱动机构、一个经特殊设计的带外齿圈的 4 点接触球轴承、偏航保护以及一套偏航制动机构。当需要偏航时，在机舱外后部的两个互相独立的传感器——风速仪和风向标检测到风速和风向的变化，主控系统根据风速仪和风向标采集的数据计算风电机组与风向的偏差，然后启动偏航电动机，偏航系统工作，使风电机组对风。对风后，偏航制动机构制动，使风电机组处于对风位置，偏航系统如图 8-16 所示。

图 8-15 底座

2) 偏航驱动机构包括偏航电动机，4 级行星减速齿轮箱，齿数为 14 的偏航小齿轮。

3) 偏航电动机是 6 极电动机，电压等级为 400V/690V，内部绕组接线为星形联结。

4）偏航轴承采用“零游隙”设计的 4 点接触球轴承，以增加整机的运转平稳性，增强抗冲击载荷能力。

5）位于偏航电动机驱动轴上的电磁制动系统具有失效保护功能，在出现外部故障（如断电）时，电磁制动系统仍能使机组的偏航系统处于安全、可靠的制动状态。

6）偏航制动为液压驱动制动，静止时，10 组偏航制动闸在 150～160bar 压力下将机舱牢固制动；偏航时，制动仍然保持一定的余压（20～30bar），使偏航过程中始终有一定的阻尼存在，保证偏航运动更加平稳。偏航闸块及油路如图 8-17 所示。

7）偏航系统具有自动控制功能，保证机组在小风状态下自行解缆，避免了高风速段偏航解缆造成的发电量损失。

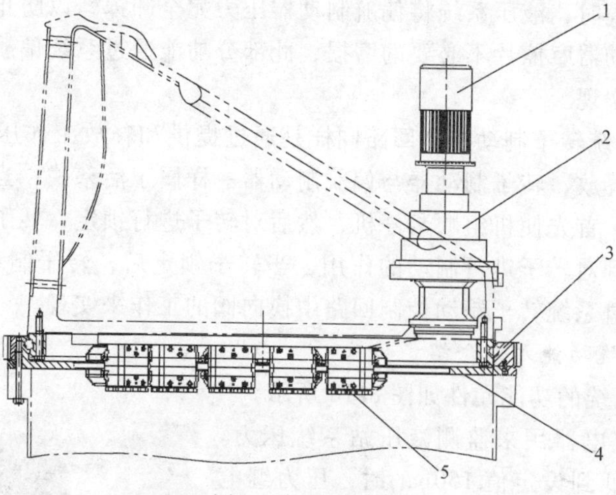

图 8-16　偏航系统

1—偏航电动机　2—偏航减速器　3—偏航轴承　4—偏航制动盘　5—偏航制动器

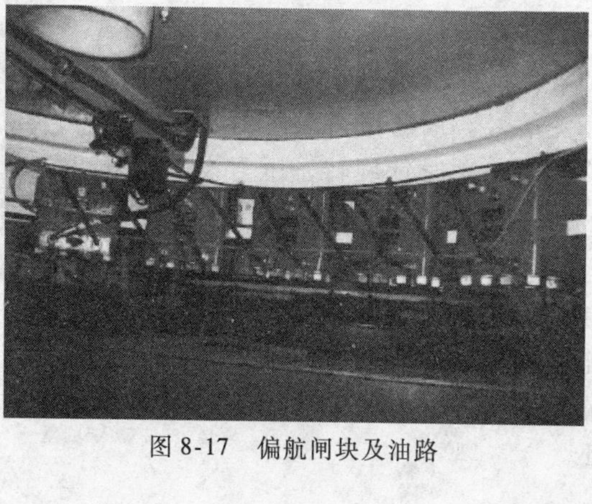

图 8-17　偏航闸块及油路

8.2.1.8 液压系统

1. 液压系统概述

1）液压系统为偏航制动及转子制动提供动力源，由液压站和液压油路组成。

2）液压站工作电压为400V/50Hz；控制电压为DC 24V；工作压力为150～160bar；偏航余压为20～30bar。

3）液压系统偏航控制回路主要通过提供和释放工作压力控制偏航制动器的制动和释放。偏航制动器是活塞式的，作用在塔顶的制动盘上，在风电机组正常运行及机组停机时，制动器处在最大压力下，阻止机舱的转动；在机组偏航对风、偏航侧风时，液压系统将偏航制动器压力释放，但同时保证偏航制动器内留有较小的制动压力存在，使偏航驱动系统在较小阻力下工作，保证机组偏航时整机平稳无冲击，此部分功能通过系统偏航控制回路中换向阀及溢流阀的工作来实现；当需要解缆时，液压系统将偏航制动器压力完全卸掉，以防止在较长的一段时间内偏航制动器摩擦片不必要的磨损，此部分功能通过系统偏航控制回路中换向阀的工作来实现。

4）液压系统转子制动控制回路同样是通过提供和释放工作压力控制转子制动器的制动与释放，转子制动器与偏航制动器一样属于活塞式；当轮毂需要进行维护、检修时，首先使机组顺桨停机，然后对转子进行锁定，转子制动器在转子锁定过程中起到对转子进行制动的作用，当转子锁定后，转子制动器不再工作。此部分功能通过系统转子制动控制回路中换向阀的工作来实现。

2. 液压系统功能元件介绍

1）液压系统的功能元件如图8-18所示。

2）压力继电器用来监测液压站系统压力。当系统压力降低到设定值150bar时，压力继电器发信号给控制器，控制器发出指令，液压泵开始工作建压，直到系统的压力达到系统最高压力设定值160bar时，压力继电器发信号给控制器，控制器发出指令，液压泵停止工作。压力继电器输出为开关信号。最高压力设定值可通过旋动头部螺栓调整，顺时针旋转，压力设定值增大，逆时针旋转，压力设定值减小。

图8-18 液压系统功能元件

3）压力表实时显示系统压力值。

4）蓄能器的功能是：对液压泵间歇工作时产生的压力进行能量存储；在液压泵损坏时做紧急动力源；泄漏损失的压力补偿；缓冲周期性的冲击和振荡；补偿温度和压力变化时所需的容量。

5）手阀顺时针旋转关闭回路，逆时针旋转打开回路。手阀关闭时，可切断偏航制动回路与系统之间的通路，系统压力不能够进入偏航制动回路。手阀主要在更换压力表时使用，手阀关闭后，可实现在液压系统不停机、不卸压情况下更换压力表。手阀打开时，可卸去系统主回路以及蓄能器中的压力（不能够卸除偏航回路中的压力）。手阀主要用于维护时偏航系统的卸压。

6）安全阀起安全限压作用，保证系统压力始终不高于200bar。

7）偏航余压阀在机组偏航时，为偏航制动回路提供24bar压力，偏航余压值大小可调，调节范围为20～30bar。

8）过滤器串接在偏航卸压回路，用于过滤制动器内部的杂质颗粒，可防止偏航制动器中的杂质进入油箱。空气过滤器安装在油箱上，油箱内的油位在油泵工作中和油温发生变化时会上下波动，从而使油箱内的空气压力会随着增大或减小，而空气过滤器可保证油箱内空气与外部空气产生对流，使油箱内的气压稳定不致过大，同时也能阻止外界杂质的进入。

9）油位计用来监测油箱内液压油的油位。当油位低于限定值时，油位开关动作，主控系统收到信号后会发出故障信息，风电机组正常停机。在油位计上装有一个油位观察窗，可清晰地显示出当前的油位。

10）液压系统手动泵主要实现在系统断电的情况下提供应急能源。它在液压系统中起着与电动液压泵一样的功能，提供系统工作压力。为配合手动泵在系统断电情况下或在检修时转子制动器能够实现制动，控制转子制动器动作的电磁阀配备有手动控制限位功能。

11）电磁阀用于解缆时卸除偏航制动器中的压力。

8.2.1.9　润滑系统

1）润滑系统通过油脂润滑泵定时、定量地将润滑脂连续地输送到偏航轴承内部及偏航齿轮齿面、发电机轴承内部、变桨轴承内部，起到自动连续润滑的效果。

2）偏航润滑系统起到润滑偏航轴承内部和偏航齿轮齿面的作用，主要由润滑油泵组件（油箱8L、泵、低油位报警器）、管路接头、安全溢流阀（300bar）、一级分配高压油管、油脂分配器、分配器堵塞检测装置、二级分配管路软管、轴承进油接头、齿面润滑油毡齿轮组成。偏航润滑系统使用FUCHS Gleitmo 585K润滑脂，加油量约3kg。图8-19为偏航润滑系统功能元件图。

3）发电机轴承集中润滑系统的泵体安装在风轮导流罩前支架上，管线分为两路：一路沿变桨支架进入轮毂，然后固定在变桨柜引线支架上，用以润滑发电机前轴承；另一路沿导流罩向发电机转子方向布线，最终固定在导流罩后支架上用以润滑发电机后轴承。集中润滑系统采用自带控制方式，可自行控制工作时间以及工作周期，只需要提供220V电源即可。发电机轴承润滑系统使用SKF LGEP2润滑脂，加油量约为3～4L。

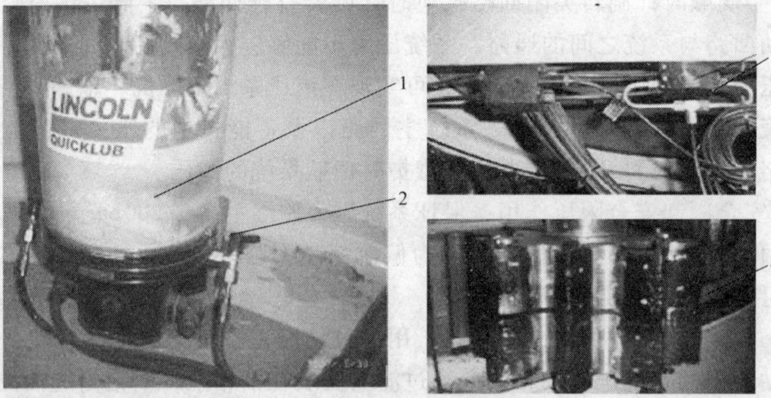

图 8-19 偏航润滑系统功能元件

1—油箱 2—安全阀 3—递进式分配器 4—油毡齿轮

4）变桨轴承集中润滑系统的泵体安装在风轮导流罩前支架上，管线沿变桨支架进入轮毂，通过主分配器在由变桨柜引线支架进入二级分配器，然后再分配到各个润滑点。集中润滑系统采用自动控制方式，可自行控制工作时间以及工作周期。只需要提供220V电源即可。变桨轴承润滑系统使用 FUCHS Gleitmo 585K 润滑脂，加油量为 3 ~ 4L。图 8-20 为变桨轴承集中润滑系统功能元件。

5）发电机轴承润滑系统、变桨轴承润滑系统润滑泵的电源为220V，由第三个变桨柜中引出，如图 8-21 所示。

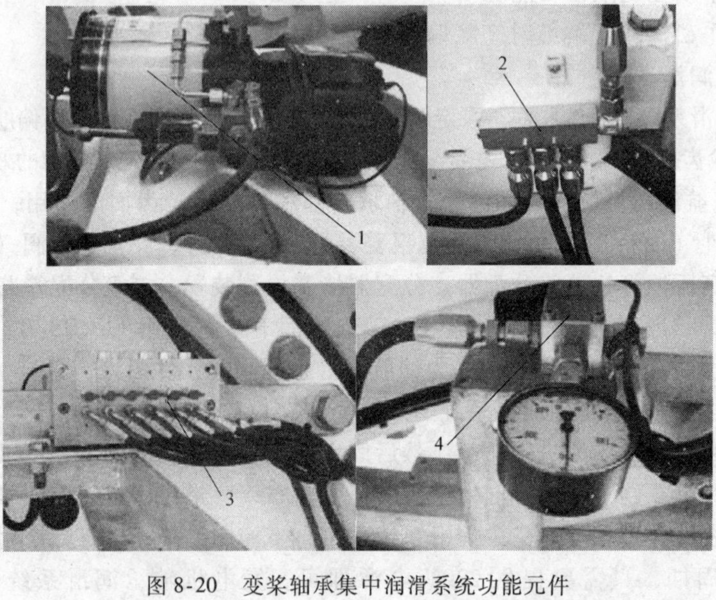

图 8-20 变桨轴承集中润滑系统功能元件

1—润滑油箱 2—转换器 3—分配器 4—压力传感器

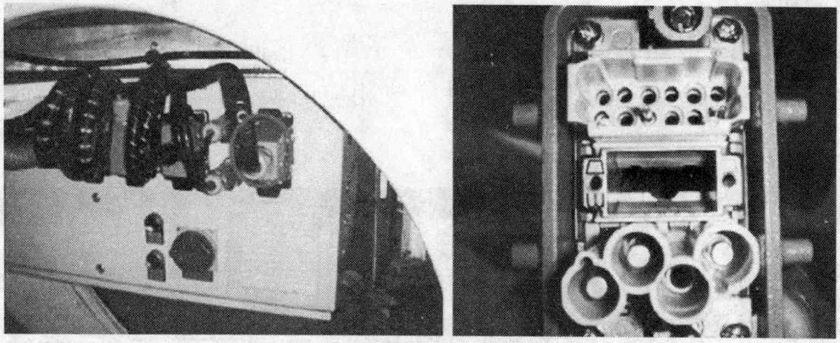

图 8-21　风轮部分自动润滑电源接线

8.2.1.10　测风系统

测风系统是由两个互相独立的传感器——风速仪和风向标组成，如图 8-22 所示。它们实时地测量风速和风向的变化，并将测得的信号传递给主控系统，以便主控系统做出正确的判断，来控制机组的桨距角及偏航的位置。

1）风速仪的测风范围为 0.7～50m/s，最大负载为 600Ω，应用范围：温度为 -30～+70℃；风速为 0～60m/s。

2）风向标的测量范围为 0～360°，最大负载为 600Ω，应用范围：温度为 -30～+70℃；风速为 0～60m/s。

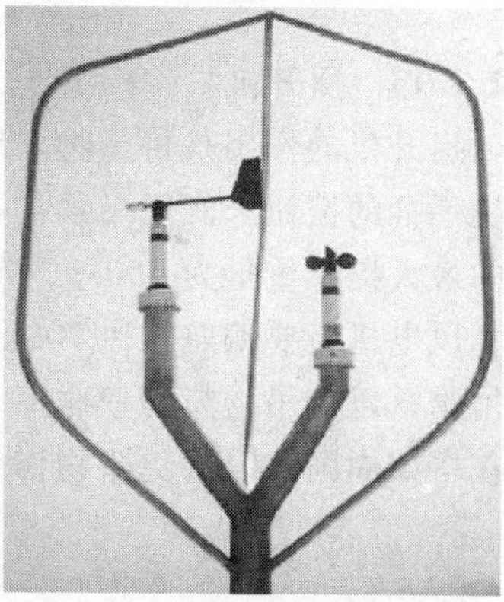

图 8-22　测风系统

8.2.1.11　发电机开关柜

机舱上平台两边的开关柜（见图 8-23）将发电机发出的电能通过电缆传至塔底，并通过发电机侧断路器的吸合、分断来闭合或切断线路的空载、负荷、故障电流，保证机组的安全运行。

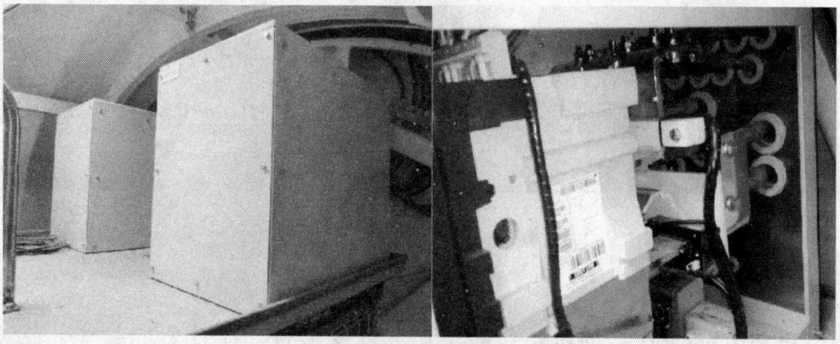

图 8-23　发电机开关柜

8.2.1.12 机舱柜

机舱柜（见图 8-24）作为机组的一个子站，它向主控系统传递信号，并接受来自主控系统的命令，驱动执行元件完成相应的动作，并通过集电环给变桨系统提供电源、通信。

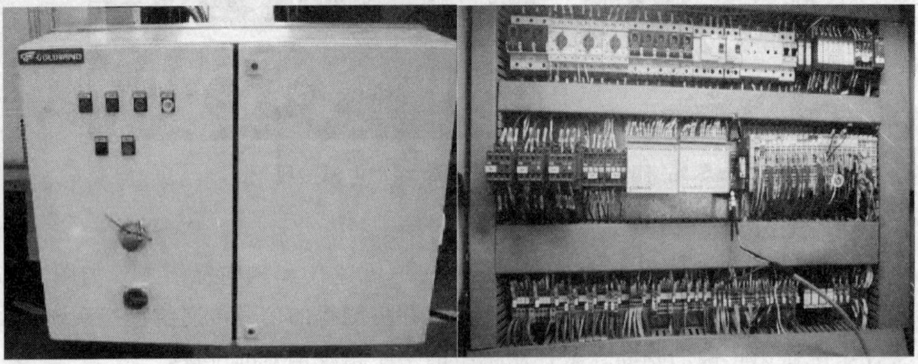

图 8-24 机舱柜

8.2.1.13 提升机

提升机的作用是将重物从地面运输到机舱或从机舱返回到地面，通过操作提升机手柄的按钮来实现吊物的提升或下降。图 8-25 为提升机和操作手柄。提升机的最大提升重量为 350kg，严禁超重或载人。在风速较大的情况下提升吊物时，风电机组要偏航侧风 90°后，方可使用提升机提升吊物，并且要用导向绳稳定吊物，以免吊物与塔壁碰撞，造成物体和塔架防腐的损伤。同时确保此期间无人在塔架周围，以避免坠物伤人。

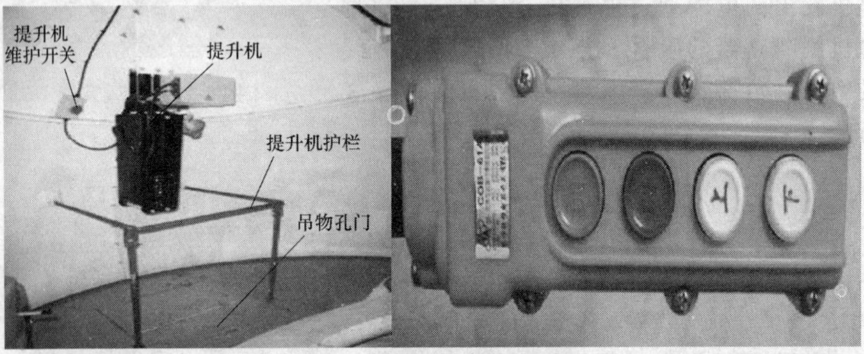

图 8-25 提升机及操作手柄

8.2.1.14 机舱罩

金风科技 GW1500 系列机组机舱采用人性化设计，工作空间较大，全密封式设计的玻璃纤维的机舱罩（见图 8-26）有效地保护了机舱内部零部件免遭雨雪、风沙、太阳光等的损害。

8.2.1.15　塔架

塔架（见图8-27）主要起着支撑机舱、发电机和风轮的作用，并将载荷传递到基础上。

1）塔架在法兰处用螺栓连接，其段数可参见各项目机组技术数据。塔架下端与基础环连接。塔架上端通过螺栓与偏航轴承连接。

2）塔架侧的连接法兰分为内法兰式和外法兰式。

3）塔架底部安装有主控系统、变流器柜、助力器（可选）。

4）塔架内装有安全爬梯，并一直通到塔架上平台。每段塔架上部都设有一个休息平台。

5）塔架和机舱内都装有照明灯。

6）所有的动力和信号电缆在塔架内布放。电缆固定在电缆夹板上，不会影响机舱的转动。发生扭缆时，风电机组能自动解缆。

图8-26　机舱罩

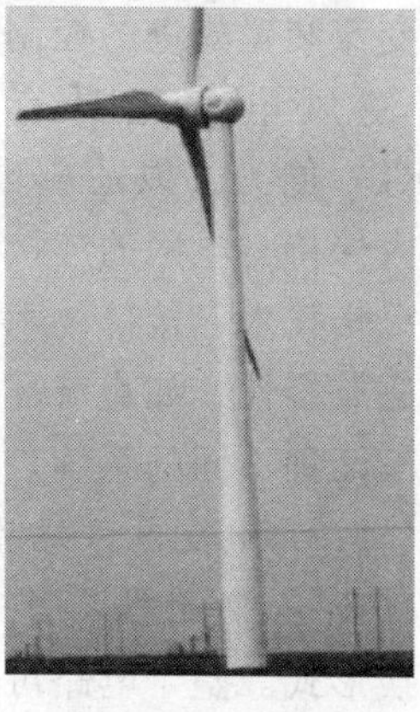

图8-27　塔架

8.2.1.16　主控系统

主控系统（见图8-28）是机组可靠运行的核心，它的主要功能有：

1）完成数据采集及输入、输出信号处理。

2）逻辑功能判定。

3）对外围执行机构发出控制指令。

4）与机舱柜通信，接收机舱信号，并根据实时情况进行判断，发出偏航或液压站的工作信号。

5）与三个独立的变桨柜通信，接收三个变桨柜的信号，并对变桨系统发送实时控制信号控制变桨动作。

6）对变流系统进行实时的检测，根据不同的风况对变流系统输出扭矩要求，使风电机组的发电功率保持最佳。

7）与中央监控系统通信、传递信息。控制包括机组自动起动，变流器并网，主要零部件除湿加热，机舱自动跟踪风向，液压系统开停，散热器开停，机舱扭缆和自动解缆，电容补偿和电容滤波投切，以及低于切入风速时自动停机。

8.2.1.17 变流系统

金风科技直驱永磁同步风力发电机通过变流装置和变压器接入电网，其中变流系统主电路采用AC-DC-AC变流方式，将永磁同步风力发电机发出的电通过变压器送入电网。变流装置按照永磁同步风力发电机的特点专门设计，与六相永磁同步发电机具有很好的适应性。金风科技直驱永磁同步风力发电机变流装置是全功率变流装置，与各种电网的兼容性好，具有更宽范围内的无功功率调节能力和对电网电压的支撑能力。同时，变流装置先进的控制策略和特殊设计的制动单元使风电机组具有很好的低电压穿越（LVRT）能力，以适应电网故障状态，在一定时间内保持与电网的连接和不脱网。通过独到的信号采集技术、接口技术等提高了变流装置系统的电磁兼容性，如直流环节的均压接地措施，有效减少了干扰。变流装置主要采用以下两种不同的系统。

图8-28 国产Freqcon主控柜布局图

1. Freqcon变流系统的概述

Freqcon变流器采用二极管整流、boost DC-DC变换、逆变的AC-DC-AC电力变换形式。整个电路可分为两个部分：整流和逆变。通过二极管整流将发电机发出的不稳定的交流电（1.5MW发电机转速0～17.3r/min，发电机电压AC0～690V，电压频率0～12.7Hz）变换成直流电；再通过逆变单元，把直流电逆变成与电网电压、频率、相位相匹配的交流电送入电网。图8-29所示为国产Freqcon变流器柜布局。

（1）主电路各部分的功能

1）发电机侧功率补偿电容。由于Freqcon变流器采用被动整流模块，对于发电机而言，变流器系统可以近似为一个RCD非线性负载。发电机侧补偿电容的功能是为了提高对非线性负载无功的补偿，从而使发电机端功率因数近似为1（即发电机电压与电流同相位），从而提高系统利用率。

2）二极管整流。Freqcon变流器采用两套三相全桥不可控整流方式，将发电机发出的电压和频率不稳定的交流电变换成直流电，与全桥并联的电容起到平波的作用。由于采用的是二极管整流，能量无法双向流动，因此Freqcon变流器

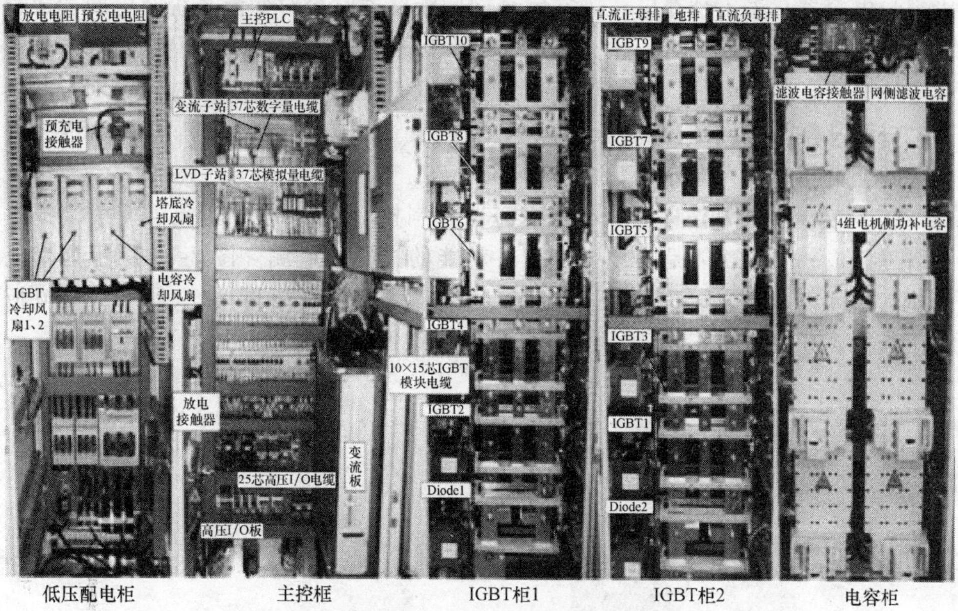

图 8-29　国产 Freqcon 变流器柜布局图

不能实现发电机的反向拖动。二极管整流后电压与发电机转速及功率有关。

3）斩波升压。Freqcon 变流器采用了 boost 直流升压斩波电路，斩波升压输出侧直接与网侧逆变直流侧相连，并联三重斩波（载波相位相差 120°）方式减小了发电机侧和逆变侧的电流波动。斩波升压三个 IGBT 模块（IGBT1 ~ IGBT3），只有下桥臂和上桥臂反并联的二极管起作用。

4）制动单元。当变流器检测到直流母线电压过高（超过 DC ±610V），制动单元工作，通过制动电阻（与 IGBT4 模块上桥臂并联，上桥臂不作用）、IGBT4 模块下桥臂，释放直流母线上过多的能量，维持母线电压。

5）放电回路。放电回路是在变流器停机后将母线上残留的能量通过放电电阻消耗掉，保护机械设备和人身安全。其本质是给母线上的电容放电，放电回路在变流器运行期间不起作用。

6）网侧逆变。变流器网侧电路的主要功能是稳定直流母线电压在设定工作点，同时向电网输送电能。逆变单元是三相全桥有源逆变，将直流电转变成频率为 50Hz、电压为 620V、相位与电网同相位的稳定的交流电，再经过变压器与电网相连。网侧六个 IGBT 模块构成三相，每相两个通过网侧电抗器相连。同相两个 IGBT 模块载波信号有 180°的相位差，用以减少汇入电网的谐波电流。

7）预充电回路

在闭合网侧断路器之前，需要给直流母排进行预充电，因为直流母排上带有大容量电容器，若不预充电，则在闭合网侧断路器时会对变流系统及电网造成很大的电流冲击。预充电时，预充电继电器动作预充电回路闭合。网侧 AC620V 通过限流电阻、网侧电抗、网侧逆变单元来给直流母线充电。在此过程中，与网侧 IGBT 反并联的二极管起到整流二极管的作用。在母线电压达到 AC ±420V，网侧主断路器闭合预充电完成。

（2）变流板的概述　变流板是变流器控制核心，Freqcon 变流器使用模拟电路搭建而成，主要功能是实现变流器各功能的控制与监测。图 8-30 所示为变流板前、后面板布局，图 8-31 所示为变流板前面板指示灯，图 8-32 所示为变流板前面板拨码开关，图 8-33 所示为变流信号走线图。

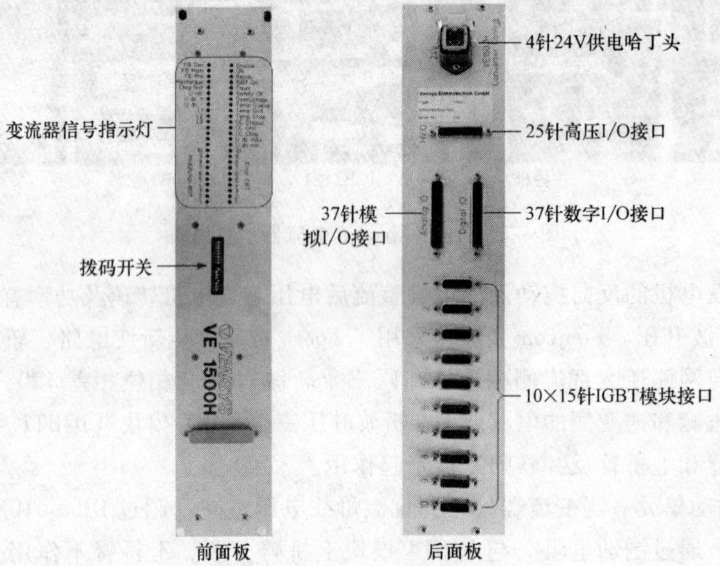

图 8-30　变流板前、后面板布局图

1）控制方面：

① 起动、停机控制；

② boost 斩波升压回路控制；

③ 母线过电压制动回路控制；

④ 电网电压锁相控制；

⑤ 双重三相网侧有源逆变控制；

⑥ 无功调节控制。

2）监控方面：

① 网侧电压测量；

② 网侧电流测量；

③ 网侧频率测量；

④ 有功功率测量；

⑤ 无功功率测量；

⑥ 故障逻辑；

⑦ 显示。

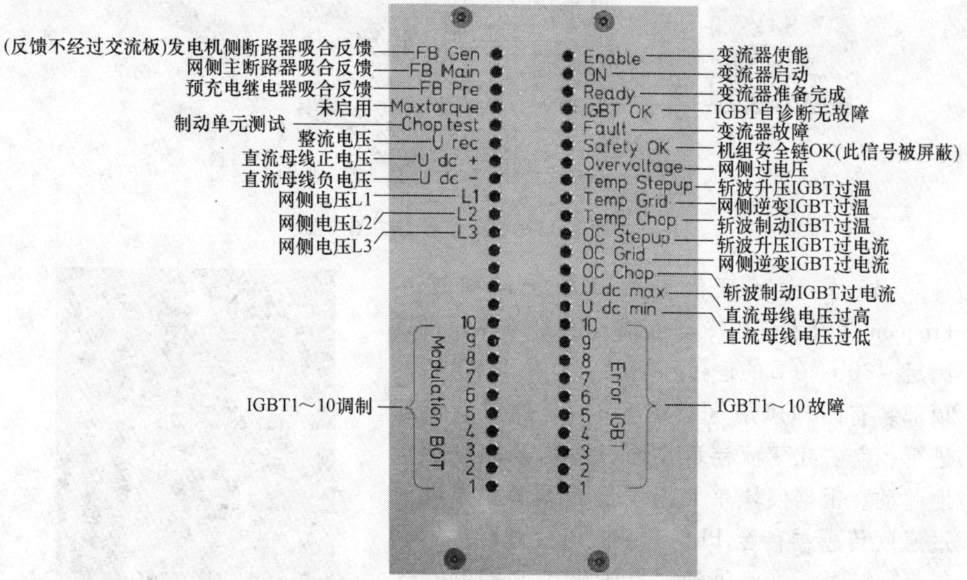

图 8-31　变流板前面板指示灯

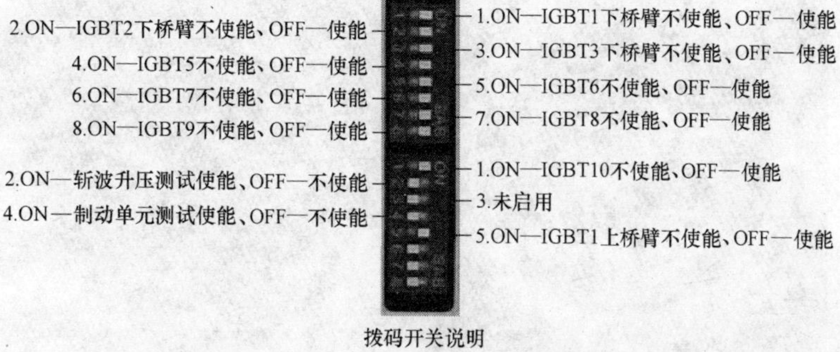

图 8-32　变流板前面板拨码开关

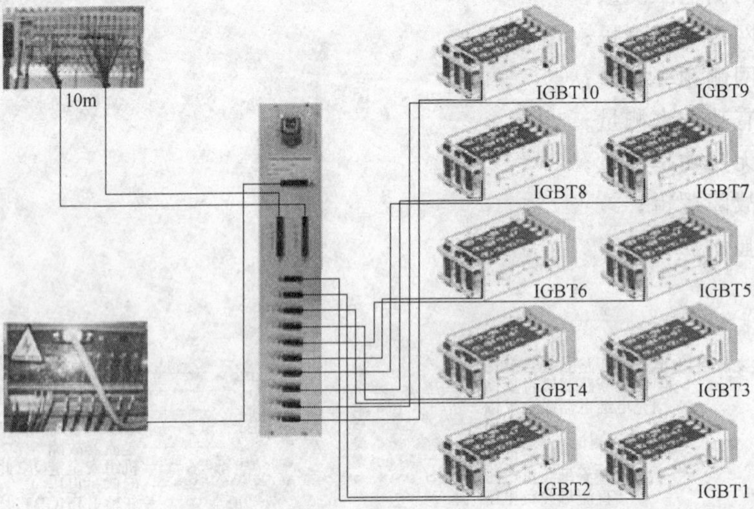

图 8-33 变流信号走线图

（3）Freqcon 变流器冷却系统的概述 Freqcon 变流系统的冷却方式为强迫风冷，可以满足 -30 ~ 40℃ 的运行环境要求。在 IGBT 柜的顶部装有冷却风扇（见图 8-34），通过变流器进行控制。在变流器起动时，冷却风扇也相应地起动，根据模块单元温度进行调节。温度通过温度传感器传至 PLC，经过 PLC 进行运算后传至变流器，变流器通过转速调节来控制冷却风扇的运行，以保证变流系统的冷却要求。塔底风扇如图 8-35 所示。

图 8-34 国产 IGBT 柜顶风扇

图 8-35 塔底风扇

2. Switch变流系统的概述

（1）Switch变流器的控制　Switch变流器采用了主动整流的方式来控制发电机以及并网。图8-36所示为变流器柜布局。

1）其控制方式为分布式控制，这种方式与它的主电路拓扑结构相对应，即网侧和发电机侧各有独立的控制器，以一个控制器为主要控制器，通过控制器之间的联系进行相互信息交换和控制。

2）网侧功率模块为1U1，发电机侧功率模块为2U1和3U1，这是与发电机两套绕组的结构相对应的，制动功率模块为4U1。

3）网侧功率模块的作用是将发电机发出的能量转换为电网能够接受的形式并传送到电网上；发电机侧功率模块是将发电机发出的电能转换为直流有功传送到直流母线上；制动功率模块是在当某种原因使得直流母线上的能量无法正常向电网传递时将多余的能量在电阻上通过发热消耗掉，以避免直流母线电压过高造成器件的损坏。

4）变流器和功率模块一一对应，相互之间通过光纤/CAN总线进行通信。

图8-36　变流器柜布局图

（2）水冷系统

1）水冷系统的概述。水冷系统由主控系统供电，起动和停止控制完全是依靠主控程序的动作来实现的，自身系统中的传感器采集系统中的温度、压力等信号，通过Profibus传递给主控系统。水冷系统通过系统管路中水循环将变流器内部产生的热量带至塔架外部散热片，再由风冷却散热片，从而降低系统管路水温达到冷却变流器的目的。变流器采用的是水循环冷却方式，优点是水的比热系数大，同样体积的水和空气，在同样温升下，水吸收的热量大，柜体采用管道连接，降低了塔架内部噪声。水冷系统冷却液为乙二醇、纯净水和防腐剂的混合液，根据现场区域的不同分为常温型，乙二醇:水:防腐剂=49.5:50:0.5；低温型，乙二醇:水:防腐剂=56.5:43:0.5。金风科技采用配套Switch变流器的水冷系统为高澜水冷系统。水冷系统由三通阀、水冷泵、储压罐、加热器、自动排气阀、温度、压力传感器、散热器及水冷管路组成。高澜水冷原理图如图 8-37 所示，实物结构图如图 8-38 所示。

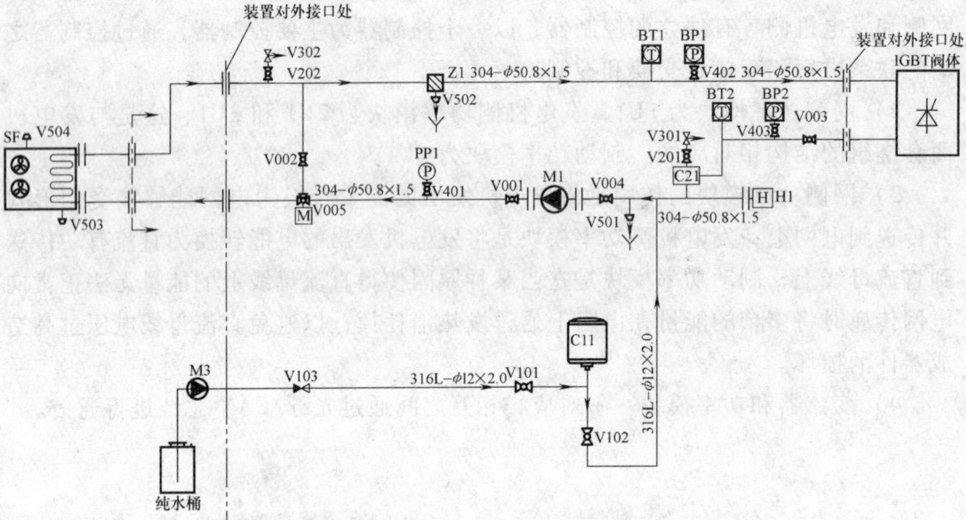

图 8-37　高澜水冷系统原理图

2）水冷系统元件介绍。

① 三通阀的作用是调节小循环和大循环的水流量，使系统的水温始终保持在设定值范围以内，满足变流器的冷却需要。

② 水冷泵是水冷系统水循环的动力，时刻处于运行状态，保持管路冷却水流量。

图 8-38　高澜水冷系统实物图

③ 储压罐的作用是维持系统压力在一个较小的范围内波动，防止压力随温度变化大幅振荡。储压罐内部有一个气囊，气囊里充的是氮气，气囊的初始压力为一个定值。当系统水温升高或由于其他原因引起压力增大时，储压罐内气囊被压缩，管路中的一部分水进入储压罐。当储压罐内气体压力与管路压力达到某种平衡关系时，管路压力保持不变。

④ 电加热器置于主循环冷却水回路，

用于变流器运行时的冷却水温度调节，使系统温度保持在要求的范围内。

⑤ 自动排气阀的作用是将管路内水蒸气排出，防止管路内形成气塞，影响管路内液体的流动。

⑥ 温度、压力传感器的作用是检测系统的温度和压力，使其在设定值范围以内。

⑦ 散热器的作用是通过风冷将系统的热量带走，以满足变流器的散热需求。

8.2.2　GW1500 系列风电机组维护及维修

8.2.2.1　总体检查

1）检查全部零部件的裂纹、损伤、防腐和渗漏，如有裂纹、损伤等破损情况应停机并通知厂家，如有防腐破损应进行修补，对渗漏应找到原因，进行修理并通知厂家。

2）检查风电机组的运行噪声，如果发现与风电机组正常运行有异常噪声，应通知厂家。

3）检查灭火器和警告标志以及防坠落装置的功能是否完好。

8.2.2.2　塔架

1. 变流器

1）检查电缆绝缘是否有老化现象。

2）检查保护隔板、电缆接头、电缆连接和接地线。

3）检测通风，检查温度传感器是否能控制风扇工作（通过软件更改温度参数控制风扇动作）。

2. 控制系统

1）检查电缆是否有老化现象。

2）检查柜体内是否有杂物，并清洁柜体。

3）紧固柜体内螺栓。

4）清洁通风滤网并检测通风，检查温度传感器是否能控制风扇工作（通过软件更改温度参数控制风扇动作）。

3. 低压开关柜

1）检查柜体内螺栓是否松动，检查电缆连接情况，检查保护隔板，清洁柜体。

2）检查熔断指示器，正常显示为绿色。

4. 电抗器

1）检查电抗器上的螺栓是否松动，如有松动，应紧固。

2）检查电缆是否老化。

3）检查是否有杂物，清洁塔架下平台。

4）检测通风，检查温度传感器是否能控制风扇工作（通过软件更改温度参数控制风扇动作）。

5. 塔架和基础

1）检查塔架和基础是否有裂纹、损伤、防腐破损。如有裂纹、损伤等破损情况应停机并通知厂家，如有防腐破损应进行修补，并通知厂家。

2）检查塔架和基础连接处有无防腐破损，有无进水。

3）检查入口、百叶窗、门、门框和密封圈是否遭到损坏，检测锁的性能（开、闭、锁）。

4）检查基础内支架的紧固，有无电缆烧焦，基础内有无进水、昆虫，并清洁。

5）检查塔架内梯子、平台是否损坏，防腐是否破损并清洁。

6）检查灯及各连接处的接头。

6. 塔架法兰连接

在维护过程中，通常按一定比例抽检螺栓，具体比例见螺栓紧固力矩表，紧固力矩值时，先作好标记，转角超过 20°时，紧固所有螺栓，转角超过 50°时，必须更换螺栓和螺母。

1）紧固塔架底法兰与基础环法兰连接螺栓。

2）紧固塔架各段法兰之间连接螺栓。

3）紧固偏航轴承与塔架法兰连接螺栓。

7. 塔架平台

（1）下平台

1）检查平台的螺栓是否松动，平台是否有损坏，并清洁平台。

2）检查爬塔设备、安全绳、防坠落装置、灭火器、警告标志。

3）测试攀登用具的功能，安全绳的张紧度，安全锁扣是否完好。

（2）塔架平台和底座内平台

1）检查平台的螺栓是否松动，平台是否有损坏，并清洁平台。

2）检查电缆夹板处的电缆老化、松动情况，检查机舱接地连接是否完好，检查扭缆开关。

8. 爬梯

1）检查梯子是否损坏、漆面是否脱落，并清洁梯子。

2）检查梯子的焊缝是否有裂缝，检查安全绳和安全锁扣是否符合要求。

3）检查并紧固梯子连接螺栓。

4）检测防坠制动器的功能，在爬升不超过 2m 的高度通过坠落来进行测试。

9. 塔架灯和插座

1）检查塔架灯支架螺栓是否松动，是否有损坏，并作清洁。

2）检查所有平台的照明灯和插座的功能。

3）检查灯线外观是否有破损。

10. 塔架筒体

检查塔架筒体表面是否有裂纹、变形，检查防腐和焊缝并作清洁。

11. 塔架内电缆

1）检查电缆固定是否有松动，是否有损坏，并作清洁。

2）测量电缆的绝缘性能和电阻。

3）测试扭缆开关的性能。

4）扭缆不能超过3圈，如果发生扭缆开关动作，则需要解缆后检查扭缆设定。

8.2.2.3 偏航系统

1. 偏航制动器（见图8-39）

1）检查液压接头是否有漏油现象，如有需进行清洁和处理。

2）按照螺栓紧固力矩表紧固偏航制动器与底座的连接螺栓。

3）检查偏航制动器的闸间隙，未建压前闸间隙应在2~3mm之间，并保证上、下闸间隙一致。偏航制动器在使用后，需定期检查偏航制动器的摩擦片厚度，当摩擦片厚度为2mm左右时，需要更换新的摩擦片。

4）摩擦片更换方法如下：

① 正常停机后，主控柜上的开关扳到“repair”状态。

② 将偏航电动机制动，液压系统释放压力（逆时针旋转手阀）。

③ 拆去连接油管，拆去偏航制动器8个M27×260-10.9螺栓，取下偏航制动器上、下闸体。

④ 换上新的摩擦片，用橡胶锤均匀敲击偏航制动器上下闸摩擦片表面，使制动器内的活塞缸处于最低位置。注意：用力不要过猛，按原位置装回，上闸体的O形圈必须安装上。

⑤ 在底座与偏航制动器上下闸体间加相应厚度的制动调整垫片，保证偏航制动器上下闸体与偏航刹车盘间隙为2~3mm。

⑥ 安装8个M27×260-10.9螺栓，螺栓力矩要求为1200N·m，螺栓紧固顺序为对称紧固，分3次紧固，$T_1=600\text{N}\cdot\text{m}$，$T_2=900\text{N}\cdot\text{m}$，$T_3=1200\text{N}\cdot\text{m}$。

⑦ 连接好油管。

⑧ 螺栓紧固完后，如MD-硬膜防锈油被破坏，再均匀涂抹MD-硬膜防锈油。

⑨ 将制动器周围油液清理干净。

2. 偏航制动盘

1）偏航制动盘是一个固定在偏航轴承上的圆环板，风电机组在运行过程中，有可能使油脂滴落到制动盘上。油脂的存在会降低摩擦系数使制动片失去功效，同时由于制动盘上有油脂的存在，在偏航过程中会形成制动片破坏油脂粘力

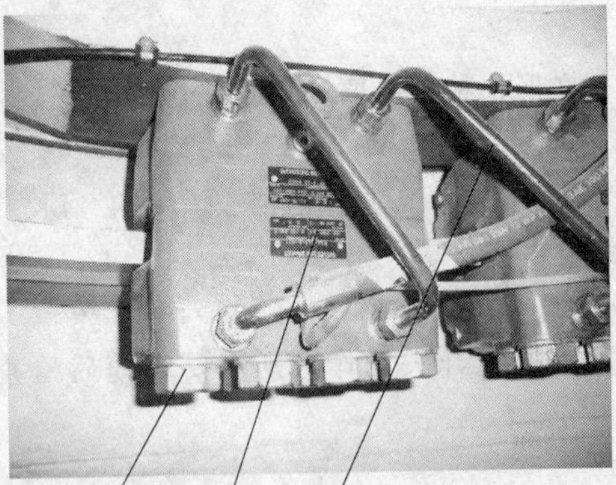

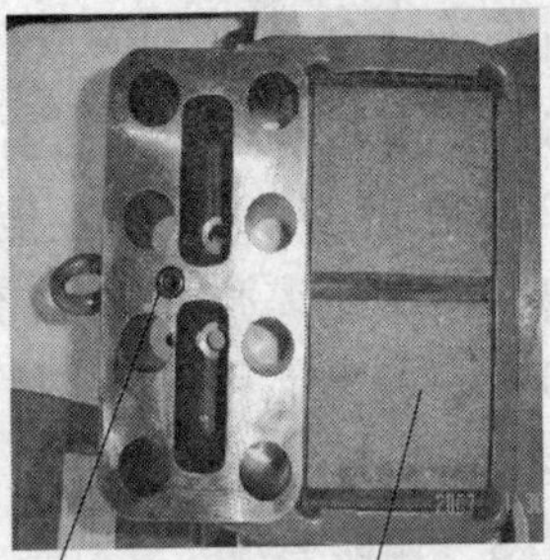

图 8-39 偏航制动器

1—制动器连接螺栓 2—制动器 3—油管 4—O 形密封圈 5—摩擦片

造成的风电机组振动和噪声，对风电机组有很大的影响，应及时用丙酮将其擦拭干净。

2）检查偏航制动盘盘面是否有划痕、磨损和腐蚀现象，运行时是否有异常噪声，若有应及时排除。

3. 液压系统（见图 8-40）

图 8-40 液压系统

1）油位检查。通过油位观察窗检查油位，油位应在观察窗的 1/2 处，如果液压油位太低，必须要补加。液压油型号：TOTAL EQUIVIS XV32（最低环境温度 -40°）。

2）过滤器检查。液压油过滤器上安装了一个污染指示器，如果指示出污染（红色），则必须更换过滤器。

3）接头渗漏检查。检查所有的油管和接头是否有渗漏，如果发现有渗漏，必须要找到原因并排除。清除渗漏出的油渍。

4）油管渗漏和脆化检查。液压系统中使用的胶管必须要检查是否有脆化和破裂。如果发现有脆化和破裂，则必须更换有问题的油管。

5）起动和停机时的压力检查。液压系统起动和停机时的压力必须要检查。其压力值通过压力表观察。起动压力约为 150bar，停止压力为 160bar。

6）偏航余压检查。将测压表连接到偏航制动器通气帽的位置，在机组偏航时检查偏航余压。偏航余压范围为 20～30bar。

7）液压油更换。每 2 年对液压油进行采样化验，如不合格则必须更换液压油。

将旧液压油通过放油球阀完全注入一合适的容器内，然后再从通气帽处加入新油。

4. 偏航轴承

1）偏航轴承采用四点接触球转盘轴承结构，在出厂时偏航轴承制造厂家已加注润滑脂，在风电机组上采用润滑站对偏航轴承及偏航齿面集中自动润滑。

2）检查偏航轴承的密封圈，擦去泄漏的油脂，密封带和密封系统必须至少每12个月检查一次，密封带必须保持没有灰尘，当清洗部件时，应避免清洁剂接触密封带或进入轨道。

3）按螺栓紧固力矩表紧固底座与偏航轴承之间的连接螺栓。

4）检查偏航齿轮磨损是否均衡，必要时进行清洁。

5. 偏航减速器

偏航减速器为一个四级行星传动的齿轮箱。一般情况下，在运行期间检查是否有泄漏，定期对油位进行检查和更换润滑油。

（1）偏航减速器润滑　本机组的偏航减速器采用浸油润滑，所有的传动齿轮都浸没在润滑油中。润滑油的种类为Shell Omala HD 320，总油量约为20L/个。未经制造商同意，不允许更换或混用其他种类的油。

偏航减速器输出轴轴承采用润滑脂润滑。鉴于偏航减速器的运行特点，每隔12个月加一次润滑脂。应使用指定的润滑油脂：Shell STAMINA HDS。

（2）润滑油加注及更换　偏航减速器在供货时已加好油。需要更换油时，打开放油阀的同时打开通气帽，以保证箱体内的油能比较快地流出。在温度较低的情况下，可以使偏航先运转将油温升高，这样更有利于油的流动。

检查偏航减速器油位，油位必须在观察窗1/2处，如果没有达到则需要加到规定位置。

第一次运行6个月后更换油品，以后每5年更换一次，每3年进行采样化验，如不合格则必须更换油品。

图8-41　偏航减速器

1—加油口　2—油窗　3—通气帽

（3）减速器运行情况检查　在初次运行之前，检查通气孔是否畅通，运转过程中应确保通气孔没有被脏物或油漆堵塞。如果通气孔被堵塞，运转时减速器内部会产生压力，而且有可能破坏密封环。

在运行过程中，注意检查减速器运转是否平稳并且没有产生较大的噪声。检查是否有油渗漏现象。如有异常情况，立即与制造/供应商进行联系。

(4) 偏航小齿轮与外齿圈的啮合间隙检查与调整　为保证偏航小齿轮与外齿圈的啮合良好，其啮合间隙 t 应为 $0.5\text{mm} \leqslant t \leqslant 0.9\text{mm}$。这个间隙在组装时已经调整好，在试运转或更换偏航零部件后，应对偏航齿轮啮合间隙进行检查，如果不合适，可通过转动与底座面接触的偏航减速器偏心盘进行调整。方法如下：

找到偏航轴承齿顶圆的最大标记处（涂绿色油漆处），在该处调整齿侧间隙，保证齿侧啮合的双边间隙为0.5～0.9mm。可采用压铅丝法测量偏航小齿轮与外齿圈的啮合间隙，两个铅丝在轮齿齿长方向对称放置，上下铅丝的距离为70～80mm。起动两个电动机驱动偏航轴承碾压铅丝，测量铅丝的双面厚度（即为齿侧双面间隙)。若间隙偏小则将偏航减速器向“E”的方向移动（每个孔位大约产生0.2mm的啮合间隙)；若间隙偏大则将偏航减速器向“E”的180°方向移动。

(5) 检查减速箱体上的螺栓是否松动。

6. 偏航电动机

偏航电动机为电磁制动三相异步电动机，在三相异步电动机的基础上附加一个直流电磁铁制动器组成，电磁铁的直流励磁电源由安放在电动机接线盒内的整流装置供给，制动器具有手动释放装置。

1）电动机的维护、保养。应保证电动机运行中良好的润滑，封闭轴承在使用寿命期内，不必更换油脂，运行中发现轴承过热或有异响，应及时查明原因，采取改进措施后再投入使用。

2）制动器气隙的检查与调整。制动器的摩擦面经过长期使用后，将受到磨损，引起电磁铁与衔铁间的气隙增大和弹簧工作长度的增加，从而降低了弹簧压力，减少了制动力矩，同时由于气隙的增大，使衔铁吸合时电流值上升，严重时使衔铁不能吸合，因此需要经常检查气隙，进行调整。气隙调整方法如下：

① 取下释放手柄，拆下风罩，松开螺栓，将间隙调整至0.5～1mm，调整制动弹簧受压。

② 安装释放手柄，抬起手柄使移动衔铁与制动盘分离，用手转动轴，注意观察是否正常。

③ 取下手柄，安装好风罩。

3）摩擦片的检查与更换。当摩擦片单边磨损2.5mm以上时，应更换摩擦片。操作方法如下：

① 取下释放手柄，拆下风罩和风扇，松开螺母、螺栓。

② 将制动器线圈引接线拆下。

③ 将电磁铁和衔铁一同拆下，并取出制动盘，然后更换摩擦片。

4）手动释放手柄的原理与使用。抬起手柄，使衔铁与摩擦片脱离接触，达到释放制动的目的。

5）断电，用绝缘电阻表检查电动机绝缘电阻，冷态时若绝缘电阻小于 1MΩ，应进行烘干处理。

6）检查接地装置是否接好。

7）检查电动机接线盒中电缆的连接是否松动并紧固与偏航减速器的连接螺栓。

8）起停偏航电动机，注意运行过程和停止时的噪声，如果有异常声音要进行记录。

7. 自动润滑系统

（1）油位油量检查　检查油箱中的润滑脂油量，不足时及时添加，油脂总量约为 3kg（一年总用量约为 3.5kg）。

（2）接头渗漏检查　紧固所有的接头，检查所有的油管和接头是否有渗漏现象，如果发现有渗漏，必须要找到原因并排除，清除泄漏出的油脂。

（3）油管裂纹和脆化检查　润滑系统中使用的胶管、树脂管必须要检查是否有脆化和破裂。如果发现有脆化和破裂，则必须更换有问题的油管。

（4）系统工作情况检查　检查润滑单元工作是否正常，偏航轴承、润滑小齿轮各润滑点是否出油脂。开启润滑泵，并打开几个润滑点检测是否有油脂打出，如有则系统正常。

（5）系统堵塞检查

1）系统堵塞原因。轴承、管线或分配器发生堵塞；单块式分配器 SSV6—22 的 1 号或 2 号出口被关闭。

2）系统堵塞现象。安全阀处出现润滑脂泄漏；安装在分配器上的指示销无动作；信号灯或发光二极管发出故障信号。

3）系统堵塞排除措施。按下述方法查出故障原因并排除故障：

起动泵，按住泵内置电路板上白色起动按钮 5s，泵搅拌杆以 15r/min 顺时针转动。

依次拧松分配器各出口处的管线接头，若有油脂从分配器的出口流出，如从分配器的 1 号出口流出，则说明该出口所连接的油路发生堵塞，即所接的润滑点发生堵塞（注：若后面的系统发生堵塞，则主润滑管路中会有压力存在。在这种情况下，为将主管道与接头分开，这时可将安全阀的出口接头卸下，对系统进行泄压，以方便高压软管的拆卸）。

发现堵塞的管路或轴承，可通过油枪将堵塞的轴承或管路打通（注：在检查分配器出口时，需将出口接头拧松并保持一段时间，因为泵需运转一段时间才能使所有分配器都完成一个循环）。

检查安全阀，如果开启压力过低并通过旋紧压紧螺母不能排除时，应予以更换。

检查泵单元，如果发现出油压力不足，应予以更换。

(6) 分配器堵塞　按以下步骤更换或清洁分配器：

1) 卸下所有管接头。

2) 旋开分配器柱塞堵头，如有可能，用平滑冲头（直径小于6mm）将柱塞顶出（注意：柱塞和其安装孔是精密配钻的，在拆卸时需将柱塞的安装位置及方向作标记，以防混淆。柱塞不可互换）。

3) 用溶油的溶剂彻底清洗分配器，并用压缩空气吹干。

4) 用一根铁丝将柱塞孔端部的排油孔导通。

5) 再次清洗分配器并加压缩空气吹通。

6) 重新组装分配器。

7) 更换铜垫圈。

8) 在分配器重新接管子前，需用手动泵用稀油将分配器打几个循环。

9) 检查分配器内的压力不得超过25bar，若压力过高，则必须更换分配器。

8.2.2.4　底座与机舱

1. 底座

1) 检查底座裂纹、损伤、防腐层，如有裂纹、损伤等破损情况应通知厂家，如有防腐破损应进行修补。

2) 紧固底座与定子主轴法兰螺栓。

3) 检查平台与底座及骨架的连接螺栓是否松动。

2. 机舱控制柜

1) 检查柜体固定，电缆是否有破损，紧固接线端子。

2) 检测主开关、紧急停机、锁定等功能，检查风扇、通信和电源插座的性能。

3) 检查电缆固定。

3. 机舱

1) 检查机舱联接螺栓的紧固性。

2) 机舱是否有裂缝、损坏和腐蚀，密封是否良好，机舱如有裂纹或损坏，应通知厂家。

3) 检查天窗的功能、密封性是否完好，并检查与机舱的螺栓紧固性。

4) 检查灭火器。

4. 提升机（见图8-42）

1) 检查提升机的状态、链条、链盒和提升机的固定支撑。

2) 检查提升机护栏是否连接固定及电缆的连接情况。

3) 提升物体时，提升机维护开关扳到“ON”状态。

① 必须带全身安全带并将安全绳固定在机舱内可靠的位置。

② 先打开下平台门，再打开吊物孔门，提升物体时提升机护栏应固定好，按下提升机手柄（见图8-43）上的“ON”键，再操作“上”、“下”键，使物体提升或下落。使用完毕后，按下“OFF”键，把操作手柄放回手柄放置处。

③ 将维护开关扳到“OFF”状态，避免其在非工作时带电，以保护提升机。

4）如提升机出现故障需对提升机进行拆检时应先把提升机维护开关扳到“OFF”状态，切断提升机电源。

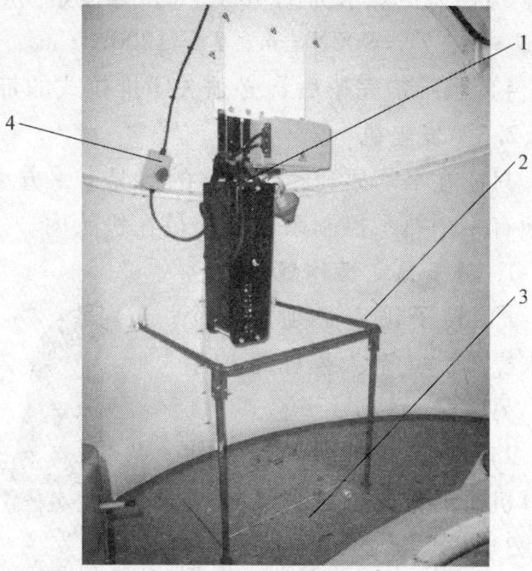

图8-42　提升机

1—提升机　2—提升机护栏　3—下平台门

4—提升机维护开关

5. 风向标、风速仪

1）检查测风支架与机舱的固定，是否有腐蚀现象和裂缝，紧固测风支架与机舱的固定螺栓。

2）检查风向标、风速仪的灵敏度，摆动风向标进行检查，测试加热装置。

3）检查风向标、风速仪的信号线，温度传感器和接地电缆有无破损。

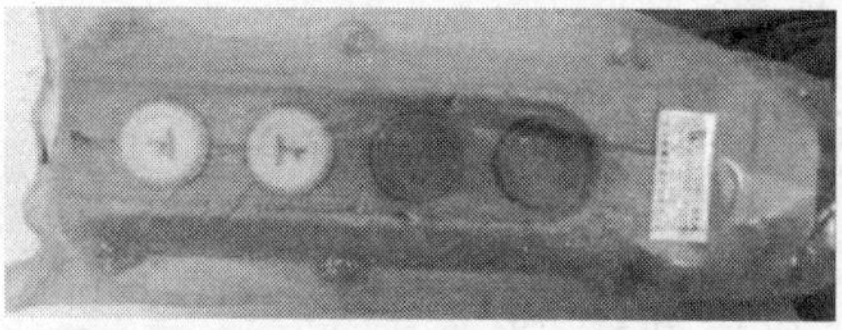

图8-43　提升机手柄

6. 断路开关

1）检查开关柜固定、密封及其环境的潮湿程度，是否受热过高有烧焦痕迹。

2）检查电缆和熔断器。

7. 发电机电缆

检查电缆绝缘层是否有破损。

8. 转子制动

检修转子制动之前，首先将发电机转子锁定。

1）检查螺栓紧固。

2）检查液压油管有无破损，接头的密封性等。

3）检查转子制动闸间隙，闸片至制动环的最小间隙应在2～3mm之间，复位弹簧应安装牢固。转子制动在使用后，需定期检查闸片厚度，当闸片厚度剩2mm左右时，需要更换新的闸片。更换方法见偏航制动器部分。8个M27×240-

10.9 螺栓力矩要求为 1200N · m，螺栓紧固顺序为对称紧固，分 3 次紧固，T_1 = 600N · m，T_2 = 900N · m，T_3 = 1200N · m。

4）当维护完毕后，必须关闭推拉式的带安全锁扣的门。

8.2.2.5 发电机

只能在平均风速≤11m/s 的情况下，方可通过发电机人孔进入轮毂内。同时必须有一个熟悉控制系统的人员在机舱内。

1. 转子锁定操作规程

1）转子锁定必须由两个人来操作，一个人操作维护手柄，另一个人转动手轮。

2）根据当时的风况，使风电机组的方向正对主风向。

3）操纵维护手柄上“Pitch”旋钮，使三个叶片顺桨制动。

4）一旦当风轮转速降到很慢时，按以下操作步骤将发电机转子锁定：

图 8-44 转子锁定装置（转子未锁定状态）

1—观察孔 2—传感器 3—锁定销 4—止动销 5—手轮

① 转子未锁定时转子锁定装置状态如图 8-44 所示。

② 取出锁定销。

③ 通过按维护手柄“service brake”按钮将维护制动起动，一旦松开按钮，制动释放（见图 8-45）。

④ 通过观察孔查看止动销插孔与止动销是否接近，同时，逆时针缓慢转动手轮，推出止动销接近止动销插孔，当止动销插孔与止动销对应时，按下维护手柄上的“servicebrake”按钮，使转子制动，迅速逆时针旋转手轮，止动销插入止动销插孔。

⑤ 插入锁定销，转子锁定时的状态如图 8-46 所示。

⑥ 逆时针转动另一手轮，将止动销插入止动销插孔内，插入锁定销。

5）转子锁定解除。

① 维护完毕后，取出锁定销，顺时针旋转手轮，在止动销接近退出止动销插孔时，顺

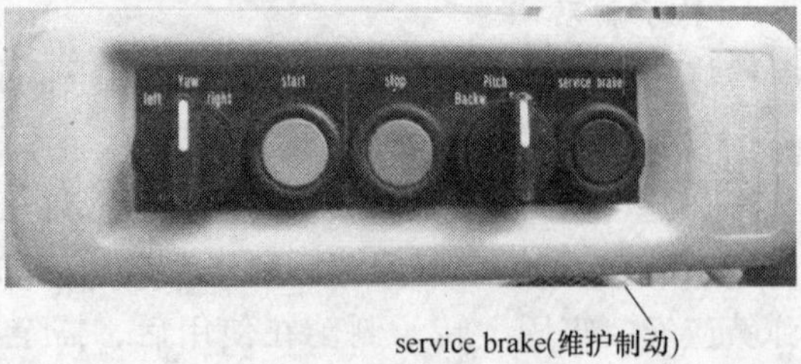

图 8-45 维护手柄

时针旋转另一手轮，在两个止动销都未退出止动销插孔时，按下维护手柄按钮“service brake”，使转子制动，顺时针旋转手轮直到止动销完全退回，传感器指示灯亮，此时，转子、风轮处于自由空转状态。

图 8-46　转子锁定装置（转子锁定状态）

1—观察孔　2—传感器　3—锁定销　4—止动销　5—手轮

② 关好推拉式的带安全锁扣的门，并检查传感器的间距并保证在 3 ~ 5mm。

2. 发电机定、转子

1）当发电机停止转动时，锁定发电机转子。

2）检查发电机定子、转子、定子轴、转动轴的外观，检查焊缝、裂纹、损伤、防腐层，如有裂纹、损伤等破损情况应通知厂家，如有防腐破损应进行修补。检查完成后关好拉门。

3）按照螺栓紧固力矩表紧固转动轴与发电机转子支架的连接螺栓。

4）按照螺栓紧固力矩表紧固定轴与发电机定子支架的连接螺栓。

5）按照螺栓紧固力矩表紧固定轴与定轴止定圈的连接螺栓。

6）按照螺栓紧固力矩表紧固转轴与转轴止定圈的连接螺栓。

3. 转子锁定

1）检查门的紧固，是否有腐蚀现象，检查开启和关闭是否正常。

2）检查发电机转子锁定装置的功能。

3）检查门闩的移动以及手轮和连接螺栓，必要时对其涂润滑脂。

4. 前轴承（小轴承）

1）检查密封圈的密封性能，擦去多余油脂。

2）每个油嘴均匀的加注油脂，加注时打开放油口。

3）首次加脂量为 8.5kg。加脂周期为 4000h，油脂量为 300g，油脂型号为

SKF LGEP 2。

5. 后轴承（大轴承）

1）检查密封圈的密封性能，擦去多余油脂。

2）每个油嘴均匀地加注油脂，加注时打开放油口。

3）首次加脂量为7.5kg。加脂周期为4000h，油脂量为200g，油脂型号为SKF LGEP 2。

8.2.2.6 风轮部分

若需穿过发电机进入轮毂维护，应在平均风速≤11m/s的情况下，同时必须有一个熟悉控制系统的人员在机舱内，并严格遵守转子锁定操作规程。

1. 叶片

1）仔细倾听叶片运转过程中的噪声很重要，任何一种异常的噪声都可能意味着某个地方出了问题，需要马上对叶片进行仔细检查。

2）因叶片内部脱落的聚氨酯小颗粒所产生“沙拉沙拉”的声音，这是正常的，但一般仅在叶片缓慢运转时可以听到。

3）使用望远镜从地面和机舱顶部观察叶片表面。检查有无裂纹、凹痕和破损。

4）使用手电照明检查挡雨环与叶片的密封间隙情况，若间隙很大需紧固螺钉。

5）若进入叶片内部检查，需将要检查的叶片旋转到水平位置，使用手电照明，工作人员应尽可能地靠近叶尖，检查所有的粘接部件有无裂纹和移动，清除叶片内的胶粒。

6）检查防雷保护的连接是否完好。

7）按照螺栓紧固力矩表紧固叶片与轮毂连接螺栓。

2. 轮毂

1）检查轮毂外观，查看轮毂内外表面有无裂纹，如果发现裂纹，应立即向厂家报告。

2）检查防腐层有无破损，如果发现有破损和生锈的部分，除去锈斑并补做防腐处理。

3）按照螺栓紧固力矩表紧固变桨驱动支架与轮毂的连接螺栓。

4）按照螺栓紧固力矩表紧固轮毂与变桨轴承的连接螺栓。

5）按照螺栓紧固力矩表紧固轮毂与转动轴的连接螺栓。

6）如果发现有损坏和拉长的螺栓，则必须更换，并向厂家报告。

3. 变桨轴承（见图8-47）

变桨轴承采用四点接触球轴承结构，轴承在运行其间必须保持足够的润滑。长时期停止运转的前后也必须加足新的润滑脂，这在冬天来临之前尤为重要。

1）用手动黄油枪在加油嘴处（加油嘴分布应均匀）加注润滑脂，直到有旧油脂从排油嘴被挤出。

2）检查变桨轴承的密封圈，擦去泄漏的油脂，密封带和密封系统必须至少每12个月检查一次，密封带必须保持没有灰尘，当清洗部件时，应避免清洁剂接触密封带或进入轨道系统。

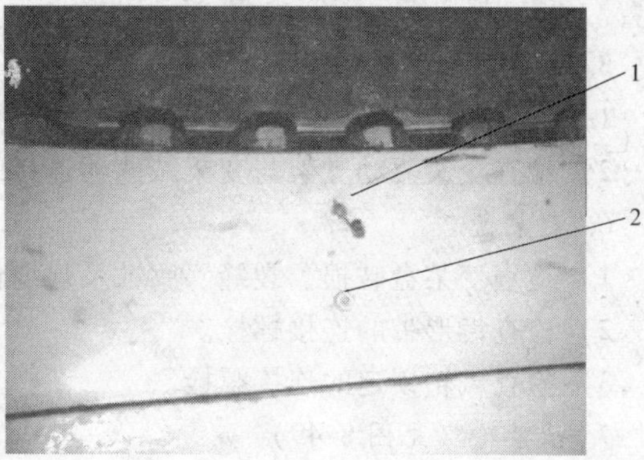

图8-47 变桨轴承

1—加油嘴 2—排油嘴

3）检查变桨轴承防腐层是否脱落、破坏，若有请补刷破损和脱落部分。

4）按照螺栓紧固力矩表紧固变桨轴承与叶片连接螺栓。

4. 变桨减速器和变桨电动机

1）检查变桨减速器（见图8-48）的油位应在油窗的1/2处，如果不够则需要添加，需加油的变桨减速器的叶尖应朝下，应在油温低于40℃时进行。

图8-48 变桨减速器

1—加油口 2—油窗

2）第一次运行6个月后更换油品，以后每5年更换一次，每3年进行采样化验，如不合格则必须更换油品。

3）变桨减速器润滑油型号：Shell Omala HD 320，总油量：天津卓轮的约为5L/个；邦飞利的约为7.2L/个。

4）检查与变桨控制柜相连的电缆，接头是否牢固，是否磨损，是否断路，如果发生上述故障，更换电缆。

5）运行变桨驱动，检查有无异常噪声。检查齿形带在变桨驱动小齿轮上的位置。

5. 变桨驱动支架

1）按照螺栓紧固力矩表紧固变桨驱动支架与轮毂连接螺栓。

2）检查变桨驱动支架与变桨减速器连接螺栓和变桨减速器附件连接螺栓。

6. 变桨盘

1）检查变桨盘破损、裂缝、腐蚀及焊缝情况。

2）检查齿形带的连接螺栓。

3）检查风轮锁定的连接螺栓。

7. 张紧轮（见图 8-49）

1）检查张紧轮是否有破损、裂缝、腐蚀和密封。

2）检查油脂，擦去多余的油脂。

3）检查张紧轮与齿形带轮的平行，平行度为 2mm（在叶片顺桨位置和工作位置分别检查）。

4）检查齿形带是否挤压齿形带挡板，如出现挤压现象，先旋松变桨驱动支架上固定调节滑板的螺栓 6-M16 ×90-10.9，再调节调节滑板（见图 8-50）上面 2 个 GB/T 5783—2000 M16 ×120 的螺栓，放松齿形带，将齿形带调整到变桨小齿轮的中间位置，然后紧固调节滑板上的 GB/T 5783—2000 M16 ×120（自带）的调节螺栓，最后紧固变桨驱动支架上固定调节滑板的螺栓 6-M16 ×90-10.9。

8. 齿形带（见图 8-49）

1）检查齿形带是否有损坏现象和裂缝，检查齿形带的齿有无破损。

2）检查齿形带张紧程度并清洁。

3）使用张力测量仪 WF-MT2 测量齿形带的振动频率。设计频率为 85 ~ 95Hz，如大于或小于此频率范围，应调节变桨驱动支架上面的调节滑板，达到设计频率。

4）紧固调节滑板和齿形带压板的螺栓。

5）齿形带测量及调整方法（见图 8-49）：用张力测量仪 WF-MT2 测量齿形带的振动频率。将 WF-MT2 传感器放置在张紧轮与变桨小齿轮之间的齿形带光面上，用小木锤敲击齿形带，查看 WF-MT2 显示的振动值，如果小于 85Hz，先旋松变桨驱动支架上固定调节滑板的螺栓 6-M16 ×90-10.9，再调节调节滑板上面 2 个 GB/T 5783—2000 M16 ×120 的螺栓，拉紧齿形带，然后再次测量齿形带的振动频率在 85 ~ 95Hz 之间；如果大于 95Hz，调节调节滑板上面 2 个 GB/T 5783—2000 M16 ×120 的螺栓，放松齿形带，然后再次测量齿形带的振动频率在 85 ~ 95Hz 之间，紧固调节滑板上的 GB/T 5783—2000 M16 ×120（自带）的调节螺栓，最后紧固变桨驱动支架上固定调节滑板的螺栓 6-M16 ×90-10.9。注意，要分别对变桨小齿轮两边的齿形带进行测量，使两边的张紧力保持一致，在调节

2 个 M16 ×120 的螺栓时，要同时调节，即先将一个螺栓旋半圈，再将另一个螺栓旋半圈。GB/T 5782—2000 6-M16 ×90-10.9 紧固力矩值为 243N · m，螺栓紧固顺序为对称紧固，分 2 次紧固，T_1 =120N · m，T_2 =243N · m。注意：更换或调整齿形带时，必须锁定变桨锁。

图 8-49　变桨系统

1—张紧轮　2—变桨小齿轮　3—齿形带

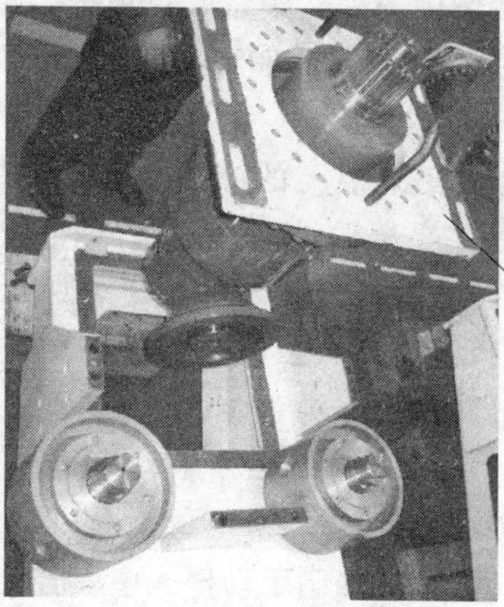

图 8-50　变桨减速器调节滑板

9. 限位开关传感器支架

检查限位开关的紧固螺栓。

10. 变桨控制柜

1）检查变桨控制支架连接螺栓和所有附件连接螺栓是否松动，如有松动，应紧固。

2）检查变桨控制柜是否有破损、裂纹、焊缝开裂等现象。

3）检查与变桨控制柜相连的电缆，接头是否牢固，是否磨损，变桨控制柜风扇是否工作正常。

4）检查漆面的完好程度，检查门锁是否完好。

5）检查变桨系统 90°限位开关、0°接近传感器工作是否正常。

11. 变桨锁定（见图 8-51）

1）当需要更换齿形带、变桨电动机、变桨减速器时需使用变桨锁定。

2）变桨锁定应在风速不超过 11m/s（10min 平均风速）的情况下使用，如果超过此风速时，变桨锁可能会对风电机组产生破坏性影响。当三个叶片顺桨处于 90°时或者机组偏航侧风，叶片变桨到 0°位置时才能锁定风轮。

3）检查设备的紧固性、漆面完好程度，是否有裂缝。

4）检查变桨锁定和转速传感器。

5）变桨锁定系统的使用：变桨锁将叶片锁定在顺桨 90°或风轮侧风偏航且叶片

处于0°位置时，变桨锁将叶片锁定。它位于轮毂切槽到变桨盘之间的区域。通过起动变桨柜上的叶片变桨系统，叶片可变桨到预定义的位置。在达到想要的位置之后用图中的变桨锁将叶片锁定。当不使用时，将其旋转180°，然后用两个螺栓重新将其紧固。

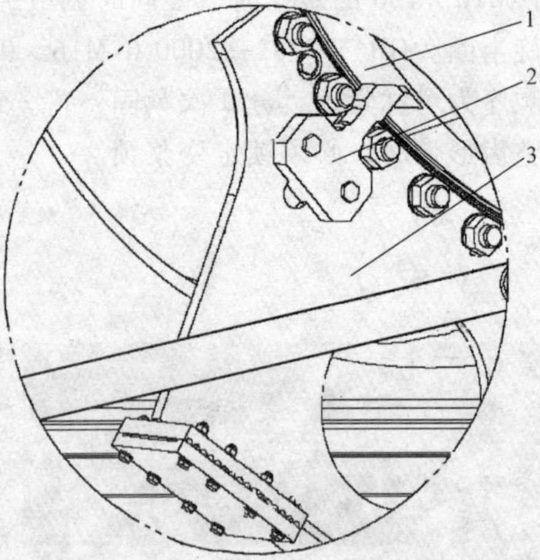

图 8-51 叶片锁定系统

1—轮毂 2—变桨锁 3—变桨盘

6）起动变桨柜上的叶片变桨系统。叶片变桨系统的控制系统有两种不同的操作模式：Hand（手动）；Automatik（自动）。

“Hand”模式分为强制手动和非强制手动。在“Hand”强制手动模式中，叶片能在 -2°~95°桨距角范围内任意转动，而在非强制手动模式中，若要维护某一叶片，如叶片朝0°方向变桨，其桨距角不能小于5°，如叶片朝90°方向变桨，当碰到限位开关后，不能再变桨，若要继续变桨，可采取强制变桨模式变桨，而其余两个叶片则要求转到桨距角不能小于86°的位置。

在“Automatik”模式中，由控制系统来控制叶片转动。

应遵守以下指令：

① 维护人员以及非维护人员不要靠近变桨盘。

② 当手动模式切到“Automatik”自动模式且叶片桨距角小于86°时，叶片可转到顺桨位置，因此在手动模式中将叶片转动之前一定要将变桨柜切断，这样可避免从“Hand”手动模式意外变化到“Automatik”自动模式，否则有可能伤害正在维护的人员。变桨柜在“Hand”手动模式中只需短时间就可再次起动将叶片转动。在叶片到达预定位置后，必须再次切断变桨柜。

7）叶片变桨系统操作：三个变桨柜中的每一个变桨柜都有自己的控制面板（见图8-52），通过它控制变桨系统。

要切断变桨柜，主开关要旋到“Off”位置，若要改变操作模式，将旋转开关转到需要的模式：“Hand”或“Automatik”。用旋转开关，叶片可转到“Vorwärts”（forward，叶片朝桨距角减小的方向）工作位置和“Rückwärts”（backward，叶片朝桨距角增大的方向）顺桨位置。一旦开关释放，它会跳回到主位置，叶片转动停止，并保持目前的位置。

注意：当使用“Hand”强制手动模式时，叶片角度不被任何限定值控制或限制，这样叶片能转到任何可能的位置，操作不当对机械部件可能引起相当大的损害。

图 8-52 变桨柜控制面板

通过变桨柜转动叶片的所有工作步骤如下（从进入轮毂开始）：

① 进入轮毂。

② 在变桨柜上旋转开关到“Hand”位置。

③ 用旋转开关转动叶片到想要的位置。

④ 然后在变桨柜上立即将主开关旋到“Off”位置。

⑤ 若要转到新的位置，将主开关旋到“On”位置，并按上述步骤转动叶片。

维护完成后：

① 将主开关旋到“On”位置。

② 靠手动操作方式将叶片转到顺桨位置。

③ 在变桨柜上将开关旋到“Automatik”位置。

注意：如果叶片未能完全转到顺桨位置，控制系统就会自动将叶片进一步旋转，维护人员不要靠近变桨盘。

12. 导流罩及舱门

1）检查导流罩外观，查看导流罩、梯步表面有无裂纹，损坏，如果发现裂纹，应立即向厂家报告。

2）检查导流罩与发电机密封间隙情况。

3）检查导流罩前、后支架有无裂纹、损坏和漆面情况。

4）检查导流罩、导流罩的前后支架的螺栓连接。

5）如果导流罩内有较大、较重的零部件需要更换，无法经机舱吊物孔门和发电机人孔门运至导流罩内，所以在导流罩上开了三个舱门，如图 8-53 所示，并在导流罩内安装滑轮。当需要吊零部件时，先拆卸舱门上 12 个 M8 的盖形螺母，然后将需更换的零部件提升至导流罩内并重新安装好舱门。注意：提升零部件时，必须系全身安全带并将安全绳固定在导流罩内可靠的位置。

8.2.2.7 主控系统的检查与维护

1）检查电缆是否有老化现象。

2）检查柜体内是否有杂物，并清洁柜体。

3）检查柜体内连接螺栓是否松动。

4）清洁通风滤网并检测通风，检查温度传感器是否能控制风扇工作。

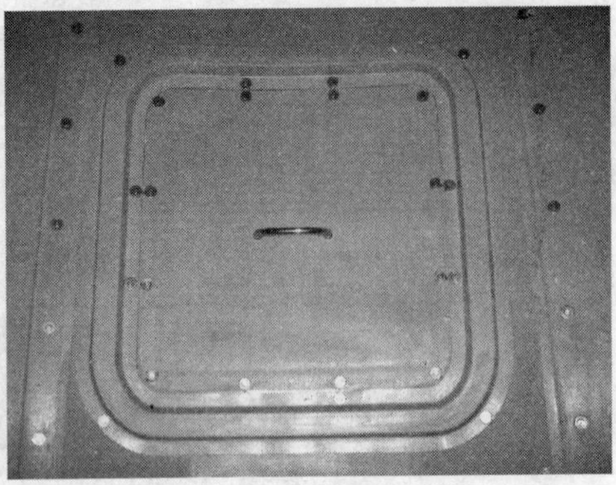

图 8-53 导流罩内舱门

5）检查柜内接线是否有松动。

6）检查主控接地系统是否松动。

7）检查熔断指示器，正常显示为绿色。

8）检查直流 24V 蓄电池，停掉充电模块，检查蓄电池输出电压，小于 22.5V 时需要更换。

8.2.2.8 风冷变流系统的检查与维护

1）检查柜体、柜门油漆层是否完好，并打扫柜内的卫生，保持柜内清洁。

2）检查柜体密封板是否牢固，柜体密封是否严实。

3）检查并清洗变流柜柜壁和变流柜上方三个散热风扇进口的过滤网。

4）检查所有散热风扇电动机的动力接线是否松动。

5）检查电缆绝缘是否有老化现象。

6）检查电缆接头、电缆连接和接地线是否松动。

7）检查柜体内接线端子、变流板后面板 IGBT 接口插头及 IGBT 模块的接口插头是否松动。

8）检查主回路连接螺栓防松标记是否错位，如果错位应进行紧固。紧固力矩值 M10，$T=40\mathrm{N\cdot m}$；M12，$T=70\mathrm{N\cdot m}$。

9）检查母排是否有发热变色或变形、表面有无凝露现象。如果母排表面轻微氧化，要及时检查母排螺栓力矩；若有凝露，用热风枪将其烘干。

10）检查电抗器及电抗器支架的连接螺栓防松标记是否错位，如果错位应进行紧固。

11）检查变流柜内硅胶干燥剂是否有效（通过硅胶干燥剂颜色变化来判断）。

12）检查变流器内部电容是否存在鼓包、漏液现象，如果发现，立即更换新的电容；电容的使用寿命约 10 年，建议超过使用寿命就将其更换。

13）检查预充电起动电阻（约 30Ω）、制动电阻（约 0.97Ω）、放电电阻（约 240Ω）的阻值是否正常。

14）检查变流板拨码位置是否正确。

15）检查变流器在LOC模式下所有散热风扇起动是否正常，旋转方向是否正确。

16）检查塔底轴流风扇进口防护网，有无损坏、是否有杂物。

17）检查塔底轴流风扇出口百叶窗关闭和打开是否正常。

18）检查风道内是否有杂物，并清洁。

19）检查风道连接处是否紧密，螺栓是否松动。

20）检查网侧电流互感器是否完好。

21）检查变流柜支架接地汇流排处螺栓力矩。

8.2.2.9　水冷变流系统的检查与维护

1）检查柜体、柜门油漆层是否完好。

2）检查电缆绝缘是否有老化现象。

3）检查电缆接头、电缆连接和接地线是否松动。

4）检查主回路连接螺栓防松标记是否错位，如果错位应进行紧固。紧固力矩值M8，$T=24\text{N}\cdot\text{m}$；M10，$T=70\text{N}\cdot\text{m}$。

5）检查电抗器上连接螺栓防松标记是否错位，如果错位应进行紧固。

6）检查保护隔板是否齐全，固定螺栓是否完好。

7）检查变流柜内防火泥是否密封完好。

8）检查变流柜内硅胶干燥剂是否有效（通过硅胶干燥剂颜色变化来判断）。

9）检查柜体通风滤网有无杂物，并检测通风，检查温度传感器是否能控制风扇工作。

10）检查电容有没有鼓包或是漏液，用万用表检测电容容量，当电容容量超出额定68μF的±10%都需要对该组电容进行更换；电容的使用寿命约10年，建议超过使用寿命就将其更换。

11）检查变流柜支架接地汇流排处螺栓力矩。

12）检查柜内端子接线是否松动。

13）检查网侧动力电缆有无老化发热现象，接线端头有无变色等异常现象。

8.2.2.10　水冷系统的检查与维护

1）检查电缆是否有老化现象。

2）检查柜体内是否有杂物，并清洁柜体，检查柜门是否正常关闭与打开。

3）检查水冷管路是否存在渗水、漏水现象。

4）检查水冷系统参数是否正常，如压力、温度、流量。

5）检查柜体通风滤网有无杂物并清洁通风滤网；检查排气风扇、电加热器工作是否正常。

6）检查水冷接地系统是否松动。

7）水冷系统每两年更换一次新冷却液。更换下来的冷却液要进行回收处理，禁止随意倾倒。

8）清洗水冷系统管路内部滤网及外置散热片。外部散热片清洗周期为1年，内部滤网清洗周期为5年。清洗机型号为JL-408A。

9）UPS电源内的蓄电池使用一年后每隔半年检查一次电池（组）中单个电池的端电压，若单个电池间的端电压相差0.5V以上时更换电池组；蓄电池的使用寿命为2年，建议使用2年后更换新的蓄电池。

10）检查柜内端子接线是否松动。

8.2.2.11 集电环检查及维护

集电环每运行半年，都要进行检查和维护工作。润滑集电环的表面及滑道，润滑时用集电环专用喷剂均匀进行喷洒润滑，对不需要润滑的地方应予以覆盖保护，避免受染。

1. SCHLEIFRING集电环的维护操作说明

1）将固定在锁定销处的集电环锁定销固定板移开。

2）将集电环壳体上下两个螺钉松开，并把集电环壳沿轴的方向拆下。

3）查看集电环的金丝刷块和集电环模块是否有划伤的痕迹和磨损的小片，如果发现上述状况，维护人员不得私自处理，应及时联系厂家。

4）查看刷丝和环表面上有无剥落的碎片或粗糙颗粒，比如颗粒大于1mm，如果发现上述状况，维护人员不得私自处理，应及时联系厂家。

5）查看有无金属颗粒从表面脱落，如果发现上述状况，维护人员不得私自处理，应及时联系厂家。

6）使用SCHLEIFRING集电环专用的金丝触点喷剂对集电环金丝刷块表面喷洒，金丝触点喷剂型号为SAF Art. Nr. 418000010。喷洒步骤如下：

① 把不需要润滑的地方予以覆盖，以免喷洒时受染（见图8-54）。

② 每次喷洒前用力摇动金丝触点喷剂罐让喷剂在罐内达到均匀。

③ 然后将喷头对准集电环表面，距离最少10cm左右。

④ 沿轴向由左向右对集电环表面快速喷洒，喷洒时间约2s即可。

⑤ 转动集电环180°，再对集电环表面喷洒一次，步骤同上。

⑥ 如集电环不能转动，可以根据维修窗的宽度再喷洒一次。

7）如果集电环的密封圈（见图8-55）破损必须更换，密封圈型号为SAF Art. Nr. 133000351。

8）装回外壳拧紧螺钉M3，建议使用扭矩扳手，扭矩为0.6~0.8N·m。

9）将集电环锁定销固定板装回到集电环锁定销上。

2. LTN集电环的维护操作说明

（1）打开集电环的操作方法

打开集电环时必须使用LTN所提供的专用工具——操作杆、拉马操作杆（见图8-56）。

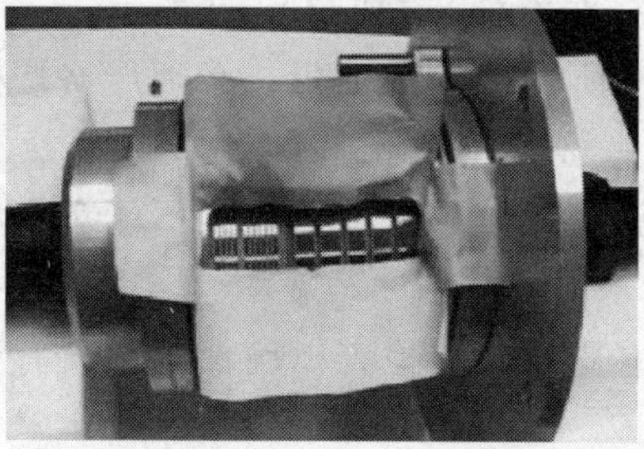

图8-54　金丝触点喷剂作业时集电环（SCHLEIFRING）防护示意图

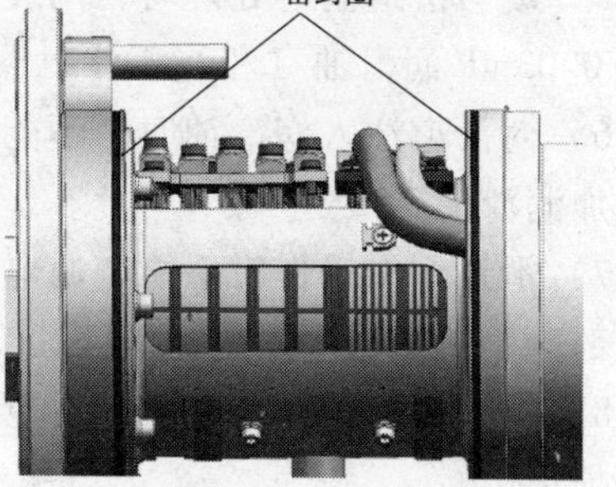

图8-55　集电环（SCHLEIFRING）安装密封圈位置

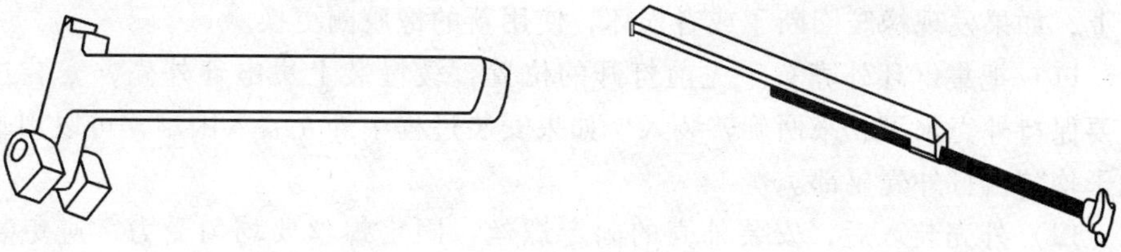

图8-56　操作杆及拉马操作杆

1）清理集电环外壳并拆卸集电环壳体固定螺钉，安装集电环开启工具（操作杆）。

2）小心缓慢地移动操作杆，这时集电环外壳也会随之移动。

3）移动集电环外壳时，如果拆卸、移动外壳困难，可以在外壳密封胶圈处添加少量润滑油。

4）把集电环退回原位，这样能润滑集电环的密封圈，拆卸过程中可以缓慢转动外壳，往复几次直到能够轻松拆下集电环外壳。

5）如果集电环外壳在充分润滑后还是难以退出，这时使用拉马操作杆，安装拉马操作杆，旋转拉马操作杆的手柄即可缓慢退出集电环外壳。

（2）集电环润滑操作方法

1）润滑集电环滑道需要在没有灰尘、粉尘的环境下进行，在灰尘严重的环境下禁止对集电环进行维护、润滑处理。

2）打开集电环外壳后，查看滑道表面，如果滑道上有很深的磨损痕迹并且有很多的灰尘，此类集电环需要被替换，不用进行润滑处理；如果滑道上只有少量灰尘并且滑道磨损痕迹并不深（只能看见轻微的磨损痕迹），需要对此类集电环进行润滑处理。

3）集电环润滑处理过程中，需要对每个滑道都进行润滑处理。

4）信号滑道润滑处理时，用装有0.5mL润滑油的注射器对着信号滑道缓慢注入0.01mL润滑油（相当于注射器上一小格润滑油），如图8-57所示。

5）动力滑道润滑处理时，用装有0.5mL润滑油的注射器对着动力滑道缓慢注入0.03mL润滑油（相当于注射器上三小格润滑油），如图8-57所示。

6）对滑道注入润滑油时，不能超过润滑所需的润滑油量，必须严格按照要求添加润滑油。

7）滑道润滑操作时不能弯曲电刷，不能让灰尘进入滑道内，不能对集电环接触部分的接触作用力进行调整。

8）滑道润滑操作结束后，对电刷进行重复两次的检查以确保电刷没有受到任何损坏。

9）用棉纸或棉布清理集电环外壳内壁灰尘，集电环内部的灰尘不需要清理。

10）在集电环的橡胶圈上放置少量润滑油并使润滑油均匀分布在整个橡胶圈上，如果发现橡胶圈断了或者损坏，使用新的橡胶圈更换。

11）把集电环外壳置于先前打开的位置，缓慢装上集电环外壳，安装过程中要保持外壳水平、来回旋转装入，如果安装过程中外壳装入困难，可以用塑料锤子均匀击打外壳尾部。

12）外壳装入后，安装外壳的固定螺丝，固定螺丝要均匀受力，避免装入第一颗螺钉时就紧固螺钉。

13）集电环外壳的固定螺钉使用扭矩为（0.3±0.1）Nm的扳手紧固螺钉。

14）集电环维护安装结束后，用手盘转集电环10次，保证集电环滑道充分润滑。

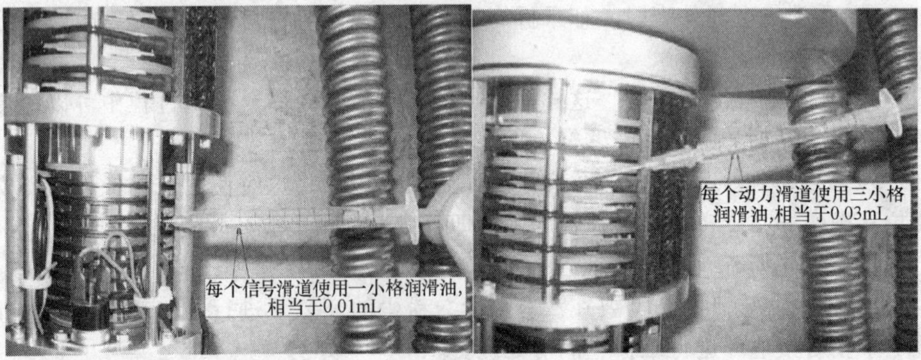

图8-57　对信号滑道进行润滑处理及对动力滑道进行润滑处理

3. 集电环维护注意事项

1）在开始集电环拆卸工作之前，要切断外部所有电源连接（机舱到变桨系统的AC400V电源、变桨系统电源主开关），包括集电环到机舱柜及变桨柜的所有harting接头，保证整个集电环系统处于断电状态。

2）金丝触头喷剂属易燃品，应存放于远离火焰、火花和热源的地方。

3）金丝触头喷剂只能使用文件中提到的喷剂型号，不能使用其他喷剂、润滑剂等。

4）安装维护过程中，集电环要轻拿轻放，在安装过程中不小心摔落就可能损坏集电环。

5）要注意集电环外壳某些边缘是很锋利的，安装过程中要佩戴防护手套避免伤手。

6）在集电环安装或维修工作后，要固定好集电环及其外围所有组件，如集电环锁定销、锁定销固定板、集电环电缆固定、集电环电缆 harting 接头等。

第9章　风电场的运行、监控与管理

9.1　风电场运行

我国风电场多数处于偏远地区，气候和环境条件恶劣，风电机组设备检修操作常常在高空进行，在这样的条件下，需要提高风电场运行管理水平，否则将影响风电场安全生产以及风电场的运行稳定和经济效益。

近几年我国风电场发展十分迅速，新建的风电场不断投入运营。多数运行维护人员是新员工，需要加强风电场运行安全培训管理和提高业务技能，建立健全风电场安全运行检修制度和标准体系。在风电设备维护检修方面，应积极推进预防性检修技术，通过设备状态监视，及时发现设备故障隐患以及故障产生原因，及时消除缺陷于萌芽中。通过建立集中监视、Call-Center在线远程运行故障技术支持服务系统和专家分析系统对运行数据进行分析，借助移动检修作业平台，并利用专用检测仪器，快速对故障进行诊断和处理，根据故障原因提出技术改造方案，对设备有问题部分进行改造，从而提高设备性能和可靠性，最终提高风电场经济效益。

9.1.1　风电机组运行

9.1.1.1　风电机组的起动与并网

1. 自动起动与并网

当风电机组加电之后，控制系统自检，然后再判断机组各部位状态是否正常。如果一切正常，机组就可以起动运行。在风电机组正常运行之前有如下的状态：

(1) 起动状态　制动打开，风电机组处于允许运行发电状态，发电机可以并网（变桨距处于最佳桨距角），自动偏航投入，冷却系统、液压系统自动运行。此时风轮处于自由旋转状态，如果风速较低不足以使风电机组起动发电，风电机组将一直保持自由空转状态。如果风速超过切入（并网发电）风速，风电机组将在风的作用下逐渐加速达到同步转速，在软并网的控制下，风电机组平稳地并入电网，运行发电；如果风电机组较长时间为负功率，控制器将操作使发电机与电网解列。

(2) 暂停（手动）状态　这种状态是使风电机组处于一种非自动状态的模

式，主要用于对风电机组实施手动操作或进行试验，也可以手动操作机组起动（如电动方式起动），常用于维护检修时。

（3）停机状态　停机状态也称正常停机状态或手动停机状态，此时发电机已解列，偏航系统不再动作，制动仍保持打开状态（变桨距顺桨），液压压力正常。

（4）紧急停机状态　安全链动作或人工按动紧急停机铵钮，所有操作都不再起作用，直至将紧急停机按钮复位。

2. 电动起动并网

电动起动并网是指机组从电网吸收电能将异步发电机作为电动机模式起动，当达到同步转速后由电动机状态变成发电机状态。实际运行中，当发电机变极时，发电机将解列并加速（作为电动机状态）达到高转速时再并网。

9.1.1.2　风电机组的运行

1. 功率调节

风电机组在达到运行的条件时，并入电网运行，随着风速的增加和降低，发电功率发生变化；机组所有状态都被控制系统监视着，一旦某个状况超过计算机程序中的预先设定值，机组将停止运行或紧急停机。机组的运行过程为：达到起动风速开始起动，达到切入风速并网，达到额定功率时将进行调节（如失速方式或变桨距方式），当达到停机（切出）风速时，机组将停止运行，直到风速回到停机风速以下，机组再恢复运行。无论是变桨距还是失速功率都是通过叶片上升阻力的变化，以达到发电输出功率稳定而不超过设定功率的目的，从而保证机组不受损害，机组不应长期在超功率下运行。

2. 对风和解缆

风电机组中上风向机组多数是主动对风偏航的。当风向与机舱之间的夹角超过 10°，机组将控制偏航系统动作，偏航制动解开，然后对风，对风正确后，再将制动闭合。由于风电机组长期运行，有可能向一个方向对风次数较多，造成下落电缆绞缆，为保证电缆安全，因此安装在电缆上的绞缆传感器将动作，使机舱反方向转动解缆。

9.1.1.3　风电机组的故障

1. 故障统计

目前我国各风电场中安装的风电机组的类型较多，主要有 Vestas、NEG/Micon、Nordex、Bouus、Made、Tacke、Jacobs、Zond、金风科技、东汽、华锐、联合动力、上海电气等厂家的产品。各厂家采用部件不尽相同，无论是机械还是电控方面的部件相差很大。几乎所有部件都有发生故障的可能性，表 9-1 是全世界风电机组的各部件故障统计。丹麦、德国、美国等都对故障做了详细的统计。在故障统计上，应在两个层面上分析，一是故障停机时间（部件）占总的故障停机时间（部件）的比例，二是造成的直接（间接）费用损失占整个故障损失费用的比例。通过对故障的统计，可以帮助人们了解哪些部件出现故障的概率高，以便采取必要的措施。应分析故障发生的确切原因，然后加以改进以避免故障的重复发生。尤其是叶片、齿轮箱、发电机等几个大型部件，应从被动失效分析，变成主动失效分析，也就是应定期对各部件及整个机组的状态进行预期失效分析，比如对齿轮箱啮合情况的测试，检查各轴承部位的运转状态、润滑油脂的好坏等。对机组振动频谱分析，可及时发现潜在的隐患，适时安排和指导检修，减少停机损失。

2. 故障分类

（1）按主要结构来分类

1）电控类。电控类指的是电控系统出现的故障，主要指传感器、继电器、断路器、电源、控制回路等。

2）机械类。机械类指的是机械传动系统、发电机、叶片等出现的故障，如机组振动、液压、偏航、主轴、制动等故障。

3）通信远传系统。通信远传系统指的是从机组控制系统到主控室之间的通信数据传输和主控制室中远方监视系统所出现的故障。

（2）从故障产生后所处状态来分类

1）自起动故障（可自动复位）。自起动故障指的是当计算机检测发现某一故障后，采取保护措施，等待一段时间后故障状态消除或恢复正常状态，控制系统将自动恢复起动运行。

2）不可自起动故障（需人工复位）。不可自起动故障是当故障出现后，故障无法自动消除或故障比较严重，必须等运行人员到达现场进行检修的故障。

3）报警故障。实际上报警故障应归纳到不可自起动故障中，这种故障表明机组出现比较严重故障，通过远控系统或控制柜中的报警系统进行声光报警，提示运行人员迅速处理。

故障信息应便于运行人员理解和查找，并指导运行人员进行故障处理，如哪些故障运行人员可以自行处理、哪些故障应通知厂家或请求其他技术人员帮助处理等。因此故障表应包括故障编号、故障名称、故障原因（源）故障状态（如制动、报警、90°偏航、能否自复位、故障时间等）。同时故障信息应该有事故追忆功能，以毫秒级数据记录故障前后运行参数。目前国际上各风电机组厂家所使用的控制系统不同，故障类型也各不相同，这里根据各厂家的故障表将各类风电机组出现的主要故障按前面的分类列出，包括故障可能出现的原因和应检查的部位，供运行人员参考，见表9-1。

表 9-1 风电机组故障分类统计一览表

故障部位	故障内容	故障现象	故障原因	保护状态	自起动
控制系统故障——传感器	风速计	风速与功率(转速)	风速仪损坏或断线	正常停机	否
	风向计	机舱方位	风向计损坏	正常停机	否
	转速传感器	当风轮静止,测量转速超过允许值或在风轮转动时,风轮转速与发电机转速不按齿轮速比变化	接近开关损坏或断线	正常停机	否
	PT100 温度传感器	当温度长时间不变或温度突变到正常温度以外	铂电阻 PT100 损坏或断线	正常停机	否
	振动传感器	振动不能复位	传感器故障或断线	紧急停机	否
控制系统故障——计算机	微处理器	微处理器不能复位自检	程序、内存、CPU 故障	紧急停机	否
	记录错误	记录不能进行	内部运算记录故障	记录被复位	是
	电池不足	电池电压低报警	电池使用时间过长或失效	警告	是
	时间错误	不能正确读取日期和时间	微处理器故障	警告	否
	内存错误				
	参数错误				
	功率曲线故障	风电机组输出功率与给定功率曲线的值相差太大	叶片结霜(冰)	正常停机	否
控制系统故障——电网故障	电压过高	电网电压高于设定值	电网负荷波动	正常停机	是
	电压过低	电网电压低于设定值	电网负荷波动	正常停机	是
	频率过高	电网频率高于设定值	电网波动	正常停机	是
	频率过低	电网频率低于设定值	电网波动	正常停机	是
	相序错误	电网三相与发电机三相不对应	电网故障、连续故障	紧急停机	是
	三相电流不平衡	三相电流中的一相电流超过保护设定值	三相电流不平衡	紧急停机	是
	电网冲击	电网电压电流在 0.1s 内发生突变	电网故障	紧急停机	否
控制系统故障——电源	主断路器切除	主断路器断开	内部短路	紧急停机	否
	24V 电源	控制回路断电	变压器损坏或断线	紧急停机	否
	UPS 电源	当电网停电时,不能工作	电池或控制回路损坏	报警	
	主接触器故障	主回路没接通	触头或线圈损坏	紧急停机	否
控制系统故障——软件网	晶闸管	主断路器跳闸,晶闸管电流超过设定值	晶闸管缺陷或损坏	紧急停机	否
	并网次数过多	当并网次数超过设定值		正常制动、报警	是
	并网时间过长	并网时间超过设定值		正常制动	否

（续）

故障部位	故障内容	故障现象	故障原因	保护状态	自起动
控制系统故障——远程	远程开停机	远方操作风电机组起停、风电机组不动作	通信故障、软件错误	报警	
	通信故障	远控系统不通信、不显示	通信系统损坏、计算机故障	报警	
控制系统故障——控制器	控制器内温度过低	控制器温度低于设定值	加热器损坏、控制元件损坏、断线	正常停机	是
	顶箱控制器故障或人为停机	顶箱控制器发生故障或人为操作停机		正常或紧急停机	否
	顶箱与底箱通信故障	顶箱与底箱不通信	通信电缆损坏或通信程序损坏	紧急停机	否
机械系统故障——风轮	风轮超速	风轮转速超过设定值	转速传感器故障或未正常并网	紧急停机	否
	叶尖制动液压系统故障	叶尖制动不能回位或甩出	液压缸、叶尖结构故障		
机械系统故障——发电机	发电机超速	发电机转速超过设定额定	发电机损坏、电网故障、传感器故障	紧急停机	否
	发电机轴承温度过高	发电机轴承超过温度（如90℃）	轴承损坏、缺油	紧急停机	否
	发电机定子温度过高	发电机定子温度超过设定值（140℃）	散热器损坏、发电机损坏	正常制动	是
	发电功率输出过高	发电功率超过设定值（如+15%）	叶片安装角不对	正常制动	否
	电动起动时间过长	处于电动起动的时间超过允许值	制动未打开、发电机故障	正常制动	是
机械系统故障——齿轮箱	齿轮箱油温过高	齿轮箱油温超过允许值（如95℃）	油冷却故障、齿轮箱中部件损坏	正常制动	否
	齿轮箱油温过低	齿轮箱油温低于允许的起动油温值	气温低、长时间未运行	正常制动	否
	齿轮箱油滤清器故障	油流过滤清器时指示器报警	滤清器脏或失效		
机械系统故障——偏航	偏航电机热保护	在一定时间内偏航电动机的热保护继电器动作	偏航过热、损坏	正常制动	是
	解缆故障	当偏航积累一定圈数后未解缆	偏航系统故障	正常制动	是
机械系统故障——制动	制动故障	在停机过程中发电机转速仍保持一定值	制动未动作	紧急制动	否
	制动片磨损（过薄）	磨损报警	制动片已磨薄	紧急制动	否
	制动时间过长	在制动动作后一定时间内转速仍存在	制动故障	紧急制动	否
机械系统故障——振动	机组振动停机	部件如叶片不平衡、发电机损坏、螺栓松动	振动传感器动作	紧急制动	否

（续）

故障部位	故障内容	故障现象	故障原因	保护状态	自起动
外界条件——风速	风速过高切出	风速超过切出风速		正常停机	是
外界条件——温度	外界温度过高	外界温度超过机组设定最高温度		正常停机	是
	外界温度过低	外界温度低于机组设定最低温度		正常停机	是

9.1.1.4　风电场运行记录

1. 日常运行日志

每个风电场都必须建立日常运行日志。日志中应详细记录每日发电量、风速、天气变化、抄表记录结果以及出现故障的情况、时间等。

2. 故障记录

每台风电机组都必须设置故障记录表，每当发生故障时，特别是发生不可自动复位故障时，应详细记录故障类型、当时机组状态、外界条件（如风速大小、天气、机组本身有无异常）、运行人员进行哪些处理、结果如何等，以备后查。

9.1.2　风电场运行监控

1. 电力参数监测

风电机组需要持续监测的电力参数包括电网电压、机组输出的电流、电网频率等。这些电力参数无论风电机组是处于并网还是脱网状态，都会被监测，用于判断风电机组的状态、起动条件及故障情况，还用于统计风电机组的有功功率、无功功率、功率因数和总发电量。此外，还可以根据电力参数，主要是有功功率和无功功率，来确定对机组功率因数的补偿。

（1）电压　机组监测电压的幅值和相位，并由此判断过电压、欠电压、过频、欠频、三相不平衡、相位突变等故障。在上述参数中，除相位突变外，其他参数都可以分为短时判据和长时判据来监控，这些监测参数一旦超出允许值，有可能是机组本身的原因，但更可能是电网的原因。

（2）电流　机组监测电流的幅值和相位，并由此判断过电流和三相不平衡故障，这些监测参数一般为短时判据，一旦出现，机组就必须停机。产生这些故障的原因通常在机组自身。

在定桨恒速风电机组并网过程中，由于三相晶闸管导通之间存在差异，因而可能出现短时电流不平衡，因为持续时间短，并不影响对机组电能质量的整体评价。

（3）有功功率和无功功率　通过分别测量电压相角和电流相角，经过移相补偿算法、平均算法处理后，用于计算机组的有功功率和无功功率。一些性能较好的机组也可以采用测量瞬时有功、瞬时无功的方法来积分计算机组的有功功率和无功功率。

发电机输出的无功功率会导致电网的电流增加，线损增大，且占用系统容量，因而通常风电机组送入电网功率的无功分量越少越好。在综合考虑经济性的情况下，一般要求定桨恒速风电机组的输出功率因数高于感性0.98。近年来随着技术发展，考虑到电网的稳定性，要求变速恒频风电机组能在一定范围内动态调节输出功率因数。

定桨恒速风电机组一般使用了固定电容器来补偿无功功率，以减少感性无功。补偿电容器一般按不同容量分成若干组，风电机组输出功率常在大范围内变化，补偿电容器的投入与切除可以根据发电机输出功率的大小来实施，以确保功率因数满足电网要求。以这种方式投入补偿电容器时，由于梯度的存在，可能会造成电压小幅波动，电容器在切除和再次投入使用时也存在最小时间间隔的限制。

2. 风力参数监测

（1）风速　风速通过机舱外的风速仪测得。通常风电机组中央控制器每秒采集一次来自风速仪的风速数据，每10min计算一次平均值，用于判别起动风速和停机风速。安装在机舱顶上的风速仪处于风轮的下风向，因此在运行时受风轮干扰，不能准确地测量风速，一般不用来产生功率曲线。

（2）风向　风向标安装在机舱顶部两侧，主要用于测量风向与机舱中心线的偏差角。一般采用两个风向标，以便互相校验，以排除可能产生的错误信号。控制器根据风向信号，起动偏航系统。当两个风向标不一致时，偏航会自动中断。当风速低于3m/s时，偏航系统不会起动。

（3）齿轮箱油温的控制　齿轮箱箱体内安装有PT100温度传感器。运行前，应保证齿轮油温高于10℃，否则加热至10℃再运行。正常运行时，润滑油泵始终工作，对齿轮箱和轴承进行强制喷射润滑油。当油温高于60℃时，油冷却系统起动，油被送入齿轮箱外的热交换器进行自然风冷和强制风冷。当油温低于45℃时，冷却油回路切断，停止冷却。

目前，大型风电机组齿轮箱都带有强制润滑冷却系统和油温加热器，但油温加热器与箱外冷却系统并非缺一不可。例如，对于我国南方地区，广东沿海地区，气温很少低于0℃，可不用考虑油温加热器；对于一些气温不高的地区，也可不用设置箱外冷却系统。

（4）发电机升温控制　发电机的三相绕组及前后轴承里面要求安装一个温度传感器。发电机通常为H级绝缘F级考核，定子额定升温要求小于105K，发电机在额定功率状态下运行3～4h后达到这一稳定温升。当绕组温度高于150～155℃时，风电机组将会因温度过高而停机；当绕组温度降到100℃以下时，风电机组又会被允许重新起动并入电网。发电机温度的控制点可根据当地情况进行现场调整。对于安装在湿度和温差较大地点的风电机组，发电机内部都需安装电加热器，以防止大温差引起的发电机绕组表面的凝露。

用于风电机组的发电机大多采取强制风冷，但也有采取水冷系统的。冷却水管道布置在定子绕组周围，通过水泵与外部散热器进行循环热交换。冷却系统不仅直接带走发电机内部的热量，同时通过热交换器带走齿轮润滑油的热量，从而使风电机组的机舱可以设计成密封型。采用水冷系统，大大提高了发电机的冷却效果，提高了发电机的工作效率，并且由于密封良好，避免了舱内风沙雨水的侵入，给机组创造了有利的工作环境。

9.1.3 风电场调度运行

由于目前电网的建设速度与风电场建设速度相比明显滞后，电网在后半夜以及节假日电力负荷低谷时，冬季热电厂供热高峰时期，电网调度部门对风电场采取的调度运行方式，即是对有功功率进行限制。

1. 有功调节运行

当电网调度要求风电场进行有功功率调节时，可能有以下几种调节方式：

1）机组逐个停机：主要用于失速型机组。

2）机组通过变桨距对有功进行调节：适用于变桨距机组。

但无论如何，风电机组有功功率从正常运行向调度调整运行方式转变时，一般只能有功功率向低功率值调整，只有当功率被调整到低输出值时，且风速足够大时，功率方才可能向高功率值调整。

2. 无功运行方式

电网调度根据电网运行电压变化情况，要求风电场对运行电流的相位进行调节，使机组以容性方式运行，以维持电压的下降。有可能要求风电场静止无功补偿系统实时投运，以确保电网电压波动时，风电场电流相位的变化。

3. 负荷预测

风电场资源受到大气层环流、环境等诸因素影响，通过气象部门一定空间密度的计算模型数值计算，并结合地面实际数据观测验证，可以对未来风能变化进行预测。这种预测存在一定误差，但对于风电负荷预测，给予电网调度负荷管理参考。

9.1.4 风电机组运行方式的优化

1. 有功调节的优化

有功功率的调节应事先制定运行优化方案，以避免冬季运行长时间停运导致设备难以起动，以及频繁起停对机组造成的损害。

对于失速机组无法采用变桨距方法调节有功功率，应采用轮番停机策略避免冬季夜晚长时间停机造成起动困难；变桨距机组可以采用调节桨距方法，手动或由监控与数据采集（SCADA）系统自动设置运行方式、输出功率方式进行调节。

对于不同位置、机组运行健康状态不同的情况，应区别对待制定优化的起停次序，尽可能避免相互影响，以及状况不同的情况。

2. 功率因数控制

为了降低设备损耗，应尽可能保证功率因数等于1，因此在运行中尽可能避免吸收无功功率，降低风电场综合厂用电。在电网没有要求的情况时，也要避免向电网输送无功功率。

3. 变电系统优化

对于装机容量较大的风电场，多台主变运行可以相互调配负载，应考虑合理分配负载使总损耗最小，主变负载率β应通过风电机组功率控制系统尽量控制在最佳经济运行区。

$$1.33\beta_{jz}^2 \leqslant \beta \leqslant 0.75$$

$$\beta_{jz} = \sqrt{\frac{P_{OZ}}{K_T P_{KZ}}}$$

式中 β_{jz}——综合经济负荷运行系数；

P_{OZ}——空载损耗（kW）；

P_{KZ}——额定负载损耗（kW）；

K_T——负载波动损耗系数，一般取1.05。

最佳经济运行区主变负载率β一般为0.65%～0.75%。

9.1.5 风电场设备巡视

1. 日常定期巡视

运行人员应定期对风电机组、变电系统、箱变、汇流线路、测风塔及送出线路进行巡回检查，发现缺陷应及时处理，并登记在缺陷记录本上，如果运行班组无法处理，应及时通知检修人员处理或供电部门进行抢修。

1）制定巡视计划：风电场应事先设定巡视路径，巡视路径图应在明显位置张贴。每天至少对升压站巡视两次。

2）巡视人员：每班人员应至少配备2人以上巡视人员，根据巡视路径和巡视内容定期进行巡视。巡视人员必须经过培训，对电气、风电机组等设备原理十分熟悉，并对设备缺陷有一定识别和处理能力。

3）巡视内容：

风电机组外观检查：

① 定期检查风电机组基础有无裂缝、沉降。

② 风电机组塔架防腐涂层是否完好，塔架是否倾斜。

③ 电缆有无脱落、绞缠和下滑现象。

④ 查看风电机组各部分是否漏油。

⑤ 对爬梯、防坠索进行检查，如有油污应及时进行清理，紧固件松动应立即紧固。

⑥ 检查塔架内照明是否损坏，如有损坏应立即更换。

⑦ 检查高速轴制动片、电刷磨损情况，必要时予以更换。

⑧ 对风电机组变频柜及冷却系统应定期检查。

声音检查：

① 检查风电机组在运行中无异常响声。

② 叶片运行状态、偏航系统是否正常。

2. 特殊巡视

特殊天气后的巡视，如台风、沙尘暴，应检查叶片有无开裂，机舱盖有无破坏、风速仪有无损坏。设备检修后，如大修、部件更换，应检查更换部件运转是否有异常声响，有无漏油现象，有无振动。

9.2　风电场管理

9.2.1　风电场运行管理

风电场运行管理涉及诸多方面，主要包括设备管理、技术文件管理、人员基本要求管理、正常运行和维护管理、异常运行和事故处理。

9.2.1.1　设备管理

1. 风电机组及其附属设备

风电机组及其附属设备均应有制造厂的金属铭牌，应有风电场自己的名称和编号，并标示在明显位置。

2. 塔架和机舱

塔架应设攀登设施，中间应设休息平台，攀登设施应有可靠的防止坠落的保护设施，以保证人身安全。机舱内部应有消音设施，并应有良好的通风条件，塔架和机舱内部照明设备齐全，亮度满足工作要求。塔架和机舱应满足防盐雾腐蚀、防沙尘暴的要求，机舱、控制箱和圆筒式塔架均应有防小动物进入的措施。

3. 风轮

风轮应具有承受沙暴、盐雾侵袭的能力，并有防雷措施。

4. 制动系统

风电机至少应具有两种不同原理的能独立有效制动的制动系统。

5. 调向系统

调向系统应设有自动解缆和扭缆保护装置。在寒冷地区，测风装置必须有防冰冻措施。

6. 控制系统

风电机组的控制系统应能检测以下主要数据并设有报警信号：

1）发电机温度、有功与无功功率、电流、电压、频率、转速、功率因数。

2）风轮转速、变桨距角度。

3）齿轮箱油位与油温。

4）液压装置油位与油压。

5）制动片的磨损程度。

6）风速、风向、气温、气压。

7）机舱温度、塔内控制箱温度。

8）风电机振动超限。

7. 发电机

发电机防护等级应能满足防盐雾、防沙尘暴的要求。湿度较大的地区应设有加热装置以防结露。发电机应装有定子线圈测温装置和转子测速装置。

8. 齿轮箱

齿轮箱应有油位指示器和油温传感器，寒冷地区应有加热油的装置。

9. 其他要求

风电场的控制系统应由两部分组成：一部分为就地计算机控制系统；另一部分为主控室计算机控制系统。主控制室计算机应备有不间断电源，主控室与风电机组现场应有可靠的通信设备。风电场必须备有可靠的事故照明。处在雷区的风电场应有特殊的防雷保护措施。风电场与电网调度之间应保证有可靠的通信联系。风电场内的架空配电线路、电力电缆、变压器及其附属设备、升压变电站及防雷接地装置等的要求应按相应的标准执行。

9.2.1.2 技术文件管理

1. 风电场每台风电机组应有的技术档案

制造厂提供的设备技术规范和运行操作说明书、检修手册及出厂试验记录以及有关图样和系统图。

风电机组安装记录、现场调试记录和验收记录以及竣工图样和资料。

风电机组输出功率与风速关系曲线（实际运行测试记录）。

风电机组事故和异常运行记录。

风电机组检修和重大改进记录。

风电机组运行记录的主要内容有发电量、运行小时、故障停机时间、正常停机时间、维修停机时间等。

2. 风电场应有必要的规程制度

规程制度包括安全工作规程、消防规程、工作票制度、操作票制度、交接班制度、巡回检查制度、风电场运行规程、风电场检修规程、风电场技术监督工作制度。

风电场运行规程至少应包括设备的保护定值、操作方法、设备故障处理、风电机组控制系统操作使用说明等信息。

风电场的运行记录包括典型发电曲线、典型风速变化曲线、日有功发电量、日无功发电量、日厂用电量。

相关记录包括运行日志，运行年、月、日报表，气象记录（风向、风速、气温、气压等），缺陷记录，故障记录，设备定期试验及检修维护记录，安全工作记录。

9.2.1.3 人员基本要求管理

1）风电场的运行人员必须经过岗位培训，考核合格，健康状况符合上岗条件。

2）熟悉风电机组的工作原理及基本结构。

3）掌握计算机监控系统的使用方法。

4）熟悉风电机组各种状态信息，故障信号及故障类型，掌握判断一般故障的原因和处理的方法。

5）熟悉操作票、工作票的填写以及有关规程和危险点预控法的基本内容。

6）能统计计算容量系数、利用时数、故障率等。

9.2.1.4 正常运行和维护管理

1. 风电机组投入运行时应具备的条件

1）电源相序正确，三相电压平衡。

2）调向系统处于正常状态，风速仪和风向标处于正常运行的状态。

3）制动和控制系统的液压装置的油压和油位在规定范围。

4）齿轮箱油位和油温在正常范围。

5）各项保护装置均在正确投入位置，且保护定值均与批准设定的值相符。

6）控制电源处于接通位置。

7）控制计算机显示处于正常运行状态。

8）手动起动前风轮上应无结冰现象。

9）在寒冷和潮湿地区，长期停用和新投运的风电机组在投入运行前应检查绝缘，合格后才允许起动。

10）经维修的风电机组在起动前，所有为检修而设立的各种安全措施应已拆除。

2. 风电机组的起动和停机

1）风电机组的起动和停机有自动和手动两种方式。

2）风电机组应能自动起动和停机。

3）风电机组的自动起动：风电机组处于自动状态，当风速达到起动风速范围时，风电机组按计算机程序自动起动并入网。

4）风电机组的自动停机：风电机组处于自动状态，当风速超出正常运行范围时，风电机组按计算机程序自动与电网解列、停机。

5）风电机组的手动起动和停机。

6）手动起动和停机的四种操作方式：

① 主控室操作：在主控室操作计算机“起动”键或“停机”键。

② 就地操作：在风电机组的控制盘上，操作“起动”键或“停机”键。

③ 远程操作：在远程终端操作“起动”键或“停机”键。

④ 机舱上操作：在机舱的控制盘上操作“起动”键或“停机”键，但机舱上的操作仅限于调试时使用。

7）风电机的手动起动：当风速达到起动风速范围时，手动操作“起动”键，风电机按计算机起动程序起动和并网。

8）风电机的手动停机：当风速超出正常运行范围时，手动操作“停机”键，风电机按计算机停机程序与电网解列、停机。

9）凡经手动停机操作后，须再按“起动”按钮，方能使风电机组进入起动状态。

10）故障停机和紧急停机状态下的手动起动操作。风电机组在故障停机和紧急停机后，如故障已排除且具备起动的条件，重新起动前必须按“重置”或“复位”就地控制按钮，才能按正常起动操作方式进行起动。

3. 风电场运行监视

1）风电场运行人员每天应按时收听和记录当地的天气预报，做好风电场安全运行的事故预想和对策。

2）运行人员应根据计算机显示的风电机组运行参数，检查分析各项参数变化情况，发现异常情况应通过计算机屏幕对该机组进行连续监视，并根据变化情况做出必要处理。同时在运行日志上写明原因，进行故障记录与统计。

4. 风电机组的检查维护

风电机组的定期登塔检查维护应在手动“停机”状态下进行，并将远方监控操作功能屏蔽。运行人员登塔检查维护应不少于两人。运行人员登塔要使用安全带、戴安全帽、穿安全鞋。零配件及工具必须单独放在工具袋内，工具袋必须与安全绳连接牢固，以防坠塔。

检查风电机组液压系统和齿轮箱以及其他润滑系统有无泄漏，油面、油温是否正常，油面低于规定时要及时加油。

对设备螺栓和塔架连接螺栓应定期检查、紧固，紧固螺栓用的力矩扳手要定期校验。

对液压系统、齿轮箱、润滑系统应定期取样进行化验分析，对轴承润滑点定时注油。

对爬梯、安全绳、照明设备等安全设施应定期检查。

控制箱应保持清洁，定期进行清扫。

对主控室计算机系统和通信设备应定期进行检查和维护。

5. 风电场的定期巡视

1）运行人员应定期对风电机组、风电场测风装置、箱变、升压站、厂内高压配电线路进行巡回检查，发现缺陷及时处理，并登记在缺陷记录本上。

2）检查风电机组在运行中有无异常响声、叶片运行状态、调向系统动作是否正常，电缆有无绞缠情况。

3）检查风电机组各部分是否渗油。

6. 风电场的特殊巡视

当气候异常、风电机组非正常运行、或新设备投入运行时，需要安排特殊巡视，增加巡回检查内容及次数。

风电机组进行较大规模检修后，应加强对检修部位及相关部件的观察、巡视。

雷雨后巡视风电机组是否有被雷击现象。

9.2.1.5 异常运行和事故处理

1. 风电场异常运行与事故处理基本要求

1）当风电场设备出现异常运行或发生事故时，当班值长应组织运行人员尽快排除异常，恢复设备正常运行，处理情况记录在运行日志上。

2）事故发生时，应采取措施控制事故不再扩大并及时向有关领导汇报，在事故原因查清前，运行人员应保护事故现场和损坏的设备，特殊情况例外（如抢救人员生命)。如需立即进行抢修的，必须经领导同意。

3）当事故发生在交接班过程中，应停止交接班，交班人员必须坚守岗位、处理事故，接班人员应在交班值长指挥下协助事故处理。事故处理告一段落后，由交接双方值长决定，是否继续交接班。

4）事故处理完毕后，当班值长应将事故发生的经过和处理情况，如实记录在交接班簿上。事故发生后应根据计算机记录，对保护、信号及自动装置动作情况进行分析，查明事故发生的原因，并写出书面报告，汇报上级领导。

2. 风电机组异常运行及故障处理

1）当风电机组有异常情况的报警信号时，运行人员要根据报警信号所提供的部位进行现场检查和处理。

2）当液压装置油位及齿轮箱油位偏低时，应检查液压系统及齿轮箱有无泄漏，并及时加油恢复正常油位。

3）当测风仪故障，即风电机组显示输出功率与对应风速有偏差时，检查风速仪、风向仪的传感器有无故障，如有故障则予以排除。

4）当风电机组在运行中发现有异常声音时，应查明响声部位，分析原因，并做出处理。

5）风电机组在运行中发生设备和部件超过运行温度而自动停机的处理：风电机组在运行中发电机温度、控制箱温度、晶闸管温度、齿轮箱油温、机械制动器制动片温度等超过规定值均会造成自动停机。运行人员应查明设备温度上升原因，如检查冷却系统、刹车片间隙、制动片温度传感器及变送回路。待故障排除后，才能起动风电机组。

6）风电机组液压控制系统油压过低而自动停机处理：运行人员应检查油泵工作是否正常。如油压不正常，应检查油泵、液压缸及有关阀门，待故障排除后再恢复风电机组自动起动。

7）风电机组因调向故障而造成自动停机的处理：运行人员应检查调向机构电气回路、偏航电动机与缠绕传感器工作是否正常，电动机若损坏应予更换，若因缠绕传感器故障致使电缆不能松线应予处理。待故障排除后再恢复自动起动。

8）风电机组转速超过极限或振动超过允许振幅而自动停机的处理：风电机组运行中，由于叶尖制动系统或变桨系统失灵会造成风电机组超速；机械不平衡，则造成风电机组振动超过极限值。以上情况发生均使风电机组安全停机。运行人员应检查超速、振动的原因，经处理后，才允许重新起动。

9）风电机组运行中发生系统断电或线路开关跳闸的处理：当电网发生系统故障造成断电或线路故障导致线路开关跳闸时，运行人员应检查线路断电或跳闸原因（若在夜间应首先恢复主控室用电），待系统恢复正常，则重新起动风电机组并通过计算机控制并网。

10）风电机组运行异常，需要立即进行停机操作的顺序：利用主控室计算机进行遥控停机；当遥控停机无效时，则就地按正常停机按钮停机；当正常停机无效时，使用紧急停机按钮停机；仍然无效时，拉开风电机组主开关或连接此台风电机组的线路断路器。

3. 风电场故障处理

1）发生下列故障之一者，风电机组应立即停机处理：

① 叶片处于不正常位置或相互位置与正常运行状态不符时。

② 风电机组主要保护装置拒动或失灵时。

③ 风电机组因雷击损坏时。

④ 风电机组因发生叶片断裂等严重机械故障时。

⑤ 制动系统故障时。

2）当风电机组发生起火时，运行人员应立即停机并切断电源，迅速采取灭火措施，防止火势蔓延；当风电机组发生危及人员和设备安全的故障时，值班人员应立即拉开该风电机组线路侧的断路器。

3）风电机组主开关发生跳闸，要先检查主回路晶闸管、发电机绝缘是否击穿，主开关整定动作值是否正确，确定无误后才能重合开关，否则应退出运行进一步检查。

4）风电机组出现振动故障时，要先检查保护回路，若不是误动，应立即停止运行做进一步检查。

5）风电场内电气设备的故障处理可参照相应标准的规定处理。

9.2.2　安全作业与管理

安全作业与管理主要分为高压设备安全管理、风电机组安全作业管理、低压配电安全作业管理、电力电缆安全作业规范、其他安全作业管理。

9.2.2.1　高压设备安全作业管理

值班人员必须熟悉所辖设备。单独值班人员或值班负责人还应有实际工作经验。

不论高压设备带电与否，值班人员不得单独从事维护操作工作。设备不停电时的安全距离：10kV及以下为0.7m；20～35kV为1m；60～110kV为1.5m；220kV为3.0m。

值班人员单独巡视高压设备时，不得进行其他工作。

雷雨天气时，一般不巡视高压设备，需要巡视高压设备时，必须穿绝缘鞋，且不得靠近避雷器和避雷针。

高压设备发生接地时，室外不得接近故障点8m以内。必须在该设备断电后才能进入，进入上述范围人员必须穿绝缘鞋，接触设备外壳和架构时应戴绝缘手套，穿绝缘鞋。

升压站的门锁钥匙至少有两把，由值班人员负责保管。一把专供紧急时使用，一把供值班人员使用。

9.2.2.2　风电机组安全作业管理

检修风电机组（电子箱、配电屏、变压器）应填写第一种工作票。

风电机组停电检修，只需办理第一天开工手续，以后每天开工时，应由工作负责人检查现场，核对安全措施。检修期间工作票开始由工作负责人保存。工作全部结束，再办理工作票结束手续。

检修风电机组必须做好下列安全措施：

断开发电机出口开关和隔离开关。

断开低压配电屏的安全开关。

在断开的开关上悬挂“禁止合闸，有人工作”的标示牌。

经验明无电压后，在发电机和开关间装设接地线。

转动着的发电机应认为有电压，检修发电机前必须停机。

上塔进行维护检修时，应由工作负责人检查现场，核对安全措施。检修工作全部结束后办理工作票结束手续。

检修桁架式塔架的风电机组，在打雷、雷雨天气及风速大于9m/s天气不得上塔作业。

圆筒式塔架仓内作业的风电机组，打雷天气不得进塔内作业。

上塔作业时，至少要有两人在现场。严禁独自一人无监护上塔作业。

担任塔上检修作业人员必须身体健康。经医师鉴定患有高血压、心脏病及其他不宜从事高空作业的人员不准参加塔上作业。凡发现工作人员饮酒，因心理或病痛等原因精神不振时，严禁登高作业。

上塔作业时，必须戴安全帽、穿安全鞋，使用安全带。上桁架式塔架风电机组作业时（包括解缆作业），安全带要配挂双挂钩保险绳，上下塔时要挂防脱扣。

塔上有人作业时，塔下靠近塔基处严禁人员通行、停留和停放车辆。

登高作业应一律使用工具袋，较大工具应用绳拴挂在牢固的构件上，不准随便乱放，以防止从高处坠落发生事故。

在塔上，用于更换或拆下检查的零部件要放置稳当，较大部件要用绳拴挂牢固，以防碰撞时移位坠落。

向塔上吊送配件及其他物品时，吊绳上下端应拴牢，一次吊送不应过重、过多。

进行塔上检修作业和塔下电子箱检修前，要断开风电机组主开关（有些检测试验项目除外），悬挂“禁止合闸、有人工作”警示牌。现场人员都在塔上时，断开主开关后应将电子箱门上锁。

塔上检修时，应锁定机头的偏航。检修结束后，立即放开。

塔上检修结束时，必须把活动梯子挂好，以防止机头偏转时电缆固定架与梯子挤压而损伤电缆。

检修机舱外风速仪、风向仪及检查叶片、轮毂时，作业人员安全带应拴挂加长安全绳。

塔架内喷刷油漆时，作业人员要带防毒口罩。

检查紧固桁架式塔架螺栓时，要使用双保险绳，禁止两绳同时解开。在同一侧面上作业时，人员要处在同一高度上，严禁在同一侧面上、下同时作业。

风电机组正常运行时，禁止无故触发安全开关或指令停止风电机组运行，导致风电机组不必要的制动磨损。

风电机组重要的安全控制功能检测、试验项目只限于熟悉该设备的负责人员操作。

9.2.2.3　低压配电安全作业管理

1）低压配电盘、配电箱和电源干线上的工作，应填用第二种工作票。在低压电动机和照明线路上工作，可用口头联系。上述工作至少由两人进行。

2）将检修设备的各方面电源断开取下熔断器（保险），在隔离开关操作把手上挂“禁止合闸，有人工作！”的标示牌。工作前必须停电。根据需要采取其他安全措施。

3）停电更换熔断器（保险）后，恢复操作时，应戴防护手套和护目眼镜。

9.2.2.4 电力电缆安全作业规范

电力电缆停电工作应填用第一种工作票，不需停电的工作应填用第二种工作票。工作前必须详细核对电缆名称、标示牌是否与工作票所写的符合，安全措施正确可靠后，方可开始工作。

挖掘电缆工作，应由有经验人员交待清楚后才能进行，挖到电缆保护板后应由有经验的人员在场指导，方可继续工作。挖掘电缆沟前，应做好防止交通事故的安全措施。在挖出的土堆起的斜坡上，不得放置工具材料等杂物。沟边应留有走道。

挖掘出的电缆或接头盒，如下面需挖空时，必须将其悬吊保护，悬吊电缆应每间隔1.0～1.5m吊一道。悬吊接头盒应平放不得使接头受到拉力。移动电缆接头盒一般应停电进行，如带电移动时，应先调查电缆的历史记录，由敷设电缆有经验的人员，在专人统一指挥下，平正移动，防止绝缘损伤爆炸。

锯电缆以前，必须与电缆图样核对是否相符，并确切证实电缆无电后，用接地的带木柄的铁锹钉入电缆芯后，方可工作。扶木柄的人应戴绝缘手套并站在绝缘垫上。

熬电缆胶工作应有专人看管。熬胶人员，应带帆布手套及鞋盖。搅拌或掐取熔化的电缆胶或焊锡时，必须使用预先加热的金属棒或金属勺子，防止落入水分而发生爆溅烫伤。

9.2.2.5 其他安全作业管理

1）使用携带型火炉或喷灯时，火焰与带电部分的距离：电压在10kV及以下者，不得小于1.5m；电压在10kV以上者不得小于3m。不得在带电导线、带电设备、变压器、油断路器（油开关）附近将火炉或喷灯点火。

2）在屋外变电所和高压室内搬动梯子、管子等长物，应两人放倒搬运，并与带电部分保持足够的安全距离。

3）工作地点应有充足的照明。

4）进入高空作业现场，应戴安全帽、穿安全鞋。高处作业人员必须使用安全带。高处工作传递物件，不得上下抛掷，应使用安全绳。

5）雷电时，禁止在室外变电所或室内架空引线上进行检修和试验。

6）遇有电气设备着火时，应立即将有关设备的电源切断，然后进行救火。对带电设备应用干式灭火器、二氧化碳灭火器等灭火，不得使用泡沫灭火器灭火。对注油设备应使用泡沫灭火器或干燥的沙子等灭火。风电场和变电所控制室内应备有防毒面具，防毒面具要按规定使用并定期进行试验，使其经常处于良好状态。

7）在带电设备周围严禁使用钢卷尺、皮卷尺和线尺（夹有金属丝者）进行测量工作。

8）在电容器组上或进入其围栏内工作时，应将电容器逐个多次放电并接地后，方可进行。

9）开启电缆井井盖、电缆沟盖板时应使用专用工具，同时注意所立位置，以免滑脱后伤人。开启后应设置标准围栏围起，并有人看守。工作人员撤离后，应立即将井盖或沟盖板盖好。

10）进入电缆井、电缆沟前，应先用吹风机排除浊气，并自然通风一段时间后，再检查井内、沟内是否有有毒气体、易燃易爆气体。确认无有毒、有害气体后，方可进入工作。

11）润滑油存放库房内应装防爆灯具、强制排风风扇，油品存放应符合相关规定。

参考文献

[1] 任永峰，安中全，李静立，等．双馈式风力发电机组柔性并网运行与控制［M］．北京：机械工业出版社，2011.

[2] 李建林，许洪华，胡书举，等．风力发电系统低电压运行技术［M］．北京：机械工业出版社，2009.

[3] 吴佳梁，李成锋．海上风力发电技术［M］．北京：化学工业出版社，2010.

[4] KundurP．电力系统稳定与控制［M］．周孝信，宋永华，李兴源，等译．北京：中国电力出版社，2002.

[5] 高虎，刘薇，王艳，等．中国风资源测量和评估实务［M］．北京：化学工业出版社，2009.

[6] 宫靖远．风电场工程技术手册［M］．北京：机械工业出版社，2004.

[7] 苏州龙源白鹭风电职业技术培训中心．风电场建设运行与管理［M］．北京：中国环境科学出版社，2010.

[8] 张志英，赵萍，等．风能与风力发电技术［M］．北京：化学工业出版社，2010.

[9] 叶杭冶．风力发电系统的设计、运行与维护［M］．北京：电子工业出版社，2010.

[10] 张新燕，王维庆．风电并网运行与维护［M］．北京：机械工业出版社，2011.

[11] 朱永强，王伟胜．风电场电气工程［M］．北京：机械工业出版社，2012.

[12] 朱莉，潘文霞，霍志红，等．风电场并网技术［M］．北京：中国电力出版社，2011.

[13] GB/T 18710—2002《风电场风能资源评估方法》．

[14] GB/T 19963—2011《风电场接入电力系统技术规定》．

[15] Jain P．风力发电工程指南［M］．李延峰，等译．北京：机械工业出版社，2012.

[16] 程浩忠，艾芊，张志刚，等．电能质量［M］．北京：清华大学出版社，2006

[17] Faruk A Bhuiyan, Amirnaser Yazdani. Multimode Control of a DFIG-Based Wind-Power Unit for Remote Applications [J]. IEEE Transactions on Power delivery, 2009, 24 (4): 2079-2089.

[18] S M Muyeen, Rion Takahashi, Toshiaki Murata. A Variable Speed Wind Turbine Control Strategy to Meet Wind Farm Grid Code Requirements [J]. IEEE Transactions on Power Systems, 2010, 25 (1): 331-339.

[19] Mahmoud M N Amin, O A Mohammed. DC-Bus Voltage Control Technique for Parallel-Integrated Permanent Magnet Wind Generation Systems [J]. IEEE Transactions on Energy Conversion, 2011, 26 (4): 1140-1149.

[20] Ki-Hong Kim, Yoon-Cheul Jeung, Dong-Choon Lee. LVRT Scheme of PMSG Wind Power Systems Based on Feedback Linearization [J]. IEEE Transactions on Power Electronics, 2012, 27 (5): 2376-2384.

[21] Hae Gwang Jeong, Ro Hak Seung, Kyo Beum Lee. An Improved Maximum Power Point Tracking Method for Wind Power Systems [J]. Energies, 2012, (5): 1339-1354.

[22] Kortabarria I, Andreu J, Martinez DA, et al. Maximum Power Extraction Algorithm for a Small Wind Turbine [C]. PPEMC, 2010.

[23] Changling Luo, Hadi Banakar, Baike Shen. Strategies to Smooth Wind Power Fluctuations of Wind Turbine Generator [J]. IEEE Transactions on Energy Conversion, 2007, 22 (2): 341-349.

[24] Juan Manuel Carrasco, Leopoldo Garcia Franquelo, Jan T. Bialasiewicz. Power-Electronic Systems for the Grid Integration of Renewable Energy Sources: A Survey [J]. IEEE Transactions on Industrial Electronics, 2006, 53 (4): 1002-1016.

[25] C Saniter, J Janning. Test Bench for Grid Code Simulations for Multi-MW Wind Turbines, Design and Control [J]. IEEE Transactions on Power Electron, 2008, 23 (4): 1707-1715.

[26] John Kabouris, F. D. Kanellos. Impacts of Large-Scale Wind Penetration onDesigning and Operation of Electric Power Systems [J]. IEEE Transactions on Sustainable Energy, 2010, 1 (2): 107-114.

[27] Dennis Y C Leung, Yuan Yang. Wind Energy Development and its Environmental Impact: A Review [J]. Renewable and Sustainable Energy Reviews, 2012, 16: 1031-1039.

[28] 严陆光，夏训诚，周凤起，等. 我国大规模可再生能源基地与技术的发展研究 [J]. 电工电能新技术，2007，26 (1)：13-24.

[29] 贺益康，周鹏. 变速恒频双馈异步风力发电系统低电压穿越技术综述 [J]. 电工技术学报，2009，24 (9)：140-146.

[30] 任永峰. 并网型交流励磁双馈电机风力发电系统研究 [D]. 呼和浩特：内蒙古工业大学，2008.

[31] 吴良建. 海上风电场及双馈式风电机组的仿真分析 [D]. 天津：天津大学，2008.

[32] 施跃文，高辉，陈钟. 国外特大型风力发电机组技术综述 [J]. 电网技术，2008，32 (18)：87-91.

[33] 白鸿斌，王瑞红. 风电场并网对电网电能质量的影响分析 [J]. 电力系统及其自动化学报. 2012，24 (1)：120-124.

[34] 盛超，曾杰，郝正航，等. 含双馈风电场电力系统暂态稳定性分析 [J]. 电力系统及其自动化学报，2012，24 (1)：133-137.

[35] 邓秋玲，姚建刚，黄守道. 直驱永磁风力发电系统可靠性技术综述 [J]. 电网技术，2011，35 (9)：144-151.

[36] 安中全；任永峰，李含善. 基于 PSCAD 的双馈式风力发电系统柔性并网研究 [J]. 电网技术，2011，35 (12)：196-201.

[37] 欧阳金鑫，熊小伏，张涵轶. 电网短路时并网双馈风电机组的特性研究 [J]. 中国电机工程学报. 2011，1 (22)：17-31.

[38] 白鸿斌，王瑞红. 风电场并网对电网电能质量的影响分析 [J]. 电力系统及其自动化学报. 2012，24 (1)：120-124.

[39] 盛超，曾杰，郝正航，等. 含双馈风电场电力系统暂态稳定性分析 [J]. 电力系统

及其自动化学报, 2012, 24 (1): 133-137.

[40] 邓秋玲, 姚建刚, 黄守道. 直驱永磁风力发电系统可靠性技术综述 [J]. 电网技术, 2011, 35 (9): 144-151.

[41] 迟永宁, 刘燕华, 王伟胜, 等. 风电接入对电力系统的影响 [J]. 电网技术, 2007, 31 (3): 77-81.

[42] 张丽英, 叶廷路, 辛耀中, 等. 大规模风电接入电网的相关问题及措施 [J]. 中国电机工程学报, 2010, 30 (25): 1-9.

[43] 范高峰, 迟永宁. 用 STATCOM 提高风电场暂态电压稳定性 [J]. 电工技术学报, 2007, 11 (11): 22-27.

[44] 刘峰, 任永峰, 徐少华, 等. 双馈风力发电机低电压穿越控制策略研究 [J]. 电力电子技术, 2011, 45 (8): 45-47.

[45] 陈建军, 任永峰, 李含善, 等. 转子侧采用直接功率控制的双馈风力发电系统 [J]. 可再生能源, 2010, 28 (6): 26-30.

[46] 鞠天广, 任永峰, 刘峰, 等. 直驱永磁同步风力发电机控制策略的研究 [J]. 微电机, 2012, 45 (8): 37-41.

[47] 任永峰, 安中全, 李含善. 基于S函数的并网型交流励磁双馈电机风力发电系统研究 [J]. 太阳能学报, 2009, 30 (10): 1401-1407.

[48] 任永峰, 李含善, 安中全, 等. 基于内模控制的并网型双馈电机风力发电系统研究 [J]. 高电压技术, 2009, 35 (5): 1214-1219.

[49] 任永峰, 安中全, 赵喜. 基于小波变换和同相位补偿的不间断运行动态电压恢复器 [J]. 高电压技术, 2010, 36 (3): 757-762.

[50] 任永峰, 李含善, 李建林, 等. 并网型双馈电机风力发电系统建模与仿真 [J], 电力系统及其自动化学报, 2009, 21 (5): 24-29.

[51] 任永峰, 李含善, 王涛, 等. 离网型风力发电测试及实验系统一体化研究 [J]. 太阳能学报, 2007, 28 (10): 1158-1162.

[52] 孙海生, 任永峰, 李含善. 双脉宽调制变换器励磁的变速恒频风电系统 [J]. 电机与控制应用, 2009, 36 (7): 39-43.

[53] 戴增辉, 李含善, 任永峰. SVPWM 控制在并联型电能质量控制器的应用 [J]. 高电压技术, 2008, 34 (2): 298-302.

[54] 李亚林, 李含善, 任永峰. PWM 整流器在变速恒频风力发电系统中的应用 [J]. 可再生能源, 2007, 25 (6): 60-64.

[55] 刘海涛, 任永峰, 李兴刚, 等. 内蒙古灰腾梁风电场电能质量测试分析 [J]. 电网技术 (增刊), 2011: 321-323.

[56] 徐少华, 任永峰, 李建林. 风资源评估与风机选型布置分析 [C]. 中国可再生能源科技发展大会. 2010: 1734-1737.

[57] Zhongquan An, Yongfeng Ren, Hanshan Li. Analysis and Testing of Wind Farm Power Quality in Inner Mongolia [C]. ICECE, 2011.

[58] Ren yongfeng, Cao limin. The Modeling and Control of VSCF DFIG Wind Power Generation

Based on PSCAD [C]. ICICIP, 2010.
[59] Ren yongfeng, Cao limin. Three Detecting Methods of Transient Power Quality Disturbances in DVR [C]. ICICIP, 2010.
[60] Hu Hong-bin, Meng Qing-tian, Bu He, et al. Test and Analysis of Low Voltage Ride-Through Characteristic of Wind Farm [J]. International Journal of Automation and Power Engineering, 2013, 2 (4): 186-191.
[61] Bu He, Ren Yong-feng, Niu Hai-wei, et al. Grid-Connection Control and Simulation of PMSG Wind Power System Based on Three-Level NPC Converter [J]. International Journal of Automation and Power Engineering, 2013, 2 (4): 192-199.
[62] Yongfeng Ren, Hongyan Xu, Jianlin Li, et al. Research on Low Voltage Ride Through of Doubly-fed Induction Generator wind power System [C]. IITA 2008 Workshops: 1117-1120.
[63] Yongfeng Ren, Hanshan Li, Zhou Jie, et al. Dynamic Characteristics Analysis of DFIG Based on IMC [C]. APPEEC 2009, (1): 935-939.
[64] Yongfeng Ren, Hanshan Li, Zhongquan An, et al. Grid Connection DFIG Wind Generation System Based on S-Function [C]. ICIEA 2009, 4027-4031.
[65] Yongfeng Ren, Hanshan Li, Jie Zhou, et al. Dynamic Characteristics Analysis of Grid Connection DFIG Based on fuzzy logic control [C]. ICMA 2009, 719-723.
[66] Haisheng Sun, Yongfeng Ren, Hanshan Li, et al. DFIG Wind Power Generation Based on Back-to-back PWM Converter [C]. ICMA 2009, 2276-2280.
[67] Jie Zhou, Yongfeng Ren, Hanshan Li, et al. Grid Connection Control of DFIG Wind Power Generation Based on PSCAD [C]. APPEEC 2010.
[68] 闫志海，任永峰，李秀芬，等. 永磁同步风电系统低电压穿越效果比较 [J]. 电源技术，2013，37 (5): 806-808.
[69] 牛海伟，任永峰，刘峰，等. 基于不同调制方式的三电平逆变器仿真研究 [J]. 电源技术，2013，37 (6): 1055-1058.
[70] 华锐风电科技有限公司. FL1500 风力发电机组维护手册.
[71] 华锐风电科技有限公司. 风力发电机组技术说明书.
[72] 华锐风电科技有限公司. FL1500 风力发电机组电腔系统说明.
[73] 东方汽轮机有限公司. 东汽机组电气维护说明书.
[74] 新疆金风科技股份有限公司. 金风 1.5MW 机组运行维护手册（变桨驱动器Ⅱ型、变流器Ⅰ型）.
[75] 新疆金风科技股份有限公司. 金风 1500kW 机组运行手册 B0 版.

新能源技术相关图书

序号	书　　名	书号	定价	出版日期
1	光伏技术与工程手册	33935-9	198	201107
2	风电场工程技术手册	14023-8	88	201002
3	英汉太阳能词典	43530-3	88	201309
4	太阳能光伏并网发电及其逆变控制	31800-2	58	201305
5	风力发电机组设计、制造及风电场设计、施工	41423-0	59.8	201305
6	风力发电机组理论与设计	40451-4	69.9	201301
7	海上风力发电技术	39812-7	38	201301
8	风电并网技术	38351-2	39.8	201209
9	风力发电机的原理与控制	37333-9	38	201205
10	风之能源——小型风电系统实用指南	36668-3	49.8	201203
11	双馈式风力发电机组柔性并网运行与控制	34123-9	39.8	201104
12	河北省风电装备产业技术路线图	35232-7	40	201107
13	风力发电机组原理与应用(第2版)	33860-4	44.8	201302
14	风力发电机组设计	29593-8	35	201108
15	风力发电系统低电压运行技术	25572-7	30	200910
16	风力发电中的电力电子变流技术	24971-9	36	201105
17	风力发电机组的控制技术(第2版)	10187-1	28	201307
18	载波相移调制技术及其在大功率变流器中的应用	27137-6	30	200906
19	系统电效控制技术及应用	25717-2	39	200901
20	电动汽车的新型驱动技术	29887-8	38	201202

国际电气工程先进技术译丛

序号	书　　名	书号	定价	出版时间
1	太阳电池、LED和二极管的原理:PN结的作用	42356-0	68	201307
2	现代电力电子学与交流传动	42978-4	69.9	201307
3	传热学:电力电子器件热管理	42003-3	98	2013007
4	功率半导体器件——原理、特性和可靠性	41727-9	98	201306
5	先进电气驱动的分析、建模与控制	39975-9	89.9	201301
6	永磁无刷电机及其驱动技术	40054-7	118	201301
7	智能电网可再生能源系统设计	39544-7	118	201301
8	燃料电池微电网应用	41446-9	68	201305
9	大规模储能技术	42412-3	58	201307
10	储能技术	41445-2	49.9	201304
11	超高压交流地下电力系统的性能和规划	37511-1	49.8	201205
12	开关变换器动态特性:建模、分析与控制	36206-7	88	201201
13	海底电力电缆:设计、安装、修复和环境影响	33950-2	68	201106
14	车辆能量管理:建模、控制与优化	41689-0	69.8	201304
15	纯电动及混合动力汽车设计基础(原书第2版)	37351-3	88	201205
16	光伏系统工程(原书第3版)	38350-5	98	201208
17	薄膜太阳电池的基础与应用——太阳能光伏发电的新发展	35122-1	88	201109
18	环境能源发电:太阳能、风能和海洋能	42184-9	88	201307
19	光伏与风力发电系统并网变换器	38320-8	88	201209
20	风能与太阳能发电系统——设计、分析与运行	24937-5	50	201101

（续）

序号	书　名	书号	定价	出版时间
21	风电系统电能质量和稳定性对策	42316-4	58	201307
22	风能系统——实现安全可靠运行的优化设计与建设	41950-1	128	201306
23	风力发电系统——技术与趋势	41309-7	118	201305
24	风力发电机组技术与应用	42396-6	68	201307
25	风力发电工程指南	39725-0	78	201211
26	风力发电系统的功率变换与控制	38169-3	88	201205
27	风能原理、风资源分析及风电场经济性	34207-6	58	201107
28	风电并网:联网与系统运行	35016-3	68	201108
29	风电场并网稳定性技术	31775-3	58	201101
30	风力发电系统	31911-5	49	201101
31	风力发电系统优化控制	31025-9	68	201009
32	风力机控制系统原理、建模及增益调度设计	25829-2	29	201008
33	高效可再生分布式发电系统	28562-5	149	201001
34	分布式发电——感应和永磁发电机	28287-7	59	201001
35	配电可靠性与电能质量	24040-2	35	200806
36	高压输配电设备实用手册	24995-5	88	200901
37	超高压交流输电工程(原书第3版)	24446-2	78	200810
38	柔性交流输电系统在电网中的建模与仿真	34889-4	98	201111
39	智能电网中的电力电子技术	31079-2	88	201111
40	电网保护	28194-8	88	201001
41	电力电容器	21597-4	40	201004
42	电力系统中的电磁兼容	24402-8	40	200808